高等学校土木工程学科专业指导委员会规划教材

高等学校土木工程本科指导性专业规范配套系列教材

总主编 何若全

土木工程概论 （第2版）

TUMU GONGCHENG
GAILUN

主 编 段树金 向中富

主 审 桂国庆

U0240148

重庆大学出版社

内容提要

本书为土木工程专业的概论性教材,根据住房和城乡建设部最新颁布的《高等学校土木工程本科指导性专业规范》的要求,紧紧围绕土木工程领域设施和结构的主线编写,图文并茂、简明实用。本书内容包括土木工程的任务和特性、土木工程的历史与未来、土木工程师与大学教育、土木工程材料与基本构件、地基与基础、建筑工程、交通土建工程、桥梁工程、隧道与地下工程、水利水电工程、给水排水工程、土木工程防灾减灾以及土木工程的未来等。

本书可作为土木工程以及交通工程、水利工程、工程管理、建筑学和城市规划等专业的教材和教学参考书,也可作为其他理工类专业或人文类专业的选修课教材,同时可作为从事土木工程及相关专业工作人员的自学参考书。

图书在版编目(CIP)数据

土木工程概论/段树金,向中富主编.--2版.--
重庆:重庆大学出版社,2018.5(2024.7重印)
高等学校土木工程本科指导性专业规范配套系列教材
ISBN 978-7-5624-6820-2

Ⅰ.①土… Ⅱ.①段…②向… Ⅲ.①土木工程—高
等学校—教材 Ⅳ.①TU

中国版本图书馆 CIP 数据核字(2018)第 091484 号

高等学校土木工程本科指导性专业规范配套系列教材
土木工程概论
(第2版)

主 编 段树金 向中富
策划编辑:林青山 王 婷
责任编辑:林青山 版式设计:莫 西
责任校对:王 倩 责任印制:赵 晟

*

重庆大学出版社出版发行
出版人:陈晓阳
社址:重庆市沙坪坝区大学城西路21号
邮编:401331
电话:(023)88617190 88617185(中小学)
传真:(023)88617186 88617166
网址:http://www.cqup.com.cn
邮箱:fxk@cqup.com.cn(营销中心)
全国新华书店经销
重庆市正前方彩色印刷有限公司印刷

*

开本:787mm×1092mm 1/16 印张:14 字数:351 千
2012 年 8 月第 1 版 2018 年 6 月第 2 版 2024 年 7 月第 13 次印刷
印数:28 301—30 000
ISBN 978-7-5624-6820-2 定价:39.00 元

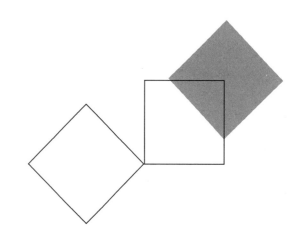

编委会名单

总 主 编：何若全
副总主编：杜彦良　邹超英　桂国庆　刘汉龙

编　　委（按姓氏笔画为序）：

总　序

　　进入 21 世纪的第二个十年,土木工程专业教育的背景发生了很大的变化。《国家中长期教育改革和发展规划纲要(2010—2020)》正式启动,中国工程院和国家教育部倡导的"卓越工程师教育培养计划"开始实施,这些都为高等工程教育的改革指明了方向。截至 2010 年年底,我国已有 300 多所大学开设土木工程专业,在校生达 30 多万人,这无疑是世界上该专业在校大学生最多的国家。如何培养面向产业、面向世界、面向未来的合格工程师,是土木工程界一直在思考的问题。

　　由住房和城乡建设部土建学科教学指导委员会下达的重点课题"高等学校土木工程本科指导性专业规范"的研制,是落实国家工程教育改革战略的一次尝试。"专业规范"为土木工程本科教育提供了一个重要的指导性文件。

　　由"高等学校土木工程本科指导性专业规范"研制项目负责人何若全教授担任总主编,重庆大学出版社出版的《高等学校土木工程本科指导性专业规范配套系列教材》力求体现"专业规范"的原则和主要精神,按照土木工程专业本科期间有关知识、能力、素质的要求设计了各教材的内容,同时对大学生增强工程意识、提高实践能力和培养创新精神做了许多有意义的尝试。这套教材的主要特色体现在以下方面:

　　(1)系列教材的内容覆盖了"专业规范"要求的所有核心知识点,并且教材之间尽量避免了知识的重复;

　　(2)系列教材更加贴近工程实际,满足培养应用型人才对知识和动手能力的要求,符合工程教育改革的方向;

　　(3)教材主编们大多具有较为丰富的工程实践能力,他们力图通过教材这个重要手段实现"基于问题、基于项目、基于案例"的研究型学习方式。

　　据悉,本系列教材编委会的部分成员参加了"专业规范"的研究工作,而大部分成员曾为"专业规范"的研制提供了丰富的背景资料。我相信,这套教材的出版将为"专业规范"的推广实施,为土木工程教育事业的健康发展起到积极的作用!

中国工程院院士　哈尔滨工业大学教授

沈世钊

前　言

　　土木工程学科是一门综合性很强、范围很广的工程学科。1998 年国家教育部颁布的高等教育本科专业目录中,土木工程专业包括了原来的建筑工程、交通土建工程、矿井建设、城镇建设等专业,而在国际上,土木工程专业还包括水利工程、给水排水工程和环境工程等。

　　1999 年初,全国高等学校土木工程专业教学指导委员会将"土木工程概论"课列为必修课程。要求在此课程中,应当阐述土木工程的基本内容、发展历史和未来,使学生对土木工程有一个概貌的了解,以便找准位置,学得更好些,效率更高些,更有利于将来的发展。

　　本书根据住房和城乡建设部颁布的《高等学校土木工程本科指导性专业规范》教学内容的要求编写,立足于"大土木",紧紧围绕土木工程领域设施和结构的主线,尽量采用实例和原理图来阐述基本概念,力求用较少的文字介绍土木工程各学科分支所涉及的内容。本书内容包括绪论、土木工程师与大学教育、土木工程材料与基本构件、地基与基础、建筑工程、交通土建工程、桥梁工程、隧道与地下工程、水利水电工程、给水排水工程、土木工程防灾减灾和土木工程的未来等 12 章。

　　随着《工程教育认证标准 2015 年版》的出台,我国工程教育专业评估和认证逐步规范。考虑到行业规范的更新、技术的发展和教学方式的转变,因此对第 1 版教材进行了修订、完善。修订的总体思路:贯彻新的行业规范,增强可持续发展,大工程观等内容;提及"一带一路""海绵城市"等新概念;删减或改写专业性太强的内容;强化"建筑工业化"和"绿色建筑"等内容;新增土木工程的未来章节。

　　本书由石家庄铁道大学段树金教授、重庆交通大学向中富教授担任主编,各章节具体编写人员名单如下:

第 1 章　绪论　　　　　　　　　　　　　　　　段树金

第 2 章　土木工程师与大学教育　　　　　　　　向中富

第 3 章　土木工程材料与基本构件　　　　　　　刘大超　　向中富

第 4 章　地基与基础　　　　　　　　　　　　　牛润明

第 5 章　建筑工程　　　　　　　　　　　　　　孟丽军

第 6 章　交通土建工程

　　　　　　　6.1、6.2　　　　　　　　　　　　赵中旺

6.3	王多银		
6.4	凌天清		
第 7 章　桥梁工程	向中富		
第 8 章　隧道与地下工程	张学富		
第 9 章　水利水电工程	段树金		
第 10 章　给水排水工程	雷晓玲　陈垚　杨威		
第 11 章　土木工程防灾减灾	张学富　向中富		
第 12 章　土木工程的未来	段树金		

全书在编写过程中,参阅了国外和兄弟院校的一些教材。在此一并致谢! 由于编者水平所限,书中难免有不足之处,恳请读者批评指正。

编　者

2018 年 3 月

目　录

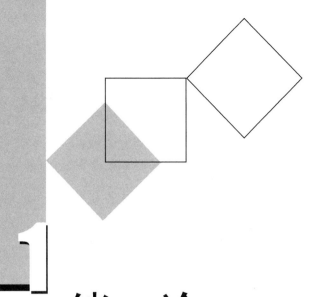

1 绪 论

本章导读：
- **基本要求** 熟悉土木工程的含义以及专业的地位和作用；了解土木工程专业的性质和特点；了解土木工程项目建设程序和管理体制；了解土木工程的发展历史和发展趋势。
- **重点** 土木工程的含义，专业发展历史和发展趋势。
- **难点** 土木工程的含义以及专业的发展、地位和作用。

1.1 土木工程的任务和特性

1.1.1 什么是土木工程

什么是"土木工程"？中国国务院学位委员会在学科简介中是这样定义的："土木工程是建造各类工程设施的科学技术的总称，它既指工程建设的对象，即建在地上、地下、水中的各种工程设施，也指所应用的材料、设备和所进行的勘测设计、施工、保养、维修等技术"。

作为科学技术的一个独立分支，土木工程的学科体系产生于 18 世纪的英、法等国。英文"Civil Engineering"中的 Civil 原意为民用的、非军事的，所以 Civil Engineering 可以直译为民用工程，与军用工程相对应。不过，这个界限早已被打破，现在已经把军用的战壕、浮桥、防空洞等防护工程纳入土木工程的范畴。在古代，土木结构物一般是由土和木作为工程材料，这就是中文、日文中"土木工程"这一术语的由来。可以说，土木工程关系人类的衣食住行，是人类社会和产业的基础，是为了生活更加便利、高效、安全、舒适而创造和改变环境的技术。

土木工程的主要对象包括：土木工程结构；以土木工程结构为主体为发挥其职能所需的各

种设施;上述工程结构和设施的建设或者说区域的开发和维护。所以,土木工程专业是研究工程结构和设施的设置、实施过程中的构想、规划、设计、施工、维修管理及运行的学问。

1.1.2　土木工程的性质和特点

土木工程是国民经济和人们生活的重要物质技术基础,在国民经济中占有举足轻重的地位。土木工程的发展水平可以体现国民经济的综合实力,反映一个国家的现代化水平,也可以在一定程度上反映人们的生活状况。土木工程有以下基本性质:

1) 公共性

如前所述,土木工程的目的是为人类创造良好的社会生活环境,是一种公共福利事业。土木建筑业始终具有公共的性质,多是作为公共事业进行。所以,计划实施的土木工程项目应为广大民众所接受;所需投资较多的情况下,其费用应由政府或地方公共团体所支出,换句话说,其财源是一般公民的税金等财政收入。正因为如此,民众对土木建筑业的期待甚高;如果发生工程事故、引发了灾害或有渎职行为,其受到的责难远比其他行业(如民营制造业)高。

2) 基础设施建设

基本建设是指国家或投资单位用一定资金来建造或购置固定资产的活动。在国民经济中,土木建筑业主要进行的是产业和生活基础设施的建设、设置和配备,例如铁道、公路和城市道路、水利设施、能源设施、上下水道、市民住宅等都属于此类。也就是说,土木工程的生产活动和基本建设有着密切的关系。在基本建设活动中,对于建筑物这一类固定资产的再生产,要经过土木建筑业在建设现场的生产活动才能实现,机器设备的安装工作也是由建筑业来完成的。

所以,作为基本建设就应较其他开发事业"先行",这就要求具有先见之明、科学的构想、综合的把握、严密的计划性。特别是对于大规模的建设项目,就非个人所为,要依靠集体的力量、强有力的组织方能进行。

3) 对象为大自然

土木建筑业是以大自然为对手的,地球表面是"表演"的舞台。土木工程建设的成果即结构物、或设施、或开发计划都是置于大自然之中。特别是大规模的工程建设对于自然环境的影响不可忽视。地质灾害和环境污染等都会引发自然与人类关系不相协调的局面。所以,在进行土木工程建设时,我们必须持有与自然界相共存的观念。与自然相协调的因素不单单是物理的,还有生物的、景观的,甚至还有居民的情感、风俗习惯等社会因素。

4) 不可逆性质

对于大型土木工程结构物或大型设施,只能是一次建成,而不能采用反复试验的办法。而且一旦建成,即使将来不再需要,要拆除恢复原样也不是一件容易的事情。比如一座建成的大坝,一旦库区被泥沙溢满,就失去了蓄水的作用,但是却难以毁掉,从而对后续的工程带来影响。

5) 工程周期长

土木工程(产品)实体庞大、个体性强、消耗社会劳动量大、影响因素多(如工程一般在野外进行时,将受到各种气候条件,如冬季、雨季、台风、高温等的制约),由此带来了生产周期长的特点。

1.1.3 土木工程项目建设程序和管理体制

土木工程建设工作涉及面广,内外协作配合环节多,建设周期长,建设过程中各项工作存在着一种内在的和固有的先后次序。人们在充分认识客观规律的基础上,制订出的基本建设全过程各个环节、各个步骤、各项工作必须遵守的先后顺序,称为基本建设程序。

我国现行的项目建设程序分为项目建议书阶段、可行性研究报告阶段、初步设计文件阶段、施工图设计阶段、建设准备阶段、建设实施阶段、竣工验收阶段、项目后评价阶段以及设施使用与养护阶段。

①编制项目建议书:对建设项目的必要性和可行性进行初步研究,提出拟建项目的轮廓设想。

②开展可行性研究和编制设计任务书:具体论证和评价项目在技术和经济上是否可行,并对不同方案进行分析比较;提出可行性研究报告,对是否上这个项目、采取什么方案、选择什么建设地点等做出决策。

③进行设计:从技术和经济上对拟建工程做出详尽规划;大中型项目一般采用两段设计,即初步设计与施工图设计。

④进行建设准备:包括征地拆迁,搞好"三通一平"(通水、通电、通道路、平整土地),落实施工力量,组织物资订货和供应。

⑤组织施工:准备工作就绪后,提出开工报告,经过批准,即开工兴建;遵循施工程序,按照设计要求和施工技术验收规范,进行施工安装。

⑥竣工验收:按照规定的标准和程序,对竣工工程进行验收。

⑦项目后评价:项目完工后对整个项目的造价、工期、质量、安全等指标进行分析评价或与类似项目进行对比。

⑧设施使用管理与养护:对服役期的设施实施全面、严格管理,定期对其进行检查、评估,必要时对其进行及时的维护或加固,以不断维持设施的功能与安全状态,确保正常服役。

目前,国内外广泛采用的分派建设任务的交易方法为工程招标制。工程项目推行招标承包制,有利于开展竞争,鼓励先进,推动土木工程科学技术的发展;鞭策后进,督促淘汰陈旧、低效、落后的技术与管理方法。

建设监理是建设领域的一项科学管理制度。20世纪80年代中后期,随着建设管理体制改革的深化,参照国际惯例,我国开始逐渐实行这一制度。

1) 业主

业主也称建设单位,是项目的拥有者、使用者、投资者和最高决策者。它可以是政府、企业、个人或其他法人集团。业主拥有对项目提出意向、制订目标、委托授权、提供条件(如投资、土地)、制定决策并支付报酬的权力和职能。

2) 监理单位

建设监理是指对工程建设参与者的行为所进行的监控、督导和评价,并采取相应的管理措施,保证建设行为符合国家法律、法规和有关政策,制止建设行为的随意性和盲目性,促使建设进度、造价、质量按计划(合同)实现,确保建设行为的合法性、科学性、合理性和经济性。建设监理单位必须依法成立,具有自己的名称、组织机构、场所,并有与监理任务相适应的人员、资金和设施。

3)承包商

承包商就是承建单位。作为项目建设的乙方,它是承揽工程项目建设,为业主提供服务的经济实体。在设计阶段,设计单位是承包商;在施工期间,施工单位是承包商;材料供应,设备制造也是承包商。

业主通过招标确定的监理、设计、施工和设备供应等单位,与业主是经济合同关系,并为业主服务。在三方关系中,特别要强调的是监理工程师的公正性和独立性。

1.2 土木工程发展史

土木工程发展史大致可分为从新石器时代(约公元前 60 世纪—前 50 世纪)开始至公元 17世纪中叶的古代史、从公元 17 世纪中叶到 20 世纪中叶(第二次世界大战前后)的近代史和 20世纪中叶直到今天的现代史。

1.2.1 古代史

远古时代的土木建筑工程通常是由泥土、石头、茅草和树干等天然的材料建造的,后来约在五千年前出现了砖和瓦这种人工建筑材料,使人类第一次冲破了天然建筑材料的束缚。砖和瓦具有比土更优越的力学性能,可以就地取材,又易于加工制作。

在构造方面,形成了木构架、石梁柱、券拱等结构体系。

在工程内容方面,不仅有宫室、陵墓、庙堂,还有许多较大型的道路、桥梁、水利等工程。

在工具和机械方面,大约在五千年前,人类就开始使用青铜制的斧、凿、钻、锯、刀、铲等工具;后来铁制工具逐步推广,并有简单的施工和起重机械,也有了经验总结及形象描述的土木工程著作。

万里长城(图 1.1)、都江堰水利工程(图 1.2)、北京故宫、应县木塔(图 1.3)、欧洲的哥特式建筑巴黎圣母院(图 1.4)、埃及金字塔(图 1.5)、赵州桥(图 1.6)等,都是古代土木工程的杰出代表。

图 1.1　万里长城　　　　　　　　　　图 1.2　都江堰水利工程

图 1.3 应县木塔   图 1.4 巴黎圣母院

图 1.5 埃及金字塔   图 1.6 赵州桥

1.2.2 近代史

17 世纪中叶开始的产业革命,带来了科学和技术的飞速发展,以英、法为代表的一些国家开始由以农业手工业生产为主,进入以工业生产为主的社会。这一时期,土木工程形成了独立学科,1771 年在英国诞生了历史上第一个土木工程师协会。

工业革命使土木工程向大规模、高速度和多目标开发的方向发展。19 世纪初开始,蒸汽机被相继应用于船舶和轨道运输车辆,从此开始了近代交通运输的新纪元;1825 年英国建成了世界上第一条铁路;19 世纪末,随着内燃机的发明,制造出灵活机动的汽车,开始了现代的公路运输;人类开始建造水电站、大型水库以及综合水利枢纽工程。土木工程逐渐发展到包括房屋、道路、桥梁、铁路、隧道、港口、市政、卫生等工程建筑和工程设施,不仅能够在地面,而且有些工程还能在地下或水域内修建;20 世纪初,内燃机应用于飞机,使航空运输得到了迅速发展。近代土木工程的特点主要表现在以下几个方面:

1) 钢材、混凝土及早期预应力混凝土等土木工程材料的使用

1824 年,英国人阿斯普丁发明了硅酸盐水泥,从而带动了混凝土结构的发展,使土木工程建设进入一个新的发展阶段;19 世纪下半叶出现了钢筋混凝土,进一步推动了轻型混凝土结构的发展;转炉炼钢法的成功,极大地提高了钢材生产的产量和质量,这些成就奠定了土木工程发展的物质基础。随之,也涌现出了许多新的结构形式,如桁架、框架、组合结构等。直至现代,钢和混凝土仍然是土木工程结构的主要材料。

2) 力学分析和结构设计理论指导地位的确立

1638 年,伽利略建立了剪力梁设计理论;16 世纪 80 年代,牛顿力学的创立奠定了土木工程结构的力学分析基础;欧拉在 1744 年建立了柱的压屈公式,算出了柱的临界压曲荷载,在分析工程构筑物的弹性稳定方面得到了广泛的应用;法国工程师库仑 1773 年写的著名论文《建筑静力学各种问题极大极小法则的应用》,阐明了材料的强度理论、梁的弯曲理论、挡土墙上的土压力理论及拱的计算理论。1825 年世界上第一个结构设计方法——容许应力法诞生;材料力学、理论力学、结构力学、土力学、工程结构设计理论等学科分支逐步形成。人类突破了以现象描述、经验总结为主的古代科学的框框,创造出比较严密的逻辑理论体系,从而在土木工程方面完成了从靠经验和身手相传建造到科学理论指导设计和施工的转变,大大促进了土木工程向深度和广度发展。

3) 施工机械和施工方法的进步

开挖、运输、起重等各种施工机械的制造和应用,以及适用于各种工程建造施工方法的进步提升了施工效率和水平。土木工程设施和结构的建造规模扩大,建造速度加快了。例如,1889 年法国巴黎建成高 300 m 的埃菲尔铁塔(见图 1.7),使用熟铁近 8 000 t;1906 年瑞士修筑通往意大利长 19.8 km 的辛普朗隧道(见图 1.8),使用了大量黄色炸药以及凿岩机等先进设备;1932 年澳大利亚建成的悉尼港桥(见图 1.9),采用了双铰钢拱结构,跨度达 503 m;1931 年美国纽约的帝国大厦(见图 1.10)落成,共 102 层,高 378 m,有效面积 16 万 m^2,结构用钢 5 万余吨,内装电梯 67 部,还有各种复杂的管网系统,可谓集当时技术成就之大成,保持世界房屋最高纪录达 40 年之久。

图 1.7　埃菲尔铁塔

图 1.8　辛普朗隧道

图 1.9 悉尼港桥

图 1.10 美国纽约的帝国大厦

1.2.3 现代史

第二次世界大战后,所经历的时间尽管只有几十年,但以计算机技术广泛应用为代表的现代科学技术的发展,使土木工程领域出现了崭新的面貌。现代土木工程在材料、理论、施工等方面显示出以下特点:

(1)材料轻质高强化

中国从 20 世纪 60 年代起普遍推广了锰硅系列和其他系列的低合金钢,大大节约了钢材用量并改善了结构性能。

高强水泥已在工程中普遍应用,近年来轻集料混凝土和加气混凝土已用于高层建筑。例如美国休斯敦的贝壳广场大楼,用普通混凝土只能建 35 层,改用了陶粒混凝土,自重大大减轻,用同样的造价建造了 52 层。而大跨、高层、结构复杂的工程又反过来要求混凝土进一步轻质、高强化。

高强钢材与高性能混凝土的结合使预应力结构得到较大的发展,桥梁工程、房屋工程中广泛采用预应力结构。

(2)理论分析精细化、科学化

从材料特性、结构分析、结构抗力计算到极限状态理论,在土木工程各个分支中都得到充分发展。例如,结构分析逐步进入从线性到非线性、从平面到空间、从构件到结构系统、从静态到动态、从数值计算到数值仿真试验、从方案比较到优化设计的新阶段。20 世纪 50 年代,美国、苏联开始将可靠性理论引入土木工程领域,使土木工程的可靠性理论建立在作用效应和结构抗力的概率分析基础上。工程地质、土力学和岩体力学的发展为研究地基、基础和开拓地下、水下工程创造了条件。计算机不仅用以辅助设计,更作为优化手段;不但运用于结构分析,而且扩展到建筑、规划等各个领域。

理论研究的日益深入,使现代土木工程发生了许多质的变化,并推动土木工程实践不断向前发展。

(3)施工过程工业化机械化和自动化

随着土木工程规模的扩大,由此产生的施工工具、设备、机械向多品种、自动化、大型化发展,施工日益走向机械化和自动化;各种勘探、检测仪器的发明和应用使土木工程的决策和建设更为客观、更为科学;施工组织管理开始应用系统工程的理论和方法,日益走向科学化;有些工程设施的建设继续趋向结构和构件标准化和生产工业化,工厂中成批生产房屋、桥梁的各种构配件、组合体等,预制装配化的潮流在 20 世纪 50 年代后席卷了以建筑工程为代表的许多土木工程领域。这样,不仅可以降低造价、缩短工期、提高劳动生产率,而且可以解决特殊条件下的施工作业问题,以建造过去难以施工的工程。

种种现场机械化施工方法在 20 世纪 70 年代以后发展得特别快。采用了同步液压千斤顶的滑升模板被广泛用于高耸结构。1975 年建成的加拿大多伦多电视塔高达 553 m,施工时就用了滑模,在安装天线时还使用了直升飞机。钢制大型模板、大型吊装设备与混凝土自动化搅拌楼、混凝土搅拌输送车、输送泵等相结合,形成了一套现场机械化施工工艺,使传统的现场浇筑混凝土方法获得了新生命,在高层、多层房屋和桥梁中部分地取代了装配化,成为一种发展很快的方法。

(4)工程设施更加功能化和大型化

现代土木工程的功能化问题日益突出,为了满足极专门和更多样的功能需要,土木工程更多地需要与各种现代科学技术相互渗透。

工程规模更加宏大,如大型水坝混凝土用量达数千万立方米,大型高炉的基础也达数千立方米;现代公用建筑和住宅建筑不再仅仅是传统意义上徒具四壁的房屋,而要求同采暖、通风、给水、排水、供电、供燃气等各种现代技术设备结成一体。

对土木工程有特殊功能要求的各类特种工程结构或设施发展迅速,如核电站、风力发电、海洋工程等。

(5)城市房屋建筑和道路交通向高空和地下发展

高层建筑成了现代化城市的象征,高层建筑的设计和施工是对现代土木工程成就的一个总检阅。目前为止,世界上已建成的最高建筑是位于阿联酋的迪拜大厦(又称哈利法塔),高 828 m,162 层,建筑造价约 15 亿美元;总共使用了 33 万 m^3 混凝土、6.2 万 t 强化钢筋,14.2 万 m^2 玻璃;共调用了大约 4 000 名工人和 100 台起重机,把混凝土垂直泵上逾 606 m 高处。大厦内设有 56 部升降机,速度最高达 17.4 m/s,另外还有双层的观光升降机,每次最多可载 42 人。

城市道路和铁路很多已采用高架,同时又向地层深处发展。地下铁道在近几十年得到进一步发展,地下商业街、地下停车库、地下油库日益增多。城市道路下面密布着电缆、给水、排水、供热、供燃气的管道,构成城市的脉络。现代城市建设已经成为一个立体的、有机的系统。

(6)交通运输更加高速便利

高速公路在世界各地较大规模的修建,是第二次世界大战后的事。高速公路的里程数,已成为衡量一个国家现代化程度的标志之一。铁路也出现了电气化和高速化的趋势。从工程角度来看,高速公路、铁路在坡度、曲线半径、路基质量和精度方面都有严格的限制。交通高速化直接促进着桥梁、隧道技术的发展。桥梁的跨越能力达到了千米级,1998 年建成的日本的明石海峡大桥主跨达 1 991 m。不仅穿山越江的隧道日益增多,而且出现了长距离的海底隧道,日本从青森至函馆越过津轻海峡的青函隧道长达 53.85 km,其中海底部分长 23.3 km;连接英、法两国的英吉利海峡隧道长达 50.45 km,其中海底部分长 37.9 km。

港珠澳大桥是一座跨海大桥,连接香港、澳门和广东省珠海市,全长为 49.968 km,主体工程"海中桥隧"长 35.578 km,其中海底隧道长约 6.75 km,桥梁长约 29 km。2009 年 12 月 15 日,港珠澳大桥主体建造工程开工建设；2017 年 7 月 7 日,港珠澳大桥实现了主体工程全线贯通。

思考讨论题

1.什么是土木工程?

2.简述土木建筑业的特点。

3.土木工程建设包括哪些基本程序?

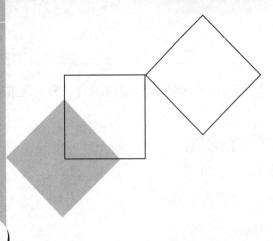

2 土木工程师与工程教育

本章导读：

- **基本要求** 了解科学、技术与工程及其相互关系；了解工程教育；了解土木工程师与大学工程教育的特点；了解土木工程专业学习内容、应具备的知识体系和解决复杂工程问题所需的能力。
- **重点** 土木工程师应具备的知识体系以及解决复杂工程问题的能力。
- **难点** 对土木工程专业学习内容以及对解决复杂工程问题能力培养的理解。

2.1 科学、技术与工程

科学(Science)是关于事物的基本原理和事实的有组织、有系统的知识。科学的主要任务是研究世界万物发展变化的客观规律，它解决"为什么"的问题。科学不等于"真理"，是存在于一定时空中有一定约束条件的可知认识，即暂时还没有被推翻的知识。

技术(Technology)是指将科学研究所发现或传统经验所证明的规律转化成为各种生产工艺、作业方法、设备装置等，它解决"如何实现"的问题。技术的主要任务是生产某种满足人类需要的产品，具有条件性、抽象性和目的性。

工程(Engineering)是指自然科学或各种专门技术应用到生产部门去而形成的各种学科的总称。"工程"一词源于欧洲(18 世纪)，最初含义是兵器制造等以军事需要为目的的各项劳作，随后扩展到许多领域，如建造房屋、制造机器、架桥修路等。工程有广义和狭义之分。就狭义而言，工程定义为"以某组设想的目标为依据，应用有关的科学知识和技术手段，通过一群人的有组织的活动将某个(或某些)现有实体(自然的或人造的)转化为具有预期使用价值的人造产品过程"，如土木工程、水利工程、化学工程、遗传工程、系统工程、生物工程、海洋工程、环境微生物工程。就广义而言，工程则定义为由一群人为达到某种目的，在一个较长时间周期内进行协作活动的过程,如高等教育中的质量工程、解决民生问题的菜篮子工程等。工程不仅与科学和技术有关,而且受到经济、政治、法律、美学等多方面的影响。例如,基因工程中的克隆技术,发达国家已经掌握了该项技术,并克隆出了羊、牛、鼠等,但克隆人在任何国家均是明文禁止的,可见工程是科学技术的应用与社会、经济、法律、人文等因素结合的一个实践过程。

科学与技术关系密切,但又是两个不同的概念。例如,科学上已发现放射性元素(如铀235)的核裂变可以释放出巨大的能量,从而为制造原子弹找到了科学依据。然而,从原理到制造出原子弹还需解决一系列技术问题,包括从铀矿中提取铀235、反应速度控制、快速引爆机构等,这也是原子弹制造经历了很长时间的原因。以我国高校学科专业中的理工科为例,理科专业(如数学、物理、化学等)侧重学习科学,兼学技术;而工科专业(如土木、机械、通信等)则在掌握其科学原理基础上重点学习技术。

工程是科学与技术的具体应用,其目的是使自然界的物质和能源的特性能够通过各种结构、机器、产品、系统地为人类生存与发展服务。

土木工程属于工程的一个大类,其本科专业属于工学门类的土建类专业,与建筑学、城市规划、建筑环境与设备工程、给水排水工程并列。在本科引导性专业目录中,土木工程涵盖土木工程、给水排水工程、水利水电工程。在国务院学位委员会颁布的研究生教育目录中,土木工程一级学科下设有岩土工程、结构工程、市政工程、供热、供燃气、通风及空调工程、防灾减灾工程及防护工程、桥梁与隧道工程等6个二级学科。

2.2 土木工程师

2.2.1 土木工程及其工作内容

土木工程师是指从事涉及地上、地下或水中的直接或间接为人类生活、生产、军事、科研服务的房屋、道路、铁路(轨道)、桥梁、隧道、机场、堤坝、港口、电站、海洋平台、运输管道、给水和排水、防护工程等各种工程设施的规划、勘察、设计、建造(施工)、管养的技术人员。

技术和科学的紧密结合,使得历史上曾经存在的工匠式的"专家",转变为现代意义上的土木工程师;工程师的出现是近、现代的土木工程区别于古代土木工程的又一个显著标志。土木工程的这一发展并不否认工程活动必须依靠经验积累的事实,直到今天,在工程师的教育过程中仍然高度重视经验的积累。不过,科学素养的培养、技术理论的学习、实验(践)能力的训练,是土木工程师不同于工匠的一个根本性的要求。

公元前221年左右(秦朝时期)的工匠主要依靠经验工作;公元652年(唐朝时期)以后主要借助数学与经验;1721年(清朝康熙年间)以后的土木工程师工作中逐渐利用了力学概念;1890年(清朝光绪年间)以后的土木工程师则借助力学、数学与经验开展工作;20世纪90年代开始,土木工程师的工作除需要广泛的科学知识、丰富的实践经验外,还需要全面的社会知识。

土木工程师的工作内容涉及方方面面,以建造南京长江大桥(图2.1)和北京鸟巢(图2.2)为例,其工作内容就包括工程规划、工程勘察、工程设计、工程施工、工程使用管养等。

图 2.1　南京长江大桥　　　　　　　　　　　　图 2.2　北京鸟巢

2.2.2　土木工程师应具备的条件

土木工程作为一个独立学科,具有综合性、社会性、实践性、统一性,所以,为适应土木工程行业需要,土木工程师需要具备以下条件:

①拥有土木工程或相关专业本科及其以上学历。

②具有良好的政治素养与较高的综合素质。

③土木工程所需基本理论基础扎实,熟悉土木工程行业专业知识(规划、勘察设计、施工、管养)、技术规范及工程造价的预决算方法,并能独立完成实践操作;能熟练运用 CAD 等制图软件。

④根据现行规定,土木工程师应从事房屋、桥梁、地下结构等土木工程建设 5 年以上,具有中级以上技术职称,并逐渐实行持证(注册结构工程师、注册土木工程师、注册岩土工程师等)上岗。

⑤具备良好的组织管理能力、临场应变能力、分析规划能力、统筹协调能力、沟通表达能力等。

⑥具有积极向上的精神状态,踏实敬业的工作态度,良好的身体和心理素质以及团队意识等。

2.2.3　土木工程师注册制度

注册工程师制度是一种执业资格制度,是国家对某些关系人们生命财产安全的执业人员实行的一种准入控制,其目的是统一工程专业技术人员的水平,加强国际间在工程领域内的交流和互认。注册工程师制度在英、美等发达国家已经实施了多年。国家住房和城乡建设部在 1997 年与英国结构工程师学会达成协议,确立了结构工程师资格相互认可的关系,开始了我国工程建设领域与国际接轨的第一次尝试,注册结构工程师制度由此开始实施。

2001 年 10 月 24 日至 26 日,在重庆召开的中、日、韩国家工程院圆桌会议暨工程师资格认证与工程教育国际研讨会上提出,我国在涉及国家和人们生命财产安全及公共利益的专业技术领域实行注册工程师制度,以适应加入 WTO 后与国际接轨的市场需求。事实上,我国在加入WTO 后,土木工程市场正逐渐开放,需要实行行业执业资格注册制度,否则难以对进入我国的国外工程技术人员提出执业资格互认准入制度,同时,我国工程技术人员也难以进入已建立个人执业制度的国家执业。

　　2002 年,国家决定实行注册土木工程师执业资格制度。目前,与土木工程相关的注册师包括:注册结构工程师(房屋结构工程、桥梁工程、塔架工程)、注册土木工程师(道路工程、铁路工程、民航工程、岩土、港口与航道工程、水利水电工程)、注册监理工程师、注册造价师、注册建造师、注册咨询工程师、注册安全工程师、注册测绘师、注册检测师等。

　　注册工程师实行考试认定,各类注册工程师有相应的报考条件。为了与国际接轨并配合注册工程师制度的实施,住房和城乡建设部参照国际上通行的专业鉴定(professional programmatic accreditation)制度,于 1995 年开始对高校土木工程专业进行教育质量评估。通过评估的学校,其土木工程专业本科毕业生将享受提前报考注册师的优惠待遇,目前全国 90 多所学校的土木工程专业接受了评估。

2.3　大学工程教育

　　工程活动是人类存在和发展的基础。古代的工程建造,如埃及的金字塔(公元前 2500 年)和中国的都江堰水利工程(公元前 300 年),主要是基于个人经验和智慧,而现代工程则更多地依赖科学和技术,需要大量的科技人才,包括工程规划、勘察、设计、施工、管养等工程师,工程科学研究、技术开发与教学等专家、教授以及工程管理人员。为实现建设与发展对人才的要求,工程教育必不可少。

　　1747 年,巴黎建立的国立路桥学校(Ecole des Ponts Paris Tech,ENPC)是近代高等工程学校的先声。此后,欧洲各国纷纷仿效,特别是在 18 世纪英国工业革命后,蒸汽机(1782 年)、机车(1812 年)和铁路(1822 年)的相继问世以及 19 世纪 70 年代电机的发明,奠定了现代大学工学院土木、机械和电机三个基本学科的格局。

　　为了对"工程"有一个正确的理解,2004 年美国工程院工程教育委员会把"工程哲学"列为当年 6 个研究项目之一,还专门成立了工程哲学指导委员会。2004 年 6 月,在中国工程院徐匡迪院长的提议下召开了一次工程哲学座谈会,2004 年 12 月又举办了工程哲学论坛,正式成立了工程哲学专业委员会。

　　工程哲学的首要问题是弄清工程、科学和技术三者的相互关系。李伯聪先生提出科学—技术—工程三元论,他认为科学发现、技术发明和工程设计是三种不同的社会实践,科学活动的本质是反映存在,技术活动的本质是探寻变革存在的具体方法,而工程活动的本质则是创造一个世界上原本不存在的物体,是超越存在和创造存在的活动。正如 20 世纪著名流体力学家 Theodore von Karman 对于科学家和工程师的区别所做的界定:"科学家致力于发现已有的世界,而工程师则致力于创造从未有过的世界(Scientists discover the world that engineers create the world that never was)。"

　　工程究竟是艺术(技术)还是科学? 有人认为"工程是艺术和科学的桥梁","存在于科学、艺术和社会的交点上"。也有人认为"工程是一种将科学转化为技术的过程"或"工程+科学＝技术"。在中国的词典中,科学技术常连在一起作为统一的领域,为了区别于纯科学(数、理、化、天、地、生),有应用科学、工程科学和技术科学的分类,为了区别于其他非工程的应用技术(如农学、医学、军事学等),又有工程技术的分类。

　　工程具有社会性、创造性和综合性的特征。工程师所创造和建造的作品是为了造福人类、改进人们的生活,因而还具有道德制约性和全球性的意义。人类所面临的技术和社会挑战决定着未来工程的发展趋势,现代工程教育必须面对这种挑战,从最初的缺少理论的实践技术教育到强调科学基础的理论教育,最终向着工程本质所要求的方向前进。

总之,科学活动以发现为核心,技术活动以发明为核心,而现代工程则是科学与技术有机结合的社会活动。对于土木工程行业来说,现代土木工程的基本任务是建设和完成一个具体的工程项目,其中包含着基于新发现的科学理论的设计理念和方法,也要运用受到"专利"保护的技术发明,如使用的新型施工装备中就包含着新的发明专利,在所应用的新型软件中也包含着新的科学理论和分析方法。可见,工程虽然不同于科学和技术,但三者是不可分的。科学家和工程师的培养目标不同,思维方式和工作模式也不同。以培养工程师为目的的大学工程教育(工科教育)也应当和以培养科学家为目的的理科教育有不同的特征和方法。作为现代工程教育,必须明确科学、明辨是非,即回答正确还是错误;而工程的解答却不是唯一的,而是优与劣、先进与落后的问题。只有抓住了工程的特点方能开展有针对性的工程教育。

2.4　土木工程专业知识体系与要求

2.4.1　土木工程涉及的学科与人才培养目标

土木工程泛指各种工业与民用工程设施,其专业知识包括工程勘察、设计、施工、管养等科学技术知识。土木工程的主干学科是结构工程,岩土工程,桥梁与隧道工程;相关学科有市政工程,供热、供燃气、通风及空调工程,防灾减灾及防护工程,水工结构工程,港口海岸及近海工程等。土木工程的重要基础支撑学科有:数学、物理学、力学、材料科学、计算机科学与技术等。

土木工程专业培养适应社会主义现代化建设需要,掌握土木工程学科的基本原理和基本知识,获得工程师基本训练,能胜任建筑、桥梁、隧道等各类土木工程结构与设施的设计、施工与管养,具有扎实基础理论、较宽厚专业知识和较强实践能力与一定创新能力的高级专门人才。毕业生能够在有关土木工程的设计、施工、管养、研究、教育、投资和开发、金融与保险等部门从事技术或管理工作。

2.4.2　土木工程专业培养规格

1)良好的政治思想与综合素质

具有高尚的道德品质、科学思想和人文素养,能体现哲理、情趣、品位、人格方面的较高修养,具有求真务实的科学态度以及实干创新的精神,具有科学的世界观和正确的人生观,愿为国家富强、民族振兴服务。

2)厚实的理论基础与合理的知识结构

具有基本的人文社会科学知识,熟悉哲学、政治学、经济学、社会学、法学等方面的基本理论知识,了解文学、艺术等方面的基础知识;掌握工程经济、项目管理的基本理论,并对其中的若干方面有较深入的修习;熟练掌握一门外国语;具有较扎实的数学和自然科学基础,了解现代物理、信息科学、环境科学、心理学的基本知识,了解当代科学技术发展的其他主要方面和应用前景;掌握力学的基本原理和分析方法,掌握工程材料的基本性能、工程测量的基本原理和方法、画法几何与工程制图的基本原理,掌握工程结构构件的力学性能和计算原理,掌握土木工程施工和组织的一般过程和管理以及技术经济分析的基本方法;掌握结构选型、构造的基本知识,掌握工程结构的设计方法、CAD 和其他软件应用技术;掌握土木工程现代施工技术、工程检测和试验基本方法,了解本专业的有关法规、规范与规程;了解给排水、供热通风与空调、建筑电气等建筑设备、土木工程机械及环境等的一般知识;了解本专业的发展动态和相邻学科的一般知识。

3)较强的实践能力与创新意识

具有综合应用各种手段(包括外语)查询资料、获取信息、拓展知识领域、继续学习的能力;具有应用语言、图表和计算机技术等进行工程表达和交流的基本能力;掌握至少一门计算机高级编程语言,具有应用计算机、常规测试仪器的基本能力;具有综合应用知识的能力,能够进行工程设计、施工和管养等;经过一定环节的训练后,具有初步的科学研究或技术研究、应用开发等创新能力。

4)健康的体魄与良好的心理素质

具有健全的心理和健康的体魄,具备从事实践性很强的土木工程这一艰苦行业的各项工作的能力。

5)具备自主学习和分析、解决实际问题的能力

大学所学的知识总是有限的,而土木工程内容十分广泛,新的技术又不断出现,因而自主学习、扩大知识面、自我成长的能力非常重要。不仅要向老师学、向书本学,而且要注意在实践中学习,善于查阅文献,善于在网上学习。

土木工程中出现的问题并非均能在课本上、文献中找到答案,对一些新出现的问题,需要在已有理论和专业知识的基础上,自我分析和解决,也就是说土木工程师必须具备分析、解决实际问题的能力。另外,具备发现问题的能力也非常重要。

2.4.3　土木工程专业知识体系

土木工程专业知识体系,总体上由公共基础知识(工具性知识、人文社会科学知识、自然科学知识)、专业基础知识与专业知识三部分构成。

1)公共基础知识

公共基础知识是工科大学生必备的通识性知识,包括数学、物理、外语、计算机等,是培养土木工程专业人才综合素质必须学习的知识。

2)专业基础知识

专业基础知识是针对土木工程专业所有专业方向(如建筑工程、道路桥梁工程、地下工程)共同需要的基础性知识,包括力学、结构、地质、测量、制图、施工等,是培养土木工程专业人才基本技能、动手与创新能力等必须掌握的知识,同时也是为适应土木工程各个专业方向需要奠定的基础。

3)专业知识

专业知识是针对土木工程专业相应专业方向的专业性知识,如建筑工程、道路工程、铁道工程、桥梁工程、地下工程等,是突出专业方向特色必要的专业知识。

土木工程专业知识体系分知识领域、知识单元和知识点三个层次。每个知识领域包含若干个知识单元。知识单元分为核心知识单元和选修知识单元两种。核心知识单元的集合是专业必修的基本内容,其中的若干知识点是专业要求的基本元素和基本载体。核心知识单元以外的部分为选修知识,体现土木工程专业各方向的要求和专业所在学校的特色。

公共基础知识领域及相关课程见表2.1。

表 2.1　公共基础知识领域及相关课程

知识体系	知识领域	相关课程
工具性知识	外国语	大学英语、科技与专业外语、计算机信息技术、文献检索、程序设计语言
	信息科学技术	
	计算机技术与应用	
人文社会科学知识	哲学	毛泽东思想和中国特色社会主义理论体系、马克思主义基本原理、中国近代史纲要、思想道德修养与法律基础、经济学基础、管理学基础、心理学基础、大学生心理、体育
	政治学	
	历史学	
	法学	
	社会学	
	经济学	
	管理学	
	心理学	
	体育	
	军事	
自然科学知识	数学	高等数学、线性代数、概率论与数理统计、大学物理、物理实验、工程化学、环境保护概论
	物理学	
	化学	
	环境科学基础	

专业基础知识领域及相关课程见表2.2,其中的核心知识单元、知识点详见《高等学校土木工程本科指导性专业规范》中的附件一。

表 2.2　土木工程专业基础知识领域及相关课程

知识领域	知识单元	知识点	相关课程
力学原理与方法	36	142	理论力学、材料力学、结构力学、流体力学、土力学
专业技术相关基础	33	125	土木工程概论、土木工程材料、工程地质、土木工程制图、土木工程测量、土木工程试验等
工程项目经济与管理	3	20	建设工程项目管理、建设工程法规、建设工程经济等
结构基本原理和方法	22	94	工程荷载与可靠度设计原理、混凝土结构基本原理、钢结构基本原理、基础工程等
施工原理和方法	12	39	土木工程施工与组织管理等
计算机应用技术	1	2	土木工程计算机软件、BIM技术应用等

专业知识领域及相关课程见表2.3（以建筑工程、道路与桥梁工程、地下工程、铁道工程方向为例），其中的核心知识单元、知识点详见《高等学校土木工程本科指导性专业规范》中的附件三。

表 2.3　土木工程专业部分专业方向知识领域及相关课程

专业方向	知识领域	知识单元	相关课程
建筑工程	结构基本原理和方法	32	房屋建筑学、混凝土结构设计、钢结构设计、砌体结构设计、高层建筑结构设计等
	施工原理和方法	12	建筑工程施工、建筑工程造价等
道路与桥梁工程	结构基本原理和方法	31	桥涵水文、道路勘测设计、路基路面工程、桥梁工程等
	施工原理和方法	13	道路桥梁工程施工技术、道路桥梁工程概预算等
隧道与地下工程	结构基本原理和方法	27	岩石力学、地下结构设计、隧道工程、边坡工程、通风与照明等
	施工原理和方法	10	地下工程施工技术、岩土工程测试技术等
铁道工程	结构基本原理和方法	38	线路设计、轨道工程、路基工程、桥梁工程、隧道工程、铁路车站
	施工原理和方法	6	铁路车站、铁道工程施工及测试技术

土木工程专业实践体系中的领域和实践单元见表2.4，其中的核心实践单元和知识技能点详见《高等学校土木工程本科指导性专业规范》中的附件二。

表 2.4　实践体系中的领域和核心实践单元

实践领域	实践单元	实践环节
实验	2	土木工程基础实验
	6	土木工程专业基础实验
	1	分专业方向的专业实验
实习	3	土木工程认识实习
	2	分专业方向的课程实习
	4	分专业方向的生产实习
	1	分专业方向的毕业实习
设计	7	分专业方向的课程设计
	1	分专业方向的毕业设计（论文）

2.4.4　土木工程专业毕业要求

2014 年版高等学校土木工程专业评估标准结合中国工程教育认证加入《华盛顿协议》的契机进行了大幅改革。根据专业特点和培养目标的要求,土木工程专业毕业要求包括如下内容:

①工程知识:能够将数学、自然科学、工程基础和专业知识用于解决复杂工程问题。

②问题分析:能够应用数学、自然科学和工程科学的基本原理,识别、表达并通过文献研究分析复杂工程问题,以获得有效结论。

③设计(开发)解决方案:能够设计针对复杂工程问题的解决方案,设计满足特定需求的系统、单元(部件)或工艺流程,并能够在设计环节中体现创新意识,考虑社会、健康、安全、法律、文化以及环境等因素。

④研究:能够基于科学原理并采用科学方法对复杂工程问题进行研究,包括设计实验、分析与解释数据,并通过信息综合得到合理有效的结论。

⑤使用现代工具:能够针对复杂工程问题,开发、选择与使用恰当的技术、资源、现代工程工具和信息技术工具,包括对复杂工程问题的预测与模拟,并能够理解其局限性。

⑥工程与社会:能够根据相关知识分析、评价工程实践和复杂工程问题的解决方案,包括其对社会、健康、安全、法律以及文化的影响,并理解工程师应承担的责任。

⑦环境和可持续发展:能够理解和评价针对复杂工程问题的专业工程实践对环境、社会可持续发展的影响。

⑧职业规范:具有人文社会科学素养与社会责任感,能够在工程实践中理解并遵守工程职业道德和规范,履行责任。

⑨个人和团队:能够在多学科背景下的团队中承担个体、团队成员或负责人的角色。

⑩沟通:能够就复杂工程问题与业界同行及社会公众进行有效沟通和交流,包括撰写报告和设计文稿、陈述发言、表达或回应指令;具备一定的国际视野,能够在跨文化背景下进行沟通和交流。

⑪项目管理:理解并掌握工程管理原理与经济决策方法,并能在多学科环境中应用。

⑫终身学习:具有自主学习和终身学习的意识,有不断学习和适应发展的能力。

2.5　土木工程专业教学改革

目前,社会对人才的需求与工科人才培养模式间存在矛盾,主要体现在:重理论而轻实践(重论文、轻设计、缺实践),导致学生缺乏实践经验,动手与创新能力差,与走中国特色新型工业化道路、建设创新型国家、建设人才强国的国家战略需要不相适应。土木工程专业是实践性强的专业之一,在其人才培养方面也存在同样问题。

其实,早在 20 世纪 30 年代,土木工程学家、我国近代桥梁工程奠基人、工程教育家茅以升先生就始创了启发式教育法,坚持理论联系实际,提出了立志励学、工科大学理论联系实际,"先习而后学,边习边学""科研、教学和生产相结合"以及专精广博。茅以升先生的工程教育思想对当前的教育改革具有重要的指导意义。

为贯彻落实《国家中长期教育改革和发展规划纲要(2010—2020 年)》和《国家中长期人才

发展规划纲要(2010—2020年)》,教育部于2010年启动了"卓越工程师教育培养计划",该计划的特点在于行业企业深度参与培养过程,学校按通用标准和行业标准培养工程人才,培养学生的工程能力和创新能力。其目的是培养造就一大批创新能力强、适应经济社会发展需要的高质量各类型工程技术人才,为国家走新型工业化发展道路、建设创新型国家和人才强国战略服务。

土木工程专业教学改革势在必行。学校及教师需从培养方案、课程设置、教学内容、方法及手段着手,对不利于实践、工程及创新能力培养的教学进行改革。理顺课程之间的内在逻辑关系(比如,掌握好数学、物理等,是学好力学的前提,而掌握好力学知识则是学习、掌握结构知识,进而学好专业的关键),实现学习循序渐进,知识逐步积累;切实将理论与实际相联系,充分发挥产学研结合在土木工程人才培养中的作用,将重点放在学习兴趣、实践能力、创新能力和人格素养培养上。强化先习而后学,即让学生先知其然,然后知其所以然;从感性入手,培养兴趣,激发其主动性和学习愿望;在进实验室的同时,要深入工地、工厂开展实践,培养其创造力;结合工程背景,更完整地掌握理论知识,培养领导能力;加强科学、艺术、哲学等修养,形成有系统、全面的专业知识。在满足《土木工程专业规范》的最低要求下,学校应突出各自的专业特色。

学生则需要自觉将理论与实践相结合,强化课堂、实验、实践与课外活动的协调,通过课堂(理论)学习,奠定学科理论与专业知识基础;通过实验学习,巩固和加深对理论的认识,培养创新能力;通过实践环节[包括认识实习、课程实习、课程设计、毕业(生产)实习、毕业设计(论文)等]的学习、训练,培养专业素质与动手能力;通过参与课外科技活动、相关社团等,培养自身的综合素质与能力。争取成为创新能力强、适应经济社会发展需要的高质量土木工程技术人才。

思考讨论题

1.简述科学、技术与工程的定义及其关系。

2.简述土木工程师的工作内容及其特点。

3.土木工程师应具备哪些知识与能力?

4.为何要实行注册工程师制度?

5.怎样才能学好土木工程专业?

6.土木工程专业毕业生综合素质主要体现在哪些方面?

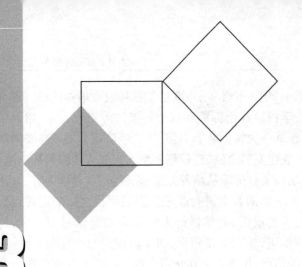

3 土木工程材料与基本构件

本章导读：

• **基本要求** 了解土木工程材料在土木工程建设中的地位和作用；了解土木工程材料种类、特性及其发展方向；了解土木工程材料、构件与结构的关系。

• **重点** 土木工程材料种类及其基本性质；土木工程材料的应用与发展；土木工程材料、构件与结构的关系。

• **难点** 土木工程材料的重要性；土木工程材料的特性及其应用；土木工程基本构件在结构中的应用原理。

3.1 概　述

材料是构成构件的某种物质，如由钢材可形成钢板、钢梁等构件；由水泥、砂、碎石、钢筋等则可形成钢筋混凝土板、梁等构件。

构件则是土木工程结构构成的基础，如由柱、梁、板等构件可组成房屋结构（见图 3.1）；由塔柱、主梁、拉索等构件则可形成斜拉桥结构（见图 3.2）。

土木工程材料分为天然土木工程材料（如石材、木材等）和人造土木工程材料（如混凝土、钢材、合成高分子材料等）。用于建筑工程、道路与桥梁工程、地下工程、铁道工程等土木工程结构构件的材料性能不同，适用的场合也各异，以跨越能力为例，目前，采用钢材建造的桥梁跨径已达到 1 991 m（日本明石海峡大桥），而采用石材则最大仅为 146 m（中国丹河大桥）。在造价方面，由于材料费用在工程总造价中所占比例很大（40%～70%），所以，选择工程材料时不仅需考虑其性能，还需考虑其经济性要求。就功能要求来讲，采用隔热保温的墙体材料建造房屋就比普通房屋节约能源（如少用空调而节约用电）。从公共结构物或桥梁的安全、耐久性来看，采用高性能混凝土（高耐久性、高工作性、高体积稳定性）就比采用普通混凝土更有保障。针对环境保护和低碳要求,采用生长周期较短的竹材比采用生长周期较长的木材更加有利于生态环境保护。

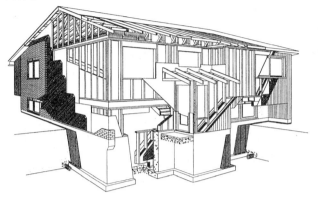

图 3.1　房屋结构

图 3.2　斜拉桥结构

总之,材料对土木工程建设与发展起着决定性的作用,因此,国家始终将材料的研究、开发作为科技发展的重点。

3.2　土木工程材料基本性质

3.2.1　物理性质

土木工程材料的物理性质主要体现在:表征材料基本特征的密度、孔(空)隙率、含水率、几何尺寸等;表征材料形状改变的体积膨胀或收缩率、伸长率、压缩率等。

土木工程材料的密度主要包括:真实密度——在规定条件下,烘干材料实体单位真实体积的质量;表观密度——在规定条件下,烘干材料实体包括闭口孔隙在内的单位表观体积的质量;毛体积密度——在规定条件下,烘干材料实体包括孔隙(闭口、开口孔隙)体积在内的单位体积的质量。密度是确定材料用量、计算构件自重等的依据。

土木工程材料的孔隙率是指某一材料孔隙体积占总体积的百分率,与之对应的概念为密实度,同一材料孔隙与密实度之和为 100%。孔隙率的工程意义在于材料的孔隙率与孔隙特征(孔隙构造与孔径)会影响材料的其他性质,如孔隙率低、呈封闭孔、孔径小的材料,强度较高、耐久性较好。空隙率是指散粒材料(如砂、石子)堆积体积中,颗粒间空隙体积所占的百分率。与之对应的概念为填充率,同一堆材料的空隙率与填充率之和为 100%。空隙率是配制沥青混合料、水泥混凝土、水泥(二灰)稳定粒料时,控制骨料级配的重要依据。

土木工程材料与水有关的性质包括亲水性与憎水性、吸水性与吸湿性、耐水性、抗渗性、抗冻性等。亲水性材料一般有吸水性,需考虑防水、防潮问题;而憎水性材料常被用作防水材料。材料的吸水性与吸湿性通常会对材料性能造成不利影响,此外在施工现场要考虑露天堆放砂、石的含水率。材料耐水性的指标软化系数可用来评价材料是否为耐水材料。抗渗性与抗冻性均从侧面反映材料的孔隙率与孔隙特征,因而可作为间接评价材料耐久性的指标。

土木工程材料的热工性质主要有导热性、热容量、比热容等,它们与建筑物的室内气候、使用能耗密切相关。如节能建筑的维护结构应选用导热系数小、热容量大的材料。

3.2.2　力学性质

土木工程材料的基本力学性质是指材料承受荷载作用的能力,如强度、弹性模量、抗冲击、抗剪切、抗弯曲、抗扭曲等性能。材料力学性质的优劣直接关系到结构的安全、经济与耐久性能。

材料的强度是指在外力作用下抵抗破坏的能力,包括抗压强度、抗拉强度、抗弯(折)强度、抗剪强度等。按强度值大小不同,材料强度划分为若干个等级。材料的比强度则是指材料强度与其表观密度之比,如钢材的比强度就比普通混凝土高得多。比强度是衡量材料轻质、高强性能的重要指标,随着大跨结构及桥梁、超高建筑的发展需要,轻质高强材料已成为未来土木工程材料发展的主要方向。

材料在外力作用下产生变形,当外力去除后能完全恢复到原始形状的性质称为弹性;相反,当外力去除后,有一部分变形不能恢复的性质称为塑性。通常土木工程材料在受力不大时表现为弹性变形,当外力达一定值时则呈现塑性变形,如低碳钢。材料的黏弹性则是指材料受力时,其性状依赖于材料的温度和加荷时间,如沥青与沥青混合料。

脆性是指当材料所受的外力达一定值时,材料发生突然破坏、且破坏时无明显的塑性变形。韧性是指材料在冲击或振动荷载作用下,能吸收较大能量且产生较大变形而不破坏的性质。土木工程中,天然石材、混凝土、玻璃、烧结普通砖、陶瓷等无机非金属材料为脆性材料,它们的抗拉强度远低于抗压强度、抗震性能与抗冲击性能较差,只适用于承压构件。钢材为典型的韧性材料,可用于承受冲击荷载、有抗震要求的结构。值得注意的是,虽然在弹性与塑性之间倾向于弹性,但韧性材料在破坏前所呈现出的塑性变形对于工程是有利的,它避免了突发性的脆性破坏。

3.2.3　耐久性能

材料长期抵抗内外部劣化因素作用而维持其结构性能的能力称为耐久性。耐久性是材料的综合性质体现,诸如抗渗性、抗冻性、抗腐蚀(侵蚀)性、体积稳定性、抗老化性、耐磨耗性、耐高温与燃烧性等。影响材料耐久性的因素很复杂,包括材料本身性质、工程设计与施工质量、使用与维护的科学性、环境适应性以及抵抗灾害的能力等。例如,由于车辆超载导致路面使用年限缩短是目前道路工程耐久性差的体现;混凝土建筑结构、桥梁开裂将导致钢筋锈蚀,从而严重影响结构耐久性。

材料的耐久性直接影响建筑(构筑)物、桥梁、地下结构等的安全性和使用寿命;建筑物的设计使用年限通常为 50~70 年,桥梁的设计使用年限一般为 100 年,跨海桥梁要求达到 120~150 年;特别重要的工程,如特大型水电站等设计使用年限要求甚至高达 500 年以上。要实现土木工程在设计使用寿命期内的正常、安全使用,必须要求工程材料具有长期耐久性能,这也是土木工程界需要长期努力的主要方向。

3.3 土木工程常用材料

3.3.1 砂石材料

通常将石料和集料统称为砂石材料,这是建筑工程中使用量最大的一种材料。准确地认识、合理地选择以及正确地使用石料和集料,对于保证建筑结构工程质量有着重要的意义。

在建筑结构工程中,所使用的石料通常指由天然岩石经机械或人工加工制成的,或者由直接开采得到的具有一定形状和尺寸的石料(细料石、粗料石、块石、片石等)。岩石是由各种不同的地质作用所形成的天然矿物的集合体。按不同的形成条件可将岩石分为岩浆岩、沉积岩、变质岩三大类。

集料是指在混合料中起骨架和填充作用的粒料,包括天然砂(见图3.3)、人工砂、卵(砾)石、碎石(见图3.4)以及工业冶金矿渣等。

图3.3 天然砂   图3.4 碎石

3.3.2 胶凝材料

胶凝材料是在物理、化学作用下将其他物料胶结(从可塑体逐渐变成固状)为具有一定力学强度的整体物质。按其化学成分可分为无机胶凝材料(如水泥、石灰、石膏、粉煤灰、微硅粉、磨细矿渣粉等)和有机胶凝材料(如沥青、树脂等)两类。常用的土木工程胶凝材料简介如下:

1)水泥

水泥是制造各种形式的混凝土、钢筋混凝土和预应力混凝土、水泥砂浆、水泥稳定粒料等建筑物或构筑物的主要胶凝材料,它广泛应用于建筑、道桥、铁路、水利和国防等工程中。水泥的品种很多,用于土木工程的水泥主要是硅酸盐水泥、普通硅酸盐水泥、矿渣硅酸盐水泥、火山灰硅酸盐水泥、粉煤灰硅酸盐水泥和复合硅酸盐水泥等六大品种。除此之外还有道路硅酸盐水泥、快硬硅酸盐水泥、膨胀水泥及自应力水泥、白色与彩色硅酸盐水泥等。

水泥的原料主要是石灰质原料(石灰石、白垩等)和黏土质原料(黏土、黏土质页岩、黄土等)。另外,根据对水泥煅烧、性能等的不同要求,还需加入适量的铁矿粉、矿化剂等。各种原料按一定的比例配制,并经磨细到一定的细度,均匀混合,制备(干法和湿法)成"生料",经煅烧、熟化、磨细得到的粉末状产品即为水泥。水泥的技术性质和技术要求主要体现在:细度、凝结时间、安定性、强度等。

细度是指水泥颗粒的粗细程度。水泥颗粒越细,比表面积越大,水化反应越快越充分,早期和后期强度都较高,但在空气中的硬化收缩也较大,成本也高。若水泥颗粒过粗,不利于水泥活性的发挥。国家标准规定:硅酸盐水泥的细度用比表面积表示,不小于 300 m^2/kg。

水泥的凝结时间对工程施工具有重要意义。为保证在施工时有充足的时间来完成搅拌、运输、成型等各种工序,水泥的初凝时间不宜太短;施工完毕后,希望水泥能尽快硬化,产生强度,所以终凝时间不宜太长,以利于下一道工序及早进行。

水泥浆体在凝结硬化过程中,体积变化的均匀性称为水泥的体积安定性。如体积变化不均匀即体积安定性不良,容易产生翘曲和开裂,降低工程质量甚至出现严重事故。因此体积安定性不良的水泥在实际工程中应严禁使用。

水泥强度是表征水泥质量的重要指标,也是划分水泥强度等级的依据。硅酸盐水泥根据 3 d、28 d 的抗压强度、抗折强度 4 个指标,分为 42.5,42.5R,52.5,52.5R,62.5,62.5R,共 6 个等级,其中 R 代表早强型水泥。普通水泥比硅酸盐水泥减少了 62.5 和 62.5R 等级。矿渣硅酸盐水泥、火山灰硅酸盐水泥、粉煤灰硅酸盐水泥减少了 62.5 和 62.5R 等级,但增加了 32.5,32.5R 等级。复合硅酸盐水泥比硅酸盐水泥减少了 32.5、62.5 和 62.5R 等级,但增加了 32.5R 等级。各强度等级硅酸盐水泥胶砂的各龄期强度不得低于标准规定值。

硅酸盐水泥硬化后,在一般使用条件下有较好的耐久性。但在某些特定的环境中,水泥石(净浆硬化体)会受到侵蚀,主要包括软水侵蚀(溶出性侵蚀)、盐类侵蚀(包括硫酸盐侵蚀与镁盐侵蚀)、酸类侵蚀、强碱侵蚀四类。值得注意的是,由于海水中含有 $MgSO_4$,故会对水泥石造成硫酸盐与镁盐的双重侵蚀,危害特别严重;此外,海水中的氯离子还会锈蚀钢筋,故用于海洋工程的混凝土应特别重视侵蚀问题。

2) 石灰

石灰的主要原料是以碳酸钙为主要成分的矿物、天然岩石,常用的有石灰石、白云石、白垩或贝壳等;除了天然原料外,另一个原料来源是工业副产品,如用碳化钙(电石)制取乙炔时的电石渣,其主要成分是 $Ca(OH)_2$,即熟石灰。石灰是将石灰石原料经过适当温度(900~1 000 ℃)煅烧,得到以 CaO 为主要成分的块状生石灰,生石灰加水消解熟化后得到粉状的熟石灰,即氢氧化钙$Ca(OH)_2$。石灰在土木工程中应用范围很广,包括用于砌筑或抹灰工程的石灰乳和砂浆,用作建筑物的基础、地面的垫层及道路的路面基层的石灰稳定类半刚性材料,常用的硅酸盐制品有灰砂砖、粉煤灰砖等。

3) 沥青

沥青材料是由极其复杂的高分子碳氢化合物及非金属(氧、硫、氮)衍生物所组成的混合物。沥青在常温下呈黑色或黑褐色的固体、半固体或液体。沥青是由天然或人工制造而得,作为重要的有机结合料,沥青被广泛应用于道路工程、防水工程、水利工程、防腐工程等。

按沥青在自然界中获得的方式分为:地(石油)沥青和焦油沥青两大类。其中,地沥青是指通过对地表或地下开采所得到的沥青材料,包括天然沥青和石油沥青;焦油沥青可理解为由各种有机物(煤、泥炭、木材等)化工加工的"副产品"所得到的沥青材料,包括煤沥青、木沥青、页岩沥青(产源属地沥青,但生产方法同焦油沥青)等。

道路石油沥青的物理性质可用一些物理常数表征,如密度、介电常数和体积膨胀系数等。道路石油沥青的路用性质主要有:黏滞性、塑性、温度稳定性、加热稳定性、安全性、溶解度、含水量、劲度模量、黏附性、耐老化性能等。道路石油沥青主要在道路工程中用作胶凝材料,用来与碎石等矿物质材料配制成沥青混合料。通常,道路石油沥青标号越高,则黏度越小,延展性越好,温度敏感性越高。建筑石油沥青的针入度较小,耐热性能好,但延度较小,主要用于制作油纸、油毡和防水涂料等。这些材料大部分用于屋面及地下防水、沟槽防水、防腐蚀及管道防腐工程等。

传统沥青材料往往具有高温易软化、低温易脆裂、耐久性差等缺点,随着现代高速、重载交通的发展以及当代建筑对防水材料要求的提高,对沥青材料的性能也提出了更高的要求。改性沥青是通过掺加橡胶、树脂、高分子聚合物、天然沥青、磨细的橡胶粉或者其他材料等外掺剂(改性剂),改善基质沥青性能所得的新型沥青材料。

通过对沥青材料的改性,可以改善以下几方面的性能:提高高温抗变形能力,可以增强沥青路面的抗车辙性能;提高沥青的弹性性能,可以增强沥青的抗低温和抗疲劳开裂性能;改善沥青与石料的黏附性;提高沥青的抗老化能力,延长沥青路面的寿命。常用改性沥青:热塑性橡胶类改性沥青(即 SBS)、橡胶类改性沥青、热塑性树脂改性沥青、热固性树脂改性沥青、乳化沥青等。根据使用功能的要求,可将沥青改性为:环氧沥青、彩色(浅色)沥青、调和沥青、阻燃沥青等。

3.3.3　水泥砂浆、水泥混凝土及沥青混合料

水泥砂浆(建筑砂浆)、水泥混凝土及沥青混合料是在砂、碎石等材料基础上借助胶凝材料形成。

1)水泥砂浆

水泥砂浆是以砂为主体材料,加入一定量的水泥(或其他掺和料)和水经拌和均匀而得到的稠状材料。根据砂浆的用途不同,分为砌筑砂浆、抹灰砂浆、锚固砂浆、修补砂浆、保温砂浆等。砌筑砂浆在建筑结构体中起着块体黏结、荷载传递作用,其主要技术性质体现在和易性和强度(黏结强度、抗压强度)和耐久性。强度等级划分为 M2.5,M5.0,M7.5,M10,M15,M20。

2)水泥混凝土

水泥混凝土是各类建筑物体中应用最广泛、用量最大的建筑材料之一。水泥混凝土是以水泥为胶凝材料,由粗、细集料(碎石、砂)、水混合而成,必要时也可以加入适量的外加剂、掺和料以及其他改性材料改变其性能。其中水泥起胶凝填充作用,集料起骨架密实作用,水泥与水发生反应生成的具有胶凝作用的水化产物将集料紧密的胶结为整体,在一定的温度、湿度条件下经一定时间凝结硬化而形成的复合体,简称为水泥混凝土,如图 3.5 所示。混凝土实际上就是人工石,所以,工程上有时简写为"砼"。水泥混凝土是一般土木工程中最常见的结构体——钢筋混凝土、预应力混凝土结构的基体,应用于包括大到三峡大

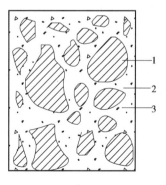

图 3.5　水泥混凝土
1—粗骨料;2—细骨料;
3—水泥浆体

坝,小到人行道地砖的几乎所有土木工程结构。

（1）水泥混凝土的主要特点

在凝结硬化前具有较好的塑性,可根据结构物体的不同形状浇筑成型;它与钢筋有牢固的粘结性能;经硬化后具有较高的抗压强度和良好的耐久性能;水泥、粗细集料等原材料均可使用地方材料。当然,普通混凝土也存在抗弯拉强度低、抗变形能力较差、浇筑后早期易开裂、自重大等缺点。

（2）水泥混凝土的分类

按材料组成有:普通混凝土、轻集料混凝土、特种混凝土。

按表观密度可分为:普通混凝土（表观密度约 2 400 kg/m^3）;轻混凝土（表观密度约 1 900 kg/m^3）;重混凝土（表观密度约 3 500 kg/m^3）。

按混凝土性能可分为:普通混凝土、高性能混凝土、特种混凝土。

按强度等级分:低强度等级混凝土（抗压强度小于 30 MPa）;中强度等级混凝土（抗压强度 30~60 MPa）;高强度等级混凝土（抗压强度大于 60 MPa）。

根据工程特殊性能的要求,可配制各种特种混凝土,如碾压混凝土、仿生裂缝自愈合混凝土、纤维混凝土、抗摩擦混凝土、加气混凝土、水工混凝土、防辐射混凝土、海工混凝土等。

（3）普通混凝土的技术性质

新拌混凝土的和易性:和易性又称为工作性,是指其易于搅拌、运输、浇捣成型,并能获得质量均匀密实的混凝土的一项综合技术性能。混凝土的和易性通常包括流动性、粘聚性、保水性等三个方面。影响混凝土拌和物和易性的主要因素有:单位用水量、浆集比、水胶比、砂率、水泥品种及细度、集料的品种和粗细程度、外加剂、时间、气候条件等。

凝结硬化后混凝土的力学性能:混凝土的强度主要有抗压强度、抗折强度、抗拉强度和抗剪强度等;一般以抗压强度值作为指标控制值,路面混凝土以抗弯强度为主要控制值。混凝土（Concrete）的强度等级由符号 C（如 C30）和混凝土强度标准值组成。

变形性能:混凝土在凝结硬化过程和凝结硬化以后,均将产生一定量的体积变形,主要包括化学收缩、干湿变形、自收缩、温度变形及荷载作用下的变形。

耐久性:混凝土的耐久性是指在外部和内部不利因素的长期作用（酸、碱、盐的腐蚀作用,冰冻破坏作用,水压渗透作用,碳化作用,干湿循环引起的风化作用,荷载应力作用和振动冲击作用等）下,保持其原有设计性能和使用功能的性质。目前,混凝土耐久性理论研究与技术开发、应用是土木工程界的主要任务之一。

（4）钢筋混凝土、预应力混凝土

众所周知,对两端简支的相同跨径、同样截面的木梁和钢梁,在相同荷载作用下木梁下挠远大于钢梁,甚至出现木梁断裂。其原因除了木梁刚度（抵抗下挠的能力）远小于钢梁外,在荷载作用下产生于木梁截面上部压应力以及下部拉应力过大或大大超出极限,导致梁的下挠或断裂。当采用混凝土梁时,虽然刚度比木梁大得多,但抗拉强度仍然很低,在不大的荷载下都可能导致截面下缘开裂而瞬间断裂。1848 年世界上发明了钢筋混凝土,即为分别发挥混凝土抗压能力和钢的抗拉能力,在混凝土梁截面下部加入钢筋形成混凝土与钢材的组合截面,使得混凝土梁的受力性能大大改善。钢筋混凝土的发明以及 19 世纪中叶钢材在建筑业中的应用,实现了土木工程建设的第一次飞跃,使高层建筑与大跨度桥梁等的建造成为可能。

由于混凝土的抗拉性能远不如钢筋,所以钢筋混凝土结构（梁、板、柱等）是带裂缝工作的,从而制约了在诸如储液池、开裂及耐久性要求极高的大跨度桥梁结构等众多土木工程结构中的应用。为解决钢筋混凝土结构开裂问题，1928 年在法国成功制作出预应力混凝土。生活经验表明，如图 3.6 所示的木桶直径上大下小，将铁箍自下往上敲紧，即可给木桶以环向压力（即预压力），只要该环向压力超过木桶因盛水而出现的环向拉力，桶体瓣片就不会散开或漏水。预应力混凝土的原理也是如此，同样以简支钢筋混凝土梁为例，在梁承受荷载前，通过张拉预设于梁截面下缘的钢筋并锚固，使得梁截面下缘产生预压应力，只要梁截面下缘因承受荷载产生的拉应力不超过预压应力，就能实现梁体下缘不出现拉应力或拉应力小于材料抗拉强度，从而实现梁体不开裂。总之，预应力混凝土是为提高混凝土的抗裂性，在受使用荷载作用前用张拉钢筋的方法使混凝土产生预压应力，以全部或部分抵消荷载作用下的拉应力的混凝土。预应力混凝土在工程结构中的应用，实现了土木工程建设的第二次飞跃。为了充分发挥材料作用，预应力混凝土结构采用的混凝土强度等级比钢筋混凝土结构高（通常在 C40 以上），所用预应力钢筋必须为高强钢丝或钢绞线。目前，预应力混凝土结构，特别是桥梁结构混凝土高性能（高耐久性、高工作性、高体积稳定性）以及预应力体系的可靠性仍是业界关注的重点。

图 3.6　木桶

3）沥青混合料

沥青混合料是由沥青材料、矿料经过充分拌和而形成的混合物，其中矿料起骨架作用（见图 3.7），沥青起胶结和填充作用。将沥青混合料加以摊铺、碾压成型，成为各种类型的沥青路面。沥青混合料可分为沥青混凝土混合料、沥青碎石混合料、沥青玛蹄脂混合料等。沥青混合料的结构类型有：悬浮-密实结构（AC 型）、骨架-空隙结构（AM 和 OGFC）、密实-骨架结构（SMA型）。沥青混合料的技术性质包括：

①高温稳定性：沥青混合料的高温稳定性是指其在夏季气温较高的情况下，其强度和模量都随温度升高而急剧下降的同时抵抗因交通荷载作用引起的车辙、推移、拥抱等永久变形的能力。

②低温抗裂性能：沥青混合料抵抗低温收缩裂缝的能力称为低温抗裂性。由于沥青混合料随温度下降而使劲度增大，变形能力降低，在温度下降所产生的温度应力和外界荷载应力的作用下，路面内部分应力来不及松弛，应力逐渐累积下来，这些累积应力超过材料抗拉强度时即发生开裂，从而会导致沥青混合料路面的破坏，所以沥青混合料在低温时应具有较低劲度和较大的变形能力来满足低温抗裂性能要求。

③耐久性：沥青混合料长期受到自然因素（如阳光、空气、水等）和重复车辆荷载的作用，为保证路面具有较长的使用年限，沥青混合料必须具有良好的耐久性。沥青混合料的耐久性有多方面的含义，其中较为重要的是水稳性、耐老化性和耐疲劳性能。

④抗滑性：沥青路面应具有足够的抗滑能力，以保证在最不利的情况下（如路面潮湿时），

车辆能够高速安全地行驶,而且在外界因素作用下其抗滑能力不致很快降低。

⑤施工和易性:沥青混合料应具备良好的施工和易性,要求在整个施工工序中,尽可能使沥青混合料的集料颗粒以设计级配要求的状态分布,集料表面被沥青膜完整覆盖,并能被压实到规定的密度,这是保证沥青混合料实现上述路用性能的必要条件。影响沥青混合料施工和易性的因素主要有:气温、施工条件、混合料性质、拌和设备、摊铺机械和压实工具等。

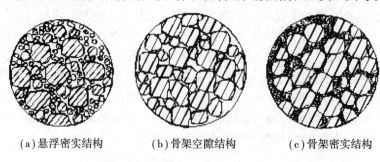

　　(a)悬浮密实结构　　　　　(b)骨架空隙结构　　　　　(c)骨架密实结构

图 3.7　沥青混合料矿料骨架类型

3.3.4　钢材

钢是对含碳量介于 0.02% ~ 2.04% 的铁合金的统称。人类对钢的应用和研究历史相当悠久,但直到 19 世纪贝氏炼钢法发明之前,钢的制取都是一项高成本低效率的工作。随着科学技术的发展,目前,钢以其可靠的性能、可接受的价格成为世界土木工程使用最多的材料之一。我国过去由于钢产量低下,土木工程中钢的使用有限,制约了工程的发展,如今,我国年钢产量已跃居世界前列,钢已成为土木工程结构,特别是大跨结构建设的必备材料,包括各种型钢(见图 3.8)、钢板、钢管以及各种钢筋、钢丝和钢绞线等。

钢材品质均匀、强度高,具有一定的弹性和塑性变形能力,承受冲击、振动等作用的能力强。钢材可以采用各种机械加工,也可通过锻造形成所需要的形状(如桥梁支座、索鞍等),还可通过切割、铆接或焊接手段进行装配式施工。钢材的不足之处在于易腐蚀,防护费用高,同时能耗较大、一次性成本投入较高、耐火性差。

1)工程结构用钢

工程结构(如普通建筑结构、地下结构等)用钢主要包括碳素结构钢、低合金高强度结构钢和优质碳素结构钢。碳素结构钢又称普通碳素结构钢,可加工成各种型钢(见图 3.8)、钢筋和钢丝,可进行焊接、铆接和栓接。低合金高强度结构钢是在钢材中加入规定数量的合金元素而生产的,用以提高钢材的使用性能,常用的合金元素有硅、钒、锰、铬、镍和铜等,大多数合金元素不仅可以提高钢材的强度和硬度,还可以提高钢材的塑性和韧性。由于优质碳素结构钢中的有害杂质得到严格控制,其性能较碳素结构钢更优。

2)钢结构用钢

钢结构在土木工程中的使用越来越广,所用钢材包括热轧型钢、冷弯型钢、热(冷)轧钢板、钢管、钢丝绳和钢绞线等。

热轧型钢主要有角钢、槽钢、工字钢(见图 3.8)、H 型钢、吊车轨道、金属门窗、钢板桩型钢等。

冷弯型钢常用钢板或钢带经冷轧或模压而成,对于厚度为 1.5~6 mm 的冷弯型钢也称为冷弯薄壁型钢。由于冷弯型钢截面经济性及刚度好,能有效发挥材料的作用,又有利于节约钢材。

按轧制方式不同,钢板可分为热轧钢板和冷轧钢板,其种类按照厚度的不同分为薄板、厚度、特厚板和扁钢。

钢管有热轧无缝钢管和焊接钢管两种。无缝钢管以优质的碳素结构钢或低合金高强度结构钢为原材料,采用热轧或冷拔无缝方法制造。焊接钢管由钢板卷焊而成。

钢丝绳和钢绞线是以高强度钢丝用一定的方式组合而成。

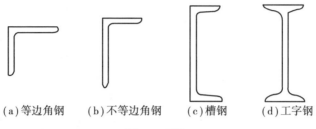

(a)等边角钢　　(b)不等边角钢　　(c)槽钢　　(d)工字钢

图 3.8　型钢

3)桥梁结构及钢轨用钢

桥梁结构需要承受动载荷作用,安全风险高,需要采用专门结构钢(如 Q420q)。除具有较高的强度外,还要求桥梁结构钢具有良好的塑性、韧性、可焊性和较高的疲劳强度,具有良好的抗大气腐蚀性。随着大跨径钢桥建设的快速发展,对钢材性能、强度级别以及板厚等提出了更高的要求。20 世纪 60 年代应用于钢桥的最大板厚仅 32 mm, 90 年代达50 mm,2009 年建成的世界最大跨径拱桥——重庆朝天门长江大桥采用的 Q420q 钢板最大板厚达 80 mm,为适应桥梁跨径的进一步加大,需要采用强度更高、板厚更厚的钢板,其冶炼技术及焊接工艺等研究任重道远。

对于铁路、起重机等所用钢轨,由于长期处在车轮压力、冲击和磨损的作用下,不仅要求其钢材具有承受较高压力和抗剥离能力所需的强度,还需具有较高的耐磨性、冲击韧性和疲劳强度。

4)钢筋混凝土与预应力混凝土用钢

钢筋混凝土与预应力混凝土用钢主要是钢筋。钢筋属于线材,主要用于桥梁、建筑、地下结构、水利等工程中的钢筋混凝土与预应力混凝土结构以及桥梁索缆结构(如悬索桥主缆、斜拉桥拉索)。用于钢筋混凝土结构的普通钢筋主要有热轧钢筋、冷轧带肋钢筋(也称螺纹钢筋)、普通光面钢筋(见图 3.9)和带肋钢筋(见图 3.10);用于预应力混凝土结构的预应力筋包括高强钢丝、钢绞线和精轧螺纹钢筋(见图 3.11)。热轧光面钢筋采用普通质量碳素结构钢轧制而成。热轧带肋钢筋为表面具有规则间隔带肋的钢筋。冷轧带肋钢筋和钢丝是采用普通碳素钢、优质碳素钢或低合金钢热轧盘条经冷轧后,在钢筋表面分布有三面或两面横肋的钢筋与钢丝。冷轧带肋钢筋具有强度高、塑性好、与混凝土的握裹力高、综合性能优良等优点。高强度钢丝,是用优质碳素结构钢经冷拔或再经回火等工艺处理制成。钢绞线(见图 3.12)是通过绞线机将多根钢丝绞合而成,单根绞线一般由 7 根高强钢丝组成,也有 2 根、3 根及 19 根等特殊绞线,其强度高(一般抗拉强度为 1 860 MPa),抗松弛性能好,屈服强度也较高,过去主要靠进口,现在已实现国产化。钢筋的防腐始终是工程界关注的热点,以高强钢丝、钢绞线为例,过去主要通过镀锌实现自身防腐(另外还有外围防护),随着跨海桥梁等恶劣环境中的工程建设及其对耐久性的需要,钢筋防腐研究方兴未艾,如环氧涂层钢筋已在桥梁中推广应用。

  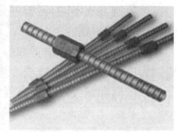

图 3.9　普通光面钢筋　　　　图 3.10　普通螺纹钢筋　　　　图 3.11　精轧螺纹钢筋

图 3.12　钢绞线

5)钢材的防腐

钢材的腐蚀是结构安全的大敌。钢材常用防腐措施有:

①涂敷保护膜。指在钢材的表面涂敷一层保护层,以隔离空气或其他介质,常用的保护层有陶瓷、涂料、耐腐蚀金属、塑料等,或经化学处理使钢材表面形成氧化膜或磷酸盐膜。

②电化学防腐。对于不宜涂敷保护层的钢结构,如地下管道、港口结构、跨海桥梁结构等,可采取阳极保护或阴极保护的措施防止金属材料的腐蚀。

③制成合金钢。指在钢中加入铬、镍等合金元素,制成不锈钢,由于成本较高,应用受限。

钢材防腐技术仍是需要长期研究的重点问题。

3.3.5　木(竹)材

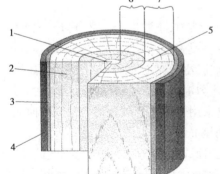

图 3.13　原木及其构成
1—髓心;2—木质部;3—形成层;
4—树皮;5—木射线(髓线);6—心材;
7—边材

木材是最早用于土木工程的材料之一(以桥梁为例,由木梁、木桩及木柱形成的桥梁在 4 000 多年前就已存在)。如图 3.13 所示为原木的组成。原木具有质量轻、强度较高、弹性和韧性较好、耐冲击和抗震性能好、保温隔热性好、装饰效果好、易于加工、无毒性、低碳等特点,曾广泛用于房屋、桥梁等建设。不同树种、树龄、含水率等的木材具有不同的密度、强度及模量,容易被腐蚀、虫蛀和燃烧,匀质性及尺寸稳定性较差,力学性能难以满足大跨结构需要,加之生态保护与树木砍伐之间存在矛盾,应用受到制约,原木的不足也随之显现。近年来,随着人们对生活环境绿色、自然、品位等的不断追求,木结构房屋、人行桥越来越受到追捧。优质树种培育、力学性能(抗拉、抗压、抗弯和抗剪强度以及弹性模量)的改善、防护及耐久性处置等仍将是工程界研究的重点。同时,经过工程设计而人工生产的,比原木具有更高强度、硬度和刚度的胶合木质工程材料——工程木(包括梁、板等)在建筑工程中的应用日益广泛。

竹材也是一种古老的建筑材料,过去主要使用原竹,如用于土质墙体"加筋"材料等。事实上,竹子成材时间短(一般为4~5年,而木材至少为20年),并可持续再生,将原竹加工成工程材料构件(梁、板等)用于房屋建筑、农村公路桥梁、景区建设已成为国家林业发展的重点。

3.3.6　土工合成材料

土工合成材料是以人工合成的聚合物(如塑料、化纤、合成橡胶等)为原料制成的各种类型产品,可置于岩土体或其他工程结构内部、表面或各结构层之间,具有加强、保护岩土或其他结构功能的一种新型工程材料。土工合成材料可以由不同的聚合物原材料生产,也可以按照使用目的制成各种各样的结构形式,品种繁多,如土工织物、土工膜、土工格栅(见图3.14)、土工网和土工膜袋等,它已经成为继钢材、水泥、木材之后的第四种新型建筑材料。

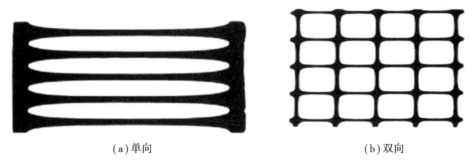

(a)单向　　　　　　　　　　　　　　(b)双向

图3.14　土工格栅

由于土工合成材料具有强度高、柔性大、耐腐蚀性好、造价低、运输和施工方便,适应性好,质量易于保证等经济和技术上的优势,所以土工合成材料在我国和世界许多国家的护坡、堤坝、航道整治、挡土墙、软基处理、公路和铁路路基、机场跑道、蓄水池等诸多工程中得到了广泛的应用,涉及水利、电力、交通、建筑等各个领域。随着我国基础建设的飞速发展,土工合成材料在我国现代的公路、铁路、城市建设、港口等工程建设中越来越发挥着极其独特的优势。但由于土工合成材料属高分子材料,其耐老化性能较差,使用时应严格防止紫外线照射时间过长,防止老化变质。

土工合成材料分类随着新材料和新技术的发展不断变化,土工合成材料分为土工织物、土工膜、复合型土工合成材料和特种土工合成材料等四大类,如表3.1所示。

表3.1　土工合成材料分类

土工织物	织造(有纺)	机织(含编织)
		针织
	非织造(无纺)	针刺
		热粘结
		化学粘结

续表

土工膜	聚乙烯土工膜、聚氯乙烯土工膜、氯化聚乙烯土工膜
复合型土工 合成材料	复合土工膜
	复合土工织物
	复合土工防排水材料：排水带、排水管、排水板等
特种土工 合成材料	土工带、土工格栅、土工格室、土工网、土工膜袋、土工宾格等
	土工网垫、土工织物膨润土垫、聚苯乙烯板等

土工合成材料的性质包括物理性质、力学性质、水力学性质、土工合成材料与土相互作用以及耐久性等内容。

3.3.7　合成高分子材料

合成高分子材料是以合成高分子化合物为基础组成的材料,始于20世纪50年代,现在已成为继水泥、木材、钢材之后的又一种重要的建筑材料,特别是在建筑用塑料管材、塑料异型材及门窗制品在塑料制品中占有着重要的位置。

土木工程中常用的高分子材料主要有:聚氯乙烯(PVC)、聚烯烃、苯乙烯类聚合物、有机玻璃、聚碳酸酯等。其中聚氯乙烯是最常用的一种高分子材料,用聚氯乙烯制造的高分子建筑材料和制品有塑料墙纸、塑料地板、门窗、装饰板、管材和防水卷材等,如图3.15所示。

合成高分子材料具有密度低、比强度高、耐水性及耐化学侵蚀性强、抗渗性及防水性好、装饰性好、易加工等许多优点;同时,高分子材料也存在耐热性差、易燃烧、易老化等,需要进一步研究、改善。

PVC管材

PVC卷材

图3.15　PVC板材

3.3.8　墙体材料

墙体材料(见图3.16)是指构成房屋建筑墙体的材料。过去,墙体主要以黏土砖为主,随着基础设施建设的发展,黏土砖等材料不但在数量上、性能上难以满足需要,更主要的是自重大、生产效率低、耕地、能源耗费高,一直是技术改造的重点。近年来,加气混凝土砌块、陶粒砌块、纤维石膏板、玻纤水泥板、植物纤维板以及以粉煤灰、煤矸石、石粉、炉渣等废料为主要原料的新型墙体材料得到广泛应用。随着人们生活水平的提高,墙体材料的轻质、环保、保温、耐久、安全等性能越来越受到重视,需要通过不断地研究加以改进。

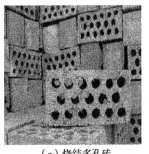 

（a）烧结多孔砖　　　　　（b）混凝土砌块

图 3.16　常见墙体材料

3.4　土木工程功能材料

3.4.1　防水材料

防水材料是指能够防止雨水、地下水、工业污水、湿气等渗透的材料。应具有防潮、防渗、防漏的功能,以及良好的变形性能与耐老化性能。土木工程防水分为刚性防水和柔性防水两种。刚性防水主要采用防水混凝土和防水砂浆等材料;柔性防水主要采用防水卷材、防水涂料、密封材料等。从土木工程发展历史来看,因为水而导致的结构损伤、破坏、坍塌事故并不少见。目前所拥有的防水材料以及防水工艺还难以满足工程需要,研究、开发新型的防水材料及其工艺仍是工程界的一项长期任务。

3.4.2　绝热材料

绝热材料(包括保温材料、隔热材料等)是用于减少建筑(结构)物与环境热交换的一种功能材料。以房屋为例,如果墙体材料具有良好的保温性能,就可以在空调设备使用程度最低的情况下实现室内“冬暖夏凉”,从而节约能源。对处于炎热气候环境下的冷库等,则需采用良好的隔热材料加以围护,以确保冷库温度稳定。绝热材料按化学成分可分为有机和无机两大类;按材料的构造可分为纤维状(如矿棉、玻璃棉、硅酸铝纤维等及其制品)、松散粒状、多孔组织(如膨胀蛭石及其制品、膨胀珍珠岩及其制品、微孔硅酸钙制品、发泡硅酸盐制品、泡沫玻璃、泡沫塑料等)材料 3 种;此外,还有反射型绝热材料(如铝箔波形纸保温隔热板、玻璃棉制品铝箔复合材料、反射型保温隔热卷材、热发射玻璃等)。绝热材料对节约能源具有重要作用,一些国家将其看作继煤炭、石油、天然气、核能之后的“第五大能源”,也是我国建筑行业重点发展的对象。

3.4.3　吸声与隔声材料

为防治噪声污染,保障声环境质量,在房屋建筑材料选择上需要考虑其吸声与隔声需要。通常将对 125,250,500,1 000,2 000,4 000 Hz 六个频率的平均吸声系数大于0.2的材料定义为吸声材料。吸声材料按吸声机理的不同分为两类:一类是疏松多孔的材料;另一类是柔性材料、膜状材料、板状材料、穿孔板。

人们要隔绝的声音按传播的途径可分为空气声(由于空气的振动)和固体声(由于固体的撞击或振动)两种。对空气声的隔声,根据声学中的"质量定律",墙或板传声的大小,主要取决于其单位面积质量,质量越大,越不易振动,则隔声效果越好,故对此必须选用密实、沉重的材料(如黏土砖、钢板、钢筋混凝土)作为隔声材料。对固体声的隔声,最有效的措施是采用不连续的结构处理,即在墙壁和承重梁之间、房屋的框架和隔墙及楼板之间加弹性衬垫,如毛毡、软木、橡皮等材料,或在楼板上加弹性地毯。随着对建筑声环境的要求不断提高,吸声与隔声材料的研发将是一项长期的任务。

3.4.4　装饰材料

土木工程装饰不仅是为了美观需要,还是保护主体结构在各种环境因素下的稳定性和耐久性的需要,所以,装饰材料不但应具有良好的装饰性能(包括色彩、光泽、透明性、花纹图案、形状、尺寸、质感及耐污性、易清洁性、耐擦洗性等)外,还应具有良好的物理力学性能(包括密度、强度、硬度、耐磨性、耐水性、抗冻性、热稳定性、耐火性、耐侵蚀性、吸声隔声性、保温隔热性等)、施工与加工性能(包括可锯性、可钉性、可钻性、可粘性等)以及房屋建筑所需的绿色环保特色。装饰材料品种多,包括木、石、砖、石膏、石棉、玻璃、马赛克、陶瓷、金属、塑料等;用途广,包括房屋建筑外墙及室内装饰,桥梁、展览馆等公用结构外观装饰等。随着对土木工程环境、功能及耐久性要求的提高,装饰材料的研究开发与应用前景广阔。

3.5　土木工程材料发展趋势

土木工程自身发展与其材料之间存在着相互依赖和相互促进的关系。随着社会发展对工程安全、低碳、可持续发展等的需要,土木工程材料需向高强、轻质、耐久以及节能、环保、生态等方向发展。

为保证使用最广泛的混凝土结构具有应有的承载能力及长期安全、耐久,需进一步开展混凝土原材料(水泥、砂、石)质量控制、生产工艺等研究,提高强度,降低后期变形,增强防冻、防腐、防渗能力,从而提高耐久性。

为满足土木工程各种结构对钢材的需求,开发性能更优、适应性更强的钢材,研究质量更可靠的钢材(特别是大尺度钢材)加工制造工艺等将是一项长期的任务。

新型工程材料的研究开发则是今后的重点,例如:用于桥梁的轻质、高强、耐腐蚀和耐疲劳的碳纤维拉索材料,用于建筑、桥梁的纳米防护材料,新型吸声材料,高效阻燃材料等。

3.6 土木工程基本构件

3.6.1 构件的分类

构件是组成建筑结构的单元。根据几何形状的不同,构件有线状和面状之分。前者又可分为直线状和曲线状;后者也可分为平面状和曲面状,同时,曲面状的结构有单曲面和双曲面之分。另一种基本的分类是基于刚度,分为刚性构件和柔性构件。刚性构件在荷载作用下只发生小的变形,没有显著的外形变化;而柔性构件在一种荷载条件下,就形成另一种外形,当荷载条件发生变化,则构件外形随之又发生大的变化,如图 3.17 所示。木材、钢筋混凝土等许多材料本质上属于刚性的,而钢材有时属于刚性,有时属于柔性,视具体情况而定。例如,钢梁为刚性构件,钢索则为柔性构件。

按照空间布置的不同,构件又分为单向结构体系和双向结构体系。对前者,结构单向传递荷载;对后者,荷载传递复杂,至少双向传递。跨越在两个支座上的一根梁就是单向结构体系的例子,而搁置在四条连续边界上的刚性方板则属于双向结构体系。

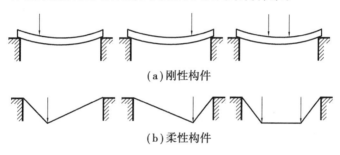

（a）刚性构件

（b）柔性构件

图 3.17 刚性构件与柔性构件

3.6.2 梁与柱

梁与柱是建筑工程中最基本的构件,由水平的刚性构件支撑在竖向的刚性构件上而形成的结构十分普遍。其中,水平构件被称为"梁",承受着作用在其上的横向力,并将力传递到支承这个梁的竖向构件上;竖向构件则被称为"柱",沿着它的轴向受力,并将所受的力传递到地面。很少有建筑不使用梁的,梁常常靠"弯曲"来承载,因为受到横向荷载后梁被弯成弓状(见图3.18)。弯曲会使梁产生内力和变形,在梁的任何截面处,梁的上部纤维受压缩短,而下部纤维受拉伸长。建筑结构或小跨桥梁一般采用钢筋混凝土梁,大跨径桥梁和其他大跨结构则需采用预应力混凝土梁、钢(桁架)梁。

铰支承　　　跨中挠度　　　辊支承

图 3.18 简支梁(板)

3.6.3 桁架

桁架是由一些单根线状的杆件以单个三角形或多个三角形布置方式组装而形成的结构,杆件之间在连接处通常假定为铰接。如图 3.19 所示,有多种可能的平面桁架外形。上部和底部的杆件称为弦杆,弦杆之间的杆件称为腹杆。使用桁架的基本原理是将杆件布置成一些三角形状,形成一个稳定的结构。由杆件组成的桁架受到荷载作用后,桁架作为整体受弯,这相当于一根梁那样的方式受弯。但是,桁架中的杆件并不受弯,而是纯粹的轴心受压或者受拉。

桁架也可以空间结构的形式承受荷载。空间桁架通常是一种大跨度的面状结构,它由一些稳定的空间(或者三维)的三角状几何单元以重复布置的方式所组成。可以有许多种重复性几何单元的构造方式,形成不同形式的空间结构,图 3.20 所示的只是其中一种形式。北京鸟巢则是更为复杂的特殊桁架结构。

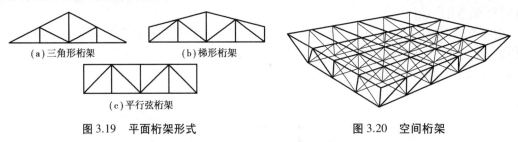

(a)三角形桁架　　　　(b)梯形桁架

(c)平行弦桁架

图 3.19　平面桁架形式　　　　　　　图 3.20　空间桁架

3.6.4 索

索是一种柔性的线状构件,它受到外部荷载后会随着荷载的幅值和作用位置的情况而产生相应的变形,其形成的形状在英语中称为"funicular",中文意思就是"索状"。在索里只存在拉力。当用索跨越两点来承受外部一个或多个集中荷载时,索会以一系列由直线段所构成的形状方式变形。只承受自重的等截面的索会自然地变形成为悬链线状,而承受均布荷载(沿其水平投影)的索会按照抛物线形状变形。索能以多种方式跨越很大的距离承载。如图 3.21 所示,悬索结构和斜拉索结构是土木工程中常用的两种结构形式。

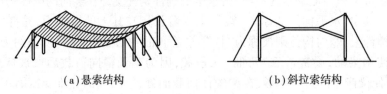

(a)悬索结构　　　　　　　　(b)斜拉索结构

图 3.21　索结构

3.6.5 拱

如果将受荷载作用下的索的形状颠倒一下,则原来下垂的任何一点就变成了矢高点。如图 3.22 所示,将索的两个端点连成一水平线,则颠倒前后的点形成了镜面对称。按照这一新形状建造的、处于受压状态的结构称为拱,它也属于线状成形的结构。按照受力体系划分,拱分为无铰拱、两铰拱和三铰拱。拱与梁的主要区别在于:拱在竖向荷载下将产生水平推力,且拱内以受压为主,在古代人们已会用砖、石建造拱。如今,钢筋混凝土、钢管混凝土、钢材等材料已广泛应用于拱的建造,拱在桥梁、拱形结构等方面的应用也日益增多。

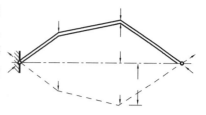

图 3.22　拱与索的差别

3.6.6　墙与板

墙与板都是刚性的面状构件。承重墙能同时承受竖向与侧向荷载。相对平面尺度而言,平板的厚度很小,多用于水平构件,以受弯的方式来承受荷载。板可支撑在其四周连续的边界上,也可只支撑在个别点上,也可以是这两种情况的混合。板通常采用钢筋混凝土(见图3.23)或者钢材来建造。可将狭长的刚性板在其长边的边缘处一块一块折线地连接起来形成折板结构,使其比平板具有更高的承载能力。

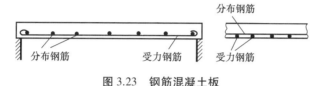

图 3.23　钢筋混凝土板

3.6.7　壳

壳是一种三维的薄壁刚性构件,它可做成任何形状的表面。常用形式有:通过一曲线绕某一轴线旋转所形成的旋转曲面[见图3.24(a)]的球面,一平面曲线沿着另一平面曲线移动所形成的移动曲面[见图3.24(b)]的柱面,一直线的两端点在另外两个独立的平面曲线上移动所形成的直纹曲面[见图3.24(c)]的双曲抛物面,以及由这3种曲面组合所形成的多种多样复杂曲面。壳体通过曲面内的压应力、拉应力、剪应力来承载,薄薄的壳体,其抗弯能力有限,因此薄壳只适合承受均布荷载,且广泛应用于建筑屋盖。

（a）球面壳体　　　　　　（b）柱面壳体　　　　　　（c）双曲抛物面壳体

图 3.24　壳体结构

三维形式的结构也可用短小的刚性杆做成。严格地讲,这样的做法不是壳体结构,因为没有采用面状构件。可是,这种结构的受力行为与连续曲面的壳体类似,在曲面内呈现的应力通常很集中,相当于单根构件的受力。因此,这种由杆系组成的曲面结构已经得到推广应用,并称为网壳结构。

3.6.8　薄膜

薄膜是一种厚度很薄的柔性面状材料,它通过拉应力的形成来承载。肥皂泡沫是说明什么是薄膜及其特性的一个很好例子。薄膜对风的空气动力效应十分敏感,容易引起薄膜的颤振。所以,用于建筑的大多数薄膜需通过一些方法使其稳定,保持在荷载作用下薄膜的基本形状。保持薄膜稳定的基本方法是对其施加预应力。要达到预应力,对帐篷结构(见图 3.25)可施加外力使薄膜绷紧,对充气结构则依靠内部压力空气。

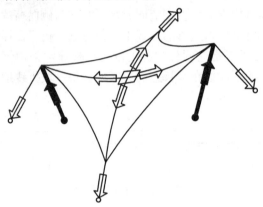

图 3.25　帐篷结构

膜结构建筑是 21 世纪最具代表性的一种全新的建筑形式,至今已成为大跨度空间建筑的主要形式之一。它集建筑学、结构力学、精细化工、材料科学与计算机技术等为一体,建造出具有标志性的空间结构形式。它不仅体现出结构的力量美,还充分表现出建筑师的设想,享受大自然浪漫空间。设计灵感来自水分子结构的北京"水立方",是世界上最大的膜结构工程(见图3.26),建筑外围采用世界上最先进的环保节能 ETFE(四氟乙烯)膜材料。

图 3.26　北京水立方

思考讨论题

1.简述土木工程材料及其在工程建设中的地位与重要性。

2.简述土木工程材料的分类。

3.简述土木工程材料的基本性质。

4.简述钢筋混凝土、预应力混凝土出现的背景及其对土木工程建设发展的促进作用。

5.简述土木工程用钢材的种类及其适用的结构类型。

6.简述土木工程材料、构件与结构的关系。

7.简述土木工程材料的发展方向。

8.简述土木工程基本构件种类、可组成的结构形式及应用原理。

4 地基与基础

本章导读:
- **基本要求**　了解地基与基础的基本概念及其在工程中的重要性;了解工程地质勘察的内容及方法;了解工程中常见的地基处理方法;了解浅基础及深基础的构造类型、适用条件及施工方法。
- **重点**　工程地质勘探的方法;不同软弱地基的处理方法;两类基础的构造类型及适用条件。
- **难点**　地基处理的作用机理;沉井、沉箱基础的构造及施工方法。

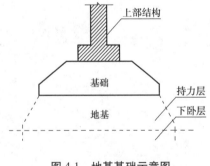

图 4.1　地基基础示意图

万丈高楼平地起,任何土木工程都是建造在一定的岩(土)层之上。因此,建(构)筑物的全部荷载都由它下面的地层来承担,承受建(构)筑物荷载的那一部分土层称为地基;建(构)筑物向地基传递荷载的下部结构称为基础(见图 4.1)。地基与基础是保证建(构)筑物安全和满足使用要求的关键之一。

基础的形式多种多样,设计时应该选择能适应上部结构和场地工程地质条件、符合使用要求、满足地基基础设计基本要求以及技术上合理的基础结构方案。通常把相对埋深不大,采用一般的方法与设备能够施工的基础称为浅基础;而把基础埋深超过某一值(一般为 5 m)且需借助特殊的施工方法才能将建筑物荷载传递到地表以下较深岩(土)层的基础称为深基础。选定适宜的基础形式后,地基不加处理就可以满足要求的,称为天然地基,否则,就叫作人工地基。

地基和基础是建(构)筑物的根本,又属于地下隐蔽工程。它的勘察、设计和施工质量直接关系着建(构)筑物的安危。实践表明,建(构)筑物事故的发生,很多都涉及地基基础的问题。

而且,地基基础事故一旦发生,补救并非容易。此外,基础工程费用与建筑物总造价的比例,视其复杂程度和设计、施工的合理与否,可以变动于百分之几到几十之间。因此,地基及基础在土木工程中的重要性是显而易见的。

4.1　工程地质勘察

　　工程地质勘察的目的在于以各种勘察手段和方法,调查研究和分析评价建筑场地和地基的工程地质条件,为设计和施工提供所需的工程地质资料。地基勘察工作应该遵循基本建设程序走在设计和施工前面,采取必要的勘察手段和方法,提供准确无误的地质勘察报告。

4.1.1　工程地质勘察的三个阶段

　　工程地质勘察一般应分三阶段进行,分别为可行性研究勘察(选址勘察)、初步勘察和详细勘察三个阶段。

　　(1)选址勘察

　　选址勘察的目的是为了取得几个场址方案的主要工程地质资料,对拟选场地的稳定性和适宜性作出工程地质评价和方案比较。

　　(2)初步勘察

　　初勘的任务之一就在于查明建筑场地不良地质现象的成因、分布范围,危害程度及其发展趋势,以便使场地内主要建筑物的布置避开不良地质现象发育的地段,确定建筑总平面布置。初勘的任务还在于初步查明地层及其构造、岩石和土的物理力学性质、地下水埋藏条件以及土的冻结深度,为主要建筑物的地基基础设计方案以及不良地质现象的防治方案提供工程地质资料。

　　(3)详细勘察

　　详勘的任务是针对具体建筑物地基或具体的地质问题,为进行施工图设计和施工提供可靠的依据或设计计算参数。

4.1.2　工程地质勘察的方法

　　(1)工程地质测绘与调查

　　工程地质测绘的目的是为了查明场地及其邻近地段的地貌、地质条件,并结合其他勘察资料对场地或建筑地段的稳定性和适宜性做出评价,并为勘察方案的布置提供依据。

　　常用的工程地质测绘方法有像片成图法和实地测绘法。目前,遥感技术(见图 4.2)已在工程地质测绘中得到广泛应用。遥感是指根据电磁辐射的理论,应用现代技术中的各种探测器,对远距离目标辐射来的电磁波信息进行接收、传送到地面接收站加工处理成遥感资料(图像或数据),用来探测识别目标物的整个过程。

图 4.2　遥感技术测绘示意图

（2）工程地质勘探

工程地质勘探是在工程地质测绘的基础上，为了进一步查明地表以下的工程地质问题，取得深部地质资料而进行的。勘探的方法主要有坑探、槽探、钻探、触探、地球物理勘探等方法。

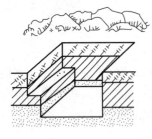

坑探、槽探就是用人工或机械方式挖掘坑、槽、井、洞（见图4.3），以便直接观察岩土层的天然状态以及各地层之间接触关系等地质结构，并能取出接近实际的原状结构土样。

钻探是指用钻机在地层中钻孔，以鉴别和划分地表下地层，并可以沿孔深取样的一种勘察方法。钻探是工程地质勘察中应用最为广泛的一种勘探手段。它可以获得深部的地质资料。

触探是通过探杆用静力或动力将金属探头压入土层，并且测出各层土对触探头的贯入阻力大小的指标，从而间接地判断土层及其

图4.3　槽探示意

性质的一类勘探方法和原位测试技术。作为勘探手段，触探可用于划分土层、了解地层的均匀性；作为测试技术，则可以估计地基承载力和土的变形指标等。

地球物理勘探简称物探，它是通过研究和观测各种地球物理场的变化来探测地层岩性、地质构造等地质条件。该方法兼有勘探与试验两种功能，和钻探相比，具有设备轻便、成本低、效率高、工作空间广等优点。但它由于不能取样，不能直接观察，故多与钻探配合使用。常用的地球物探方法有直流电勘探、交流电勘探、重力勘探、磁法勘探、地震勘探、声波勘探、放射性勘探等。

4.1.3　地基勘察报告书的编制

勘察工作结束后，把取得的野外工作和室内试验的记录和数据，以及搜集到的各种直接和间接的资料进行分析整理、检查校对、归纳总结后作出建筑场地的工程地质评价。地基勘察的最终成果要以简要明确的文字和图表编成报告书。

所附的图表可以是下列几种：勘探点平面布置图（见图4.4），工程地质剖面图；地质柱状图或综合地质柱状图，土工试验成果表，其他测试成果图表（如现场载荷试验、标准贯入试验、静力触探试验、旁压试验等）。

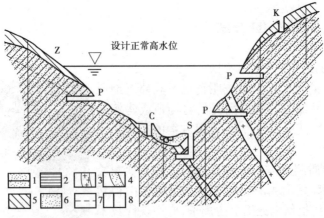

图4.4　某坝址区勘探布置图

1—砂岩；2—页岩；3—花岗岩脉；4—断层带；
5—坡积层；6—冲积层；7—风化层界线；8—钻孔；
P—平洞；S—竖井；K—探井；Z—探槽；C—浅井

4.2　地基处理

在软弱地基上进行土木工程建设,往往需要对天然地基进行处理,以满足工程结构对地基的要求。同时,对既有结构物的地基土因不满足地基承载力和变形要求时,除需进行地基处理之外,还要进行基础加固,以满足结构物的正常使用要求。

通常将不能满足建(构)筑物要求(包括承载力、稳定变形和渗流三方面的要求)的地基统称为软弱地基或不良地基。软弱地基和不良地基的种类很多,其工程性质的差别也很大,因此对其进行加固处理的要求和方法也各不相同。

4.2.1　地基处理技术的发展概况

20世纪60年代以来,国外在地基处理方面发展十分迅速,老方法不断改进,新方法不断涌现,在20世纪60年代中期,从如何提高土的抗拉强度这一思路中,发展了土的"加筋法";从如何合理利用土的排水和加速固结这一基本观点出发,发展了土工聚合物、砂井预压和塑料排水带等方法;从如何进行深层密实处理的方法考虑,采用加大击实功能的措施,发展了"强夯法"和"振动水冲法"等。另外,国外现代工业的发展,为地基处理工程提供了强大的生产手段,如能制造重达几十吨的强夯起重机械;潜水电机的出现,带来了振动水冲法中振冲器的施工机械;真空泵的问世,从而建立了真空预压法;大于200个大气压的压缩空气机的问世,从而产生了"高压喷射注浆法"。

我国劳动人们在处理地基方面有着极其宝贵的经验,根据历史记载,早在两千多年前,就已采用夯实法和在软土中夯入碎石等加固地基的方法。灰土和三合土也是我国传统的地基处理技术。我国古代在沿海地区极其软弱的地基上修建海塘时,采用每年农闲时逐年填筑,即现代堆载预压法中称为分期填筑的方法,利用前期荷载使地基逐年固结,从而提高土的抗剪强度,以适应下一期荷载的施加,这就是我国古代劳动人们在软土地基上从实践中积累的宝贵经验。

4.2.2　常用的地基处理方法

地基处理方法有很多种。按时间可分为临时处理和永久处理;按处理深度可分为浅层处理和深层处理;按处理土性对象可分为砂性土处理和黏性土处理、饱和土处理和非饱和土处理。

地基处理的基本方法主要有置换、夯实、挤密、排水、胶结、加筋和冷热等方法,这些方法也是千百年以来仍然有效的方法。

(1)排水固结法

排水固结法的原理是软黏土地基在荷载作用下,土中孔隙水慢慢排出,孔隙比减小,地基发生固结变形,同时,随着超静水压力逐渐消散,土的有效应力增大,地基土的强度逐步增长。

排水固结法常用于解决软黏土地基的沉降和稳定问题,可使地基的沉降在加载预压期间基本完成或大部分完成,使建筑物在使用期间不致产生过大的沉降和沉降差。同时可增加地基土的抗剪强度,从而提高地基的承载力和稳定性。

排水固结法是由排水系统和加压系统两部分组合而成的。排水系统可在天然地基中设置竖向排水体(如普通砂井、袋装砂井、塑料排水板等),以及利用天然地基土层本身的透水性。

加压系统有降低地下水位法、堆载预压法、真空法、电渗法以及联合法(见图4.5)。

(a)袋装砂井法

(b)塑料排水板法

(c)降低地下水位法

(d)堆载预压法

图4.5　排水固结法处理地基

(2)振密、挤密法

振密、挤密法的原理是采用一定的手段,通过振动、挤压使地基土体孔隙比减小,强度提高,达到地基处理的目的。根据采用的手段不同可分为表层压实法、振冲挤密法、重锤夯实法、强夯法等(见图4.6)。

(a)表层压实法

(b)振冲挤密法

(c)重锤夯实法

(d)强夯法

图4.6　振密、挤密法处理地基

（3）置换及拌入法

以砂、碎石等材料置换软弱地基中部分软弱土体,形成复合地基,或在软弱地基中部分土体内掺入水泥、水泥砂浆以及石灰等物,形成加固体,与未加固部分形成复合地基,达到提高地基承载力,减少压缩量的目的。置换及拌入法包括垫层法、碎石桩法、高压喷射注浆法、深层搅拌法等(见图4.7)。

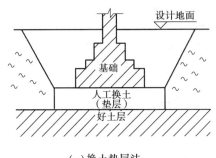
（a）换土垫层法

（b）碎石桩法

图4.7　置换及拌入法处理地基

（4）加筋法

通过在土层中埋设强度较大的土工聚合物、拉筋、受力杆件等达到提高地基承载力,减小沉降,或维持建筑物稳定的地基处理方法称为加筋法。加筋法一般有土工聚合物、锚固技术、加筋土及土钉技术(见图4.8)等。

选择地基处理方案时,应根据工程和地基的实际情况,并考虑到施工速度和加固所需的设备等条件,对各种加固方案进行综合比较,做到经济上合理,技术上可靠。

图4.8　加筋法处理地基(土钉支护)

4.3　浅基础

天然地基上的浅基础埋置深度较浅,用料较省,无需复杂的施工设备,在开挖基坑、必要时支护坑壁和排水疏干后对地基不加处理即可修建,工期短、造价低,因而设计时宜优先选用天然地基。当这类基础及上部结构难以适应较差的地基条件时才考虑采用大型或复杂的基础形式,如桩基础、连续基础或人工处理地基。

4.3.1　刚性基础和柔性基础

天然地基浅基础,根据受力条件及构造可分为刚性基础和柔性基础两大类(见图4.9)。

刚性基础具有非常大的抗弯刚度,受荷后基础不发生挠曲。因此,原来是平面的基底,沉降后仍保持平面。这类基础内不需配置受力钢筋。它是桥梁、涵洞和房屋建筑常用的基础类型。

其形式有刚性扩大基础、柱下单独基础、条形基础等。

刚性基础在一般情况下均砌筑在土中或水下,所以要求材料要有良好的耐久性和较高的强度。常有的材料有:砖、毛石、混凝土和灰土等。这些材料的抗拉强度远小于它们的抗压强度,所以刚性基础不能承受拉力,设计时要求基础的外伸宽度和基础高度的比值在一定的限度内,否则基础会产生破坏。

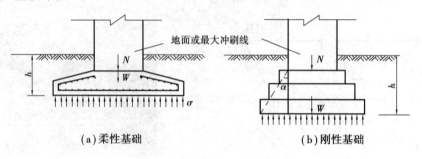

（a）柔性基础　　　　　　　　（b）刚性基础

图 4.9　柔性基础和刚性基础

当刚性基础尺寸不能同时满足地基承载力和基础埋深的要求时,则需改成柔性基础。工程上的柔性基础是指钢筋混凝土基础,这类基础在基底反力作用下可能会开裂甚至断裂,因此必须在基础中配置足够数量的钢筋。

4.3.2　浅基础的结构形式

浅基础根据结构形式可分为扩展基础、条形基础、柱下交叉条形基础、筏形基础、箱形基础和壳体基础等。

（1）扩展基础

墙下条形基础和柱下独立基础(单独基础)统称为扩展基础(见图 4.10)。扩展基础的作用是把墙或柱的荷载侧向扩展到土中,使之满足地基承载力和变形的要求。扩展基础包括无筋扩展基础和钢筋混凝土扩展基础。

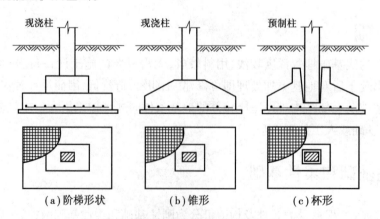

（a）阶梯形状　　　　（b）锥形　　　　（c）杯形

图 4.10　柱下钢筋混凝土扩展基础

（2）条形基础

钢筋混凝土条形基础分为墙下钢筋混凝土条形基础(见图 4.11)、柱下钢筋混凝土条形基础(见图 4.12)和十字交叉钢筋混凝土条形基础(见图 4.13)。

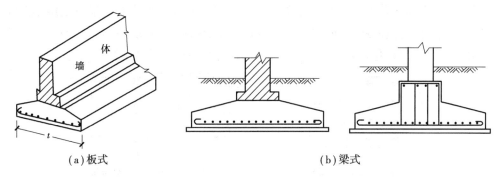

（a）板式　　　　　　　　　　　　　（b）梁式

图 4.11　墙下钢筋混凝土条形基础

墙下钢筋混凝土条形基础横截面根据受力条件可分为不带肋和带肋两种,它可看作钢筋混凝土独立基础的特例。

柱下条形基础:当地基较为软弱、柱荷载或地基压缩性分布不均匀,以至于采用扩展基础可能产生较大的不均匀沉降时,常将同一方向(或同一轴线)上若干个柱子的基础连成一体而形成柱下条形基础。这种基础的抗弯刚度较大,因而具有调整不均匀沉降的能力,并能将所承受的集中柱荷载较均匀地分布到整个基底面积上。柱下条形基础是常用于软弱地基上框架或排架结构的一种基础形式。

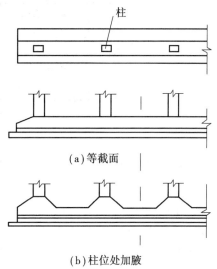

（a）等截面

（b）柱位处加腋

图 4.12　柱下条形基础

如果地基很软,采用单向条形基础的底面仍不能承受上部结构荷载的作用时,需要进一步扩大基础底面积,或为了增强基础的刚度以调整不均匀沉降时,可以把纵横柱基础均连在一起,成为十字交叉条形基础。十字交叉条形基础可承担 10 层以下的民用住宅。

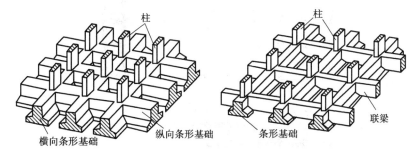

图 4.13　柱下交叉条形基础

（3）筏形基础

如果地基特别软弱,而荷载又很大(特别是带有地下室的房屋),柱下条形基础的底面积不能满足要求时,可将基础做成一整片钢筋混凝土连续板,称筏形基础或筏片基础(见图 4.14)。

筏形基础又分为梁板式筏形基础和平板式筏形基础两种。

筏形基础具有前述各类基础所不完全具备的良好功能,例如:能跨越地下浅层小洞穴和局部软弱层;提供比较宽敞的地下使用空间;作为地下室、水池、油库等的防渗底板;增强建筑物的整体抗震性能;满足自动化程度较高的工艺设备对不允许有差异沉降的要求,等等。

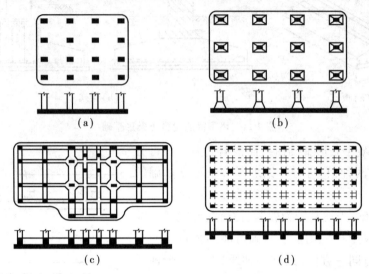

图 4.14　筏形基础

(4)箱形基础

为了使基础具有更大的刚度,大大减少建筑物的相对弯曲,可将基础做成由顶板、底板及若干纵横隔墙组成的箱形基础(见图 4.15)。它是筏片基础的进一步发展,一般都是用钢筋混凝土建造,基础顶板和底板之间的空间可以作为地下室。它的主要特点是刚性大,而且挖去很多土,减少了基础底面的附加压力,因而适用于地基软弱土层厚、荷载大和建筑面积不太大的一些重要建筑物。目前高层建筑中多采用箱形基础。

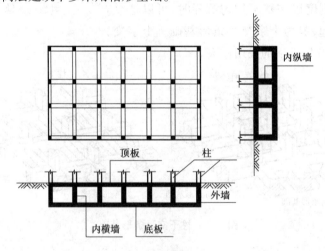

图 4.15　箱形基础

（5）壳体基础

为了充分发挥钢筋和混凝土材料的受力特点，可以使用结构内力主要是轴向压力的壳体结构作为一般工业与民用建筑柱基和筒形构筑物（如烟囱、水塔、料仓、中小型高炉等）的基础。壳体基础也是钢筋混凝土基础，根据形状不同，可以有以下主要三种形式：正圆锥壳、M形组合壳和内球外锥组合壳（见图4.16）。这种基础形式对机械设备有良好的减振性能，因此在动力设备的基础中有着光明的发展前景。

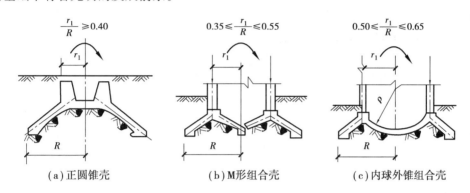

图4.16　壳体基础的结构形式

4.4　深基础

如果建筑场地浅层的土质不能满足建筑物对地基承载力和变形的要求而又不适宜采取地基处理措施时，就要考虑以下部坚实土层或岩层作为持力层的深基础方案了。深基础主要有桩基础、沉井和地下连续墙等几种类型，其中以历史悠久的桩基应用最为广泛。

4.4.1　桩基础

桩基是一种古老的基础形式。桩基技术在我国经历了几千年的发展过程。早在7 000多年前的新石器时代，为了防止猛兽，人类祖先就在湖泊和沼泽地里栽木桩筑平台，修建居住点。我国最早的桩基是在浙江河姆渡的原始社会居住的遗址中发现的。中国隋朝的郑州超化寺塔和五代的杭州湾海堤工程都采用桩基。随着近代工业技术和科学技术的发展，桩的材料、种类和桩基形式、桩的施工工艺和设备、桩基设计计算理论和方法、桩的原型试验和检测方法等各方面都有了很大的发展。由于桩基础具有承载力高、稳定性好、沉降量小而均匀等特点，因此，桩基础已成为在土质不良地区修建各种建筑物所普遍采用的基础形式，在高层建筑、桥梁、港口和近海结构等工程中得到广泛应用。

（1）采用桩基础的条件

一般对采用天然地基而使地基承载力不足或沉降量过大时，宜考虑选择桩基础，像高层建筑、纪念性或永久性建筑、设有大吨位的重级工作制吊车的重型单层工业厂房、高耸建筑物或构筑物（如烟囱、输电铁塔等）、大型精密仪器设备基础都应优先考虑桩基方案。当建筑物或构筑物荷载较大，地基上部软弱而下部不太深处埋藏有坚实地层时，最宜采用桩基。

（2）桩的分类

桩是设置于土中的竖直或倾斜的柱型基础构件（见图4.17），其横截面尺寸比长度小得多，它与连接柱顶和承接上部结构的承台组成深基础，简称桩基。按承台与地面的相对位置的不同，可分为低承台桩基和高承台桩基之分。前者的承台底面位于地面以下，而后者则高出地面以上，且其上部常处于水中。工业与民用建筑几乎都使用低承台竖直桩基，并且很少采用斜桩。桥梁和港口工程常用高承台桩基，且常用斜桩以承受水平荷载。

按桩的性状和竖向受力情况，可分为端承型桩和摩擦型桩两大类（见图4.18）；根据施工方法的不同，可分为预制桩和灌注桩两大类；按桩身材料不同，可将桩划分为木桩、混凝土桩、钢筋混凝土桩、钢桩、其他组合材料桩等。按成桩过程中挤土效应可分为挤土桩、部分挤土桩和非挤土桩。按沉入土中的施工方法，可分为钻（挖）孔灌注桩、打入桩、振动下沉桩及管柱基础等。

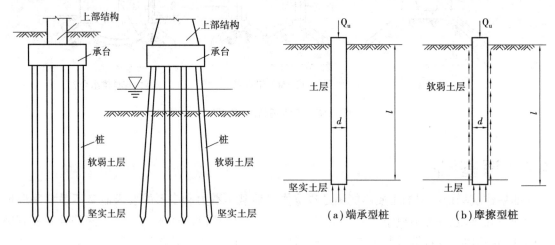

图4.17　桩基础示意图　　　　　图4.18　桩按荷载传递方式分类

4.4.2　沉井基础

为了满足结构物的要求，适应地基的特点，在土木工程结构的实践中形成了各种类型的深基础，其中沉井基础，尤其是重型沉井、深水浮运钢筋混凝土沉井和钢沉井，在国内外已有广泛的应用和发展。如我国的南京长江大桥、天津永和斜拉桥、美国的圣路易斯（St.Louis）大桥等均采用了沉井基础。目前，在其构造、施工和技术方面我国均已进入世界先进水平，并具有自己的特点。

沉井通常是用钢筋混凝土或砖石、混凝土等材料制成的井筒状结构物，一般分数节制作。施工时，先在场地上整平地面铺设砂垫层，设支承枕木，制作第一节沉井，然后在井筒内挖土（或水力吸泥），使沉井失去支承下沉，边挖边排边下沉，再逐节接长井筒。当井筒下沉达设计标高后，用素混凝土封底，最后浇注钢筋混凝土底板，构成地下结构物，或在井筒内用素混凝土或砂砾石填充，构成深基础。

（1）沉井基础的特点

沉井是一种四周有壁、下部无底、上部无盖、侧壁下部有刃脚的筒形结构物，通常用钢筋混凝土制成。它通过从井孔内挖土，借助自身质量克服井壁摩阻力下沉至设计标高，再经混凝土封底并填塞井孔,便可成为桥梁墩台或其他结构物的基础。

以最常见的钢筋混凝土沉井为例,沉井通常由刃脚、井壁、隔墙、井孔、凹槽、封底混凝土、顶盖组成,如图4.19所示。

沉井基础的特点是埋置深度可以很大,整体性强、稳定性好,能承受较大的垂直荷载和水平荷载。沉井基础的缺点是:施工期较长;对细砂及粉砂类土在井内抽水易发生流沙现象,造成沉井倾斜;沉井下沉过程中遇到的大孤石、树干或井底岩层表面倾斜过大,均会给施工带来一定的困难。

(2)采用沉井基础的条件

当上部荷载较大,结构对基础的变位敏感,而表层地基土的允许承载力不足,做扩大基础开挖工作量大以及支撑困难,但在一定深度下有好的持力层时,一般采用沉井基础。还有在山区河流中,虽然浅层土质较好,但冲刷大,或河中有较大卵石不便桩基础施工的情况下会考虑采用沉井基础方案。

(3)沉井基础的类型

沉井按不同的下沉方式分为就地制造下沉的沉井与浮运沉井。就地制造下沉的沉井是在基础设计的位置上制造,然后挖土靠沉井自重下沉。如基础位置在水中,需先在水中筑岛,再在岛上筑井下沉。在深水地区,筑岛有困难或不经济,或有碍通航,或河流流速大,可在岸边制筑沉井拖运到设计位置下沉,这类沉井叫浮运沉井。

沉井按外观形状分类,在平面上可分为单孔或多孔的圆形、矩形、圆端沉井及网格形,如图4.20所示。圆形沉井受力好,适用于河水主流方向易变的河流。矩形沉井制作方便,但四角处的土不易挖出,河流水流也不顺。圆端形沉井兼有两者的优点也在一定程度上兼有两者的缺点,是土木工程中常用的基础类型。

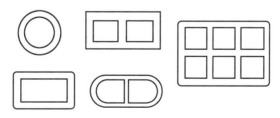

图4.20　沉井平面布置形式

沉井竖直剖面外形主要有竖直式、倾斜式及阶梯式等。采用哪种形式主要视沉井需要通过的土层性质和下沉深度而定。

4.4.3　沉箱基础

沉箱是从潜水钟发展起来的。1841年法国工程师M.特里热在采煤工程中为克服管状沉井下沉困难,把沉井的一段改装为气闸变成了沉箱,并提出了用管状沉箱建造水下基础的方案。

1851年J.赖特在英国罗切斯特梅德韦河建桥时,首次下沉了深18.6 m的管状沉箱。1859年法国弗勒尔-圣德尼在莱茵河上建桥时,下沉了底面和基底相同的矩形沉箱,以后被广泛应用。中国最先采用沉箱基础的是京山(北京—山海关)铁路滦河桥(1892—1894年),中国自行设计建造的浙赣(浙江—江西)铁路杭州钱塘江桥(1935—1937年),采用了沉箱下接桩基的联合基础。

(1)沉箱基础的特点

沉箱基础又称气压沉箱基础,它是以气压沉箱来修筑的桥梁墩台或其他构筑物的基础。

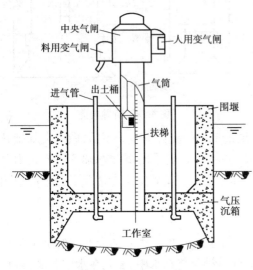

图4.21　桥的沉箱基础

沉箱形似有顶盖的沉井。在水下修筑大桥时,若用沉井基础施工有困难,则改用气压沉箱施工,并用沉箱做基础。它的工作原理是:当沉箱在水下就位后,将压缩空气压入沉箱室内部,排出其中的水,这样施工人员就能在箱内进行挖土施工,并通过升降筒和气闸把弃土外运,从而使沉箱在自重和顶面压重作用下逐步下沉至设计标高,最后用混凝土填实工作室,即成为沉箱基础,如图4.21所示。由于施工过程中通入压缩空气,使其气压保持或接近刃脚处的静水压力,故称为气压沉箱。

沉箱的优点是整体性强,稳定性好,能承受较大的荷载,在下沉过程中能处理障碍物,基底的处理和质量能得到保证。缺点是气压沉箱的费用很高,它不仅要一套完整的设备,而且由于工人在高压下工作,效率不高,施工速度慢,施工组织也较复杂。

(2)气压沉箱的类型和构造

气压沉箱根据施工方法可分为就地灌注和浮运式两类。箱体(工作室顶盖及刃脚)大多用钢筋混凝土筑成,很少用钢模壳内填混凝土的沉箱。

钢筋混凝土沉箱可以做成实心的,也可以做成空心的。实心沉箱不宜过大,适用于陆上下沉,过大过重的沉箱会使初始下沉速度大,易造成倾斜及抽垫木困难。沉箱面积大而采用浮运施工时,以采用空心沉箱为宜。

沉箱的主要构造包括:工作室、刃脚、顶盖、升降孔及各种管路等,另外还需要一些辅助设备,如气闸、压缩空气机等。

4.4.4　地下连续墙

地下连续墙开挖技术起源于欧洲。它是根据打井和石油钻井使用泥浆和水下浇注混凝土的方法而发展起来的,1950年在意大利米兰首先采用了护壁泥浆地下连续墙施工,20世纪五六十年代该项技术在西方发达国家及苏联得到推广,成为地下工程和深基础施工中有效的技术。1958年,我国水电部门首先在青岛月子口水库用此技术修建了水坝防渗墙,到目前为止,全国绝大多数省份都先后应用了此项技术,估计已建成地下连续墙120万~140万 m²。

地下连续墙是在泥浆护壁的条件下,使用专门的成槽机械,在地面开挖一条狭长的深槽,然后在槽内设置钢筋笼,浇注混凝土,逐步形成一道连续的地下钢筋混凝土连续墙。用以作为基坑开挖时防渗、挡土和对邻近建筑物基础的支护以及直接成为承受上部结构荷载的基础的一部分。

（1）地下连续墙的特点

地下连续墙施工震动小、噪声低,墙体刚度大,防渗性能好,对周围地基无扰动,可以组成具有很大承载力的任意多边形连续墙代替桩基础、沉井基础或沉箱基础。对土壤的适应范围很广,在软弱的冲积层、中硬地层、密实的砂砾层以及岩石的地基中都可施工。

（2）地下连续墙的形式

地下连续墙的平面布置形式很多,有条形地下墙、并列形、T 形、十字形、H 形、工字形、辐射形、矩形,如图 4.22 所示。

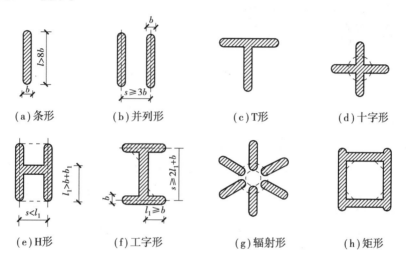

（a）条形　　　　（b）并列形　　　　（c）T形　　　　（d）十字形

（e）H形　　　　（f）工字形　　　　（g）辐射形　　　　（h）矩形

图 4.22　地下连续墙的平面布置

思考讨论题

1.简述地基与基础的概念。

2.工程地质勘察分几个阶段? 各个阶段的主要内容是什么?

3.工程地质勘探的方法有哪些?

4.常见的软弱地基处理方法有哪些? 各种处理方法的作用机理是什么?

5.浅基础与深基础是如何区分的?

6.浅基础的主要结构形式有哪些?

7.列举几种常见的深基础。

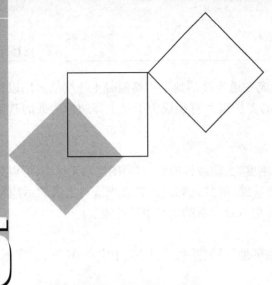

5 建筑工程

本章导读：

- **基本要求**　熟悉建筑按不同方法的分类和建筑设计的依据；理解建筑构造的组成和各部分的作用；熟悉单层房屋结构、多层房屋结构和大跨结构房屋的主要概念、结构形式和适用条件；熟悉高层建筑的特点、常用结构形式及其适用范围；了解特种结构的类别；了解未来建筑的发展。
- **重点**　建筑构造的组成和各部分的作用，单层房屋、多层房屋、高层房屋的常用结构类型和适用范围。
- **难点**　单层房屋、多层房屋、高层房屋的常用结构类型和适用范围。

5.1　建筑设计与建筑构造

5.1.1　建筑概述

与人类生存和发展密切相关的衣、食、住、行中，解决"住"的问题就是建造满足人类生活和生产等活动的各种类型的建筑，它是兴建房屋的规划、勘察、设计（包括建筑、结构和设备）、施工的总称。人们通常所说的建筑包含有两个含义：它既表示建造活动，同时又表示这种活动的成果。建筑的目的是取得一种人为的环境，供人们从事各种活动。建筑的成果通常分为两类：建筑物和构筑物。建筑物是指供人们在其中生产、生活或进行其他活动的房屋或场所，如住宅、办公楼、厂房、教学楼等。构筑物是指人们一般不直接在内进行生产、生活活动的建筑，如水塔、蓄水池、烟囱等。人们对建筑的要求是"安全、适用、经济和美观"。

建造房屋是人类最早的生产活动之一，早在原始社会人们就用树枝、石块构筑巢穴，躲避风雨和野兽的侵袭,开始了最原始的建筑活动。我国传说中有巢氏为巢居的发明者一说,为了躲避野兽的侵袭,他教人们构木为巢,居在树上。在新石器时代后期仰韶文化的重要遗址中,已发现有用木骨泥墙构成的居室。如在1954年开始发掘的仰韶文化(约为公元前5000—前3000年)重要遗址西安东郊半坡遗址中,已有居住区并且有制造陶器的窑场,西安半坡村房屋复原示意见图5.1。到公元前20世纪(约相当于夏代)已发现有夯土的城墙,在河南安阳殷墟发现了宫殿、作坊、陵墓等遗迹。

图5.1 西安半坡村房屋复原示意

图5.2 应县佛宫寺木塔剖面

中华民族的建筑体系是木构架制,即在同一台基上先用木材立柱,上设梁制构架,于梁上加檩条,在其上置椽木,再在椽木间加瓦构成屋面以遮蔽风雨,它们都有屋顶、屋身和台基三部分。这种构架制是现代钢和钢筋混凝土构架最早在建筑中的应用形式。由于古代木建筑经历了历史的变迁、战火,现仍保存完好的已不多见,其中山西五台县佛光寺大殿建于公元857年(唐宣宗时),原认为是现存的最古老建筑。后发现五台山李家庄南禅寺建于780—783(唐德宗元年—3年)。山西应县佛宫寺木塔建于1055年,有5个正层和4个暗层,由刹光顶到地面共高66 m,相当于现代20层大厦高度(见图5.2)。

我们的祖先和世界上古老的民族一样,在上古时期都是用木材和泥土建造房屋,但后来很多民族都逐渐以石料代替木材,唯独我国在五千年历史中几乎都以木材为主要建筑材料,形成世界古代建筑中一个独特的体系,这一体系是世界古代建筑中延续时间最久的一个体系。这一体系除了在我国各民族、各地区广为流传外,历史上还影响到日本、朝鲜和东南亚一些国家,是世界古代建筑中分布范围最广的体系之一。

西方古典建筑也是一种历史传统的建筑体系。它是以石制的梁、柱作为基本构件的建筑形式,创造于古代希腊、罗马时期,并一直延续到20世纪初,在欧洲乃至世界许多地区的建筑发展中产生过巨大的影响。古代希腊是欧洲文明的发源地,建筑艺术作为希腊文化的一个组成部分取得了重大的成就。希腊人建造了神庙、剧场、竞技场等各种建筑物,在许多城市中出现了规模壮观的公共活动广场和造型优美的建筑群。如雅典的卫城,它的建筑群组由山门和三个神庙共同组成,建筑物造型优美、典雅壮丽,在建筑和雕刻艺术上都有很高的成就。

随着生产力的发展和社会的进步,建筑类型日益丰富,建筑工程取得了辉煌成就。中华人民共和国成立后,我国经过 60 余年大规模经济建设,建筑造型丰富多彩,结构体系多样化,建筑材料、施工技术、服务设施等都得到了发展和提高,许多高层建筑、大跨结构、标志性建筑拔地而起。

5.1.2 建筑工程的特点

建筑工程是一门涉及各类建筑设计、施工和修复等工程问题的学科,需要综合应用建筑学、地质学、测量学、土力学、工程力学、建筑材料、建筑结构、施工机械等各种知识和技术。建筑也是一种产品,与其他工业产品相比,它具有以下一些自身的特点。

①任何一个建筑产品都处于一个特定的地点,固定在地面上不能移动,由于不同的地点具有不同的地貌、地质条件和周围的环境,因此有必要针对每个建筑作专门的地基和基础设计。

②建筑产品应是多功能的,从而满足用户的多种需要,包括使用功能、规模、结构形式、风格、舒适性和经济性。

③建筑产品的尺度在长度、宽度、高度三者之一或者全部都要比其他产品大得多。

④建筑会受到许多形式的荷载或力的作用。

⑤由于体量尺度大和技术复杂,建筑产品的建造过程中需要一定规模的人力、机械设备和大量的建筑材料,并且需要很长一段时间才能完工,少则几个月,多则若干年。

⑥工业产品的生产是在固定的工厂车间,而建筑产品的建造没有固定的地点,经常从一个地方到另一个地方地流动。

⑦建筑施工通常露天作业,很容易受到自然环境的影响和干扰。

⑧建筑产品的建造需视作一个项目来运作,应有明确的目标、详细的工作内容、规定的施工进程、成本预算、质量标准等细节,制订一个完备的项目管理计划是十分重要的。

⑨一个建筑项目常常需要若干个阶段才能完成,将涉及许多施工部门和专业人员,很多不确定事件、因素会影响到项目的运作进程。

除这些以外,建筑还与艺术风格、建筑材料、结构施工、装修等密切相关。在建筑产品的建造过程中会碰到许许多多复杂的问题,它们并不总是通过理论分析来解决,事实上有时需要靠试验、经验来解决。

建筑工程的建设是建设单位、勘察单位、设计单位的各种设计工程师和施工单位、监理单位全面协调合作的过程。建筑工程的建造过程可分为以下三个过程:

①初步设计阶段。建筑工程项目首先由建设单位提出使用要求,然后由设计单位进行初步构思、明确各种功能要求、形成总体设计方案。

②技术设计和施工图设计阶段。勘察单位对地基条件进行勘察,设计单位处理建筑、结构、给排水、暖通、电气、装修等各设计工种的技术问题,进行各设计工种的细部设计、绘制施工图、书写设计说明、完成总体设计。

③由施工单位根据设计图纸和国家相关的规范、规程进行施工,同时进行工程项目监理,最后通过验收,竣工交付使用。

5.1.3 建筑分类

建筑物的分类有多种方法。它们可以按房屋的使用性质、房屋结构采用的材料、建筑物的层数或总高度、房屋主体结构的形式和结构体系划分。

1）按使用性质分类

（1）工业建筑

工业建筑指各类生产用房和为生产服务的附属用房,如重型机械厂房、纺织厂房、制药厂房等。它们往往有巨大的荷载、沉重的撞击和振动,需要巨大的空间,有温度、湿度、防爆、防尘、防菌等特殊要求,以及要考虑生产产品的工艺流程、起吊运输设备和生产线路等。

（2）民用建筑

民用建筑是指供人们工作、学习、生活、居住等类型的建筑。

居住建筑:指供人们生活起居的建筑物,如宿舍、住宅、公寓等。

公共建筑:指供人们进行各种社会活动的非生产性建筑物,如办公楼、医院、展览馆、图书馆、商店、影剧院、体育馆等。

（3）农业建筑

农业建筑指用于农业、牧业生产和加工用的建筑,如粮库、畜禽饲养场、温室、农机修理站等。

（4）园林建筑

园林建筑指建造在园林内供休憩用的建筑物,如亭、台、楼、阁、厅等。

2）按主要承重结构所用的材料分类

（1）木结构建筑

建筑物的主要承重构件均用圆木、方木、木材等制作,并通过接榫、螺栓、销、键、胶等连接。木材在大气环境下性能稳定,不易变质。另外,木材还有很多其他的优点,如有强度对容重的比值较高、结构自重轻、易于加工(如锯、刨、钻等)、有较好的弹性和韧性、能承受冲击和振动作用、导电和导热性能低、木纹美丽装饰性好、架设简便、工期快、造价便宜、是可再生资源等优点;但也有构造不均匀、各向异性、易吸湿和吸水、易产生较大的湿涨和干缩变形、易燃、易腐朽和结构变形大等缺点。这种结构多用于古建筑和旅游性建筑。

（2）砌体结构建筑

建筑物的主要竖向承重构件由砖、石或各种砌块采用砂浆砌筑而成。砌体结构材料来源广泛,就地取材、造价较低、耐火、耐久性能好、施工方便,石材的装饰效果好。其缺点是自重大、强度低、抗震性能差,尤其是烧结黏土砖毁田取土量大,影响耕田和绿化等环境,应用上受到一定的限制,主要用于多层和小高层建筑。

（3）钢筋混凝土结构建筑

建筑物的主要承重构件如梁、柱、板、墙等用钢筋混凝土建造,而非承重墙用空心砖或用其他轻质砌块。这种结构强度较高、刚度好、可模性好、抗震性能好、耐火和耐久性能好,是目前应用最为广泛的结构,但也存在自重大、施工过程湿作业多等缺点,一般用于多层或高层建筑中。

（4）钢结构建筑

建筑物的主要承重构件用钢材做成,而围护墙和分隔内墙用轻质材料、板材等。这种结构具有自重轻、构件断面小、安装简便、施工周期短、抗震性能好等优势。但钢结构用钢量大、耐火性能差、防腐蚀要求高,因而造价较高,多用于高层建筑和大跨度的公共建筑。

（5）其他类型建筑

充气式膜建筑、塑料建筑、玻璃建筑等。

3）按建筑物的层数或总高度分类

①住宅建筑1~3层为低层；4~6层为多层；7~9层为中高层；10层及以上为高层。

②公共建筑建筑物总高度在24 m以下者为非高层建筑；总高度超过24 m者为高层建筑（不包括高度超过24 m的单层主体建筑）。

③建筑物总高度超过100 m时，不论其是住宅或公共建筑均为超高层。

4）按建筑的结构类型分类

根据结构受力的不同要求，发展出了两大类不同的受力体系，即主要承受竖向力的结构和主要承受水平力的结构。所有的建筑物既要承受竖向力又要承受水平力，依据建筑物类型的不同，竖向力和水平力在结构设计中的侧重有所不同。无论是主要承受竖向力的结构，还是主要承受水平力的结构，都具有抵抗竖向力和水平力的能力，只不过能力大小不同而已。高层建筑受到的风力和地震作用比较大，应以水平力为控制因素，而多层建筑主要考虑竖向力作用，兼顾水平力的影响。根据结构类型主要可分为4类常用结构。

（1）墙体承重结构

墙体承重结构是指结构墙体既承受竖向力又承受水平力，而且还具有分隔和围护作用的结构类型。此种结构刚度较大，但由于墙体之间间距较小，布置不灵活。常见的各种砌体结构，如砖混结构、石砌体、粉煤灰空心砌块和混凝土空心砌块等结构，主要用于低层和多层建筑中。砌体结构由于是采用各种砌块并由砂浆黏结的结构，其整体性差，抵抗水平力的能力弱，适用范围受到一定限制，尤其是在地震区使用受限严格。

除砌体结构外，剪力墙结构也是一种特殊类型的墙体承重结构，通常是钢筋混凝土或钢板的墙片，它既能够承受竖向力，而且其抗侧刚度和抗剪强度也比砌体结构大得多，因此其主要作用是承受水平荷载，所以又称这种墙片为"抗剪墙"或"剪力墙"。因其造价较高，所以并不适用于低层和多层建筑的竖向承力部分。

（2）框架结构

框架结构是由框架梁和框架柱刚性连接形成的骨架来承受竖向力和水平力的结构，根据结构材料的不同，可以分为钢框架结构和钢筋混凝土框架结构。其优点是在建筑上能够提供较大的空间，平面布置灵活，因而很适合于多层工业厂房以及民用建筑中的多层办公楼、旅馆、医院、学校、商店和住宅建筑。其缺点是框架结构抗侧刚度较小，在水平荷载作用下位移大，抗震性能较差，故亦称框架结构为"柔性结构"。因此，这种结构体系在房屋高度和地震区的使用受到限制。

（3）框架—剪力墙或框架—支撑结构

由框架和剪力墙或由框架和支撑二者共同组成承受竖向力和水平力的结构，这种结构既可发挥框架结构中建筑布置灵活的优点，可以形成较大空间，又能利用剪力墙或支撑所形成的结构刚度大、抵抗水平力能力强的优点，从而合理地克服单纯框架结构和剪力墙结构的缺点，在高层建筑中得到了广泛应用。

（4）筒体结构

筒体结构是由框架结构与剪力墙结构演变发展而来的，它将平面剪力墙组成空间薄壁筒体或将框架减小柱距增大梁高形成空间密柱深梁框筒。筒体结构以空间整体受力为特征,具有很大的抗侧力刚度和承载力,并有很好的抗扭刚度,适合于更高的建筑物。100 m以上的高层建筑中,使用筒体结构的占70%以上。筒体结构体系包括框筒结构、筒中筒结构、框架核心筒结构和成束筒结构等。

(5)其他结构

除了以上这些常用结构类型外,还有为满足各种特殊用途而采用的巨型框架结构、空间网架结构、网壳结构、门式刚架结构、桁架结构、悬索结构、拱结构、折板结构、薄壳结构、膜结构等。

5.1.4　建筑设计

建筑设计的首要任务是要满足建筑功能的要求,在此基础上根据建筑空间的特点,采用合理的技术措施使房屋坚固耐用、建造方便。建造房屋是一个复杂的物质生产过程,需要大量人力、物力和资金,因此设计和建造房屋应具有良好的经济效果,为了体现建筑艺术与建筑环境,应考虑建筑美观和总体规划要求。建筑设计的依据应根据其使用功能、自然条件、标准和规范、建筑模数等进行设计。

①建筑物中家具、设备的尺寸,踏步、窗台、栏杆的高度,门洞、走廊、楼梯的宽度和高度,以至各类房间的高度和面积大小,都和人体尺度以及人体活动所需的空间尺度直接或间接有关,因此人体尺度和人体活动所需的空间尺度,是确定建筑空间的基本依据之一。比如门的尺寸根据人的身高、身宽和人流数量确定。

②家具、设备尺寸以及人们在使用家具和设备时必要的活动空间,是确定房间内部使用面积的重要依据,比如卧室设计要考虑放置床、床头柜、衣柜等后的尺寸。

③气象条件:建设地区的温度、湿度、日照、雨雪、风向、风速等是建筑设计的重要依据,对建筑设计有较大的影响,如炎热地区的建筑应考虑隔热、通风、遮阳等。

④地形、水文地质和地震烈度:基地地形、地质构造、土壤特性和地耐力的大小,对建筑物的平面组合、结构布置、建筑构造处理和建筑体型都有明显的影响。水文条件是指地下水位的高低及地下水的性质,直接影响建筑物基础及地下室。地震烈度表示当地震发生时,地面及建筑物遭受破坏的程度,分一至十二度,烈度六度及以上时应进行抗震设计。

⑤为了提高建筑科学管理水平,保证建筑工程质量,统一建筑技术经济要求,加快基本建设步伐、吸取建筑实践经验的成果等要求而制定的建筑设计标准、规范、规程等。

⑥为了建筑设计、构件生产以及施工等方面的尺寸协调,从而提高建筑工业化的水平,降低造价并提高房屋设计和建造的质量和速度而制订的建筑统一模数制。

5.1.5　建筑构造

一幢建筑物是由许许多多部件组成的。通常称墙、柱、梁、楼梯、屋顶等部件为构件,而称屋面、地面、墙面、门窗、栏杆及细部装修等部件为配件。建筑构造就是研究建筑物的构件、配件的组合原理及构造方法的科学。具体来说,建筑构造原理就是以选型、选材、工艺和安装为依据,研究各种构件、配件及其细部构造的合理性以及能更有效地满足建筑使用功能的理论;而构造方法则是在理论指导下,进一步研究如何运用各种材料,有机地组合各种构件、配件以及使构件、

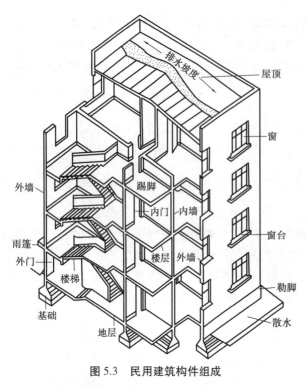

图 5.3 民用建筑构件组成

配件之间牢固结合的具体方法。学习建筑构造,首先应该了解建筑的构件及其各自的作用。民用建筑构件组成如图 5.3 所示。

1) 基础

基础是墙或柱的承重结构,埋在自然地面以下。承受建筑物的全部荷载,并将这些荷载传给地基。基础必须有足够的强度和稳定性,并能抵御地下水、冰冻等各有害因素的侵蚀。

基础的类型主要按上部结构形式、荷载大小及地基情况确定,一般分为墙下条形基础[见图 5.4(a)]、柱下条形基础、柱下独立基础[见图 5.4(b)]、筏板基础、桩基础和箱形基础等,详见本书第 4 章。按材料及受力特点可分为无筋扩展基础和扩展基础。无筋扩展基础也称刚性基础,是由砖、毛石、混凝土或毛石混凝土、灰土、三合土等刚性材料制作的基础,刚性基础底面宽度的增大要受到刚性角的限制;扩展基础又称柔性基础,由于采用钢筋来抵抗拉力,柔性基础的底面宽度不受刚性角的限制。

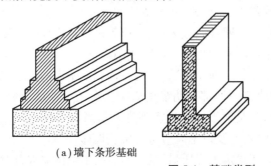

(a) 墙下条形基础

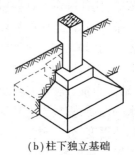

(b) 柱下独立基础

图 5.4 基础类型

2) 墙和柱

墙和柱承受楼板和屋顶传给它的荷载。在墙承重的房屋中,墙既是承重构件,又是围护构件;在框架承重的房屋中,柱是承重构件,而墙只是围护构件或分隔构件。作为承重构件,墙和柱必须具有足够的强度和稳定性;作为围护构件,外墙须抵御风、霜、雨、雪等自然界各种因素对室内的侵袭及保温、隔热等作用。内分隔墙则须满足分隔、隔声和防火的作用。

墙按位置分为内墙和外墙。沿建筑物短轴方向的墙称为横墙,有内横墙和外横墙,外横墙位于房屋两端一般称为山墙。沿长轴方向布置的墙称为纵墙,也有外纵墙和内纵墙之分。按受力情况分为承重墙和非承重墙,建筑物内部只起分隔作用的非承重墙称为隔墙(见图 5.5)。按所用材料分为砖墙、石墙、土墙、混凝土墙以及各种天然的、人工的或工业废料制成的砌块墙、板材墙等。按构造方式分为实体墙、空体墙和组合墙。对于一面墙来说,窗与窗之间或门与窗之间的墙称为窗间墙,窗台下面的墙称为窗下墙,上下窗之间的墙称为窗槛墙,突出屋面的外墙称女儿墙。

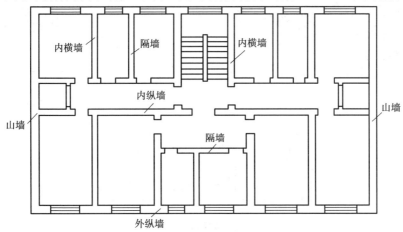

图 5.5 墙体的种类

墙身的细部构造一般是指勒脚、散水、墙身防潮层、踢脚、窗台、过梁等。勒脚是指为保护墙身而设置的、在建筑物四周与室外地面接近的那部分墙体。散水是为了防止雨水与地面水侵入地基,在建筑物四周靠近勒脚的室外地面做成倾斜的坡面,以便将水散至远处。墙身防潮层是指为了隔绝室外雨雪水及地面潮气对墙身侵袭的不良影响,增加墙体的耐久性,在靠近室内地面处设置水平和垂直防潮层。踢脚是外墙内侧和内墙两侧与室内地坪交接处的构造,踢脚的作用是在扫地、拖地、器物碰撞等时保护墙面。窗台的作用是将窗面上流下的雨水排除,防止污染墙面。过梁是门、窗等洞口上设置的横梁,承受洞口上部墙体与其他构件传来的荷载,并将荷载传至窗间墙。

3) 楼盖和地坪

楼盖通常包括梁、楼板、楼面和顶棚等。楼盖既是承重构件,又是分隔楼层空间的围护构件。楼盖支承人、家具设备等荷载,并将这些荷载传递给承重墙或柱,同时楼板支撑在墙体上,对墙体起着水平支撑作用,增强建筑的刚度和稳定性。因而楼盖应有足够的强度和刚度。此外楼盖的性能还应满足不同空间使用功能的要求,如防滑、防水、防潮、防振和隔声等。为了美观和合理利用空间,在楼盖内部留出空间,安装供水、供气、供电、通风、通信等管线设备。制作楼盖的材料通常采用木材、钢筋混凝土、钢—混凝土组合材料。钢筋混凝土楼盖由于承载力、刚度、耐久性、防水、经济等多方面的优点,得到广泛的应用。现浇钢筋混凝土楼盖根据受力和传力情况有单向板肋梁楼盖、双向板肋梁楼盖、井式楼盖、无梁楼盖等(见图 5.6)。

当建筑底层未采用架空楼盖时,地坪层是建筑空间与土壤的分隔围护构件。它应有一定的强度和刚度来支撑人和家具设备等质量。同时由于地坪直接和大地相接,所以还应考虑防潮、防水的要求,在需要的时候还应考虑管道的埋设。

4) 楼梯和电梯

楼梯是建筑物中人们从一个楼层到另一个楼层的竖向交通连系部件,并根据需要满足紧急事故时的人员疏散。楼梯应有足够的通行能力,并做到坚固、耐久和满足消防疏散安全的要求。木材、砖、钢筋混凝土、钢材等都是建造楼梯的一些常用材料。楼梯构造一般由楼梯段、楼层平台、休息平台、栏杆和扶手组成(见图5.7)。楼梯根据人们通行和搬运家具、设备的要求,空间和

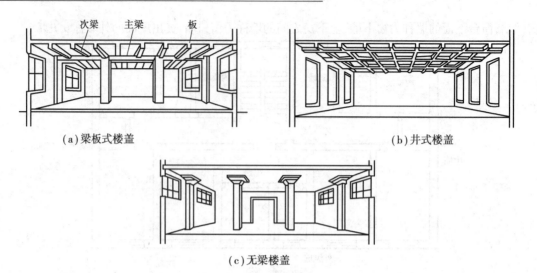

（a）梁板式楼盖　　　　　　　　　　　　　　（b）井式楼盖

（c）无梁楼盖

图5.6　楼盖类型

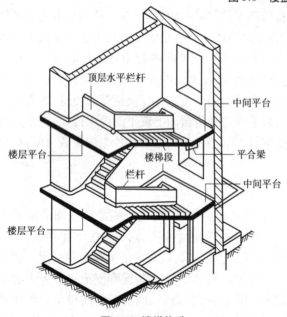

图5.7　楼梯构造

美观等具体情况设计成单跑、双跑、三跑、双分或双合、螺旋、弧形、剪刀式、交叉式楼梯等。电梯通常用在层数较多的建筑或者有特殊需要的情况,应有足够的运送能力和方便快捷性能。消防电梯则用于紧急事故时消防扑救之用,需满足消防安全要求。自动扶梯则是楼梯的机电化形式,常用于诸如火车站、机场航站楼、购物中心等大型公共建筑里,那里大量的人群需要上上下下的流动,但自动扶梯不能用于消防疏散。

5）屋盖

一幢建筑的顶部称为屋盖或屋顶,通常包括屋面梁、板、顶棚、防水层和保温层等。屋盖既是分隔顶层空间与外部空间的围护结构,避免其下部的空间遭受风、雨、雪等的侵袭,又是承重结构,承受屋面设施、人和风霜雨雪等荷载,并将这些荷载传递给承重墙或柱,因此屋盖应有足够的强度和刚度。同时屋盖直接暴露在自然环境中,受到风霜雨雪的侵袭和太阳照射的影响,应满足防水、保温、隔热等要求,对上人屋面还应考虑使用功能的需要。

建筑的屋盖可设计成不同的形式,但应考虑所处的地理环境,并与整个建筑的风格、功能、结构体系、屋盖材料协调。屋顶根据排水坡度不同,可分为平屋顶和坡屋顶两大类。平屋顶指屋面的坡度≤10%的屋顶(常用坡度为2%～3%)。坡屋顶指屋面坡度大于10%的屋顶。它的形式种类较多,如图5.8所示。屋顶排水可分为无组织排水和有组织排水两类。

6）门与窗

门主要用于开闭室内、外空间并通行或阻隔人流,应满足交通、消防疏散、防盗、隔声、保温、隔热、防火等要求,有的门也兼有采光通风作用。窗主要用于采光、通风及眺望,并应满足防水、

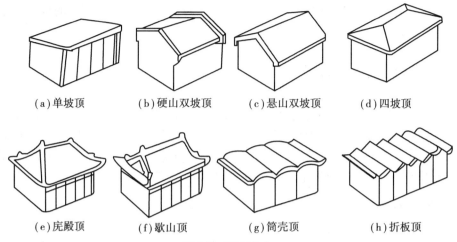

(a)单坡顶　　(b)硬山双坡顶　　(c)悬山双坡顶　　(d)四坡顶

(e)庑殿顶　　(f)歇山顶　　(g)筒壳顶　　(h)折板顶

图 5.8　屋顶形式

防风沙、隔声、防盗、保温、隔热等要求。由于门和窗都属于可以开合的围护分隔构件,且工业化程度较高,所以对门窗制订了相关的性能标准,通常有抗风压性能、气密性能、水密性能、隔声性能和保温性能等。门与窗通常采用木材、铝合金、塑料、玻璃、钢材等材料制作。门按照开启方式可分为平开门、弹簧门、推拉门、折叠门、转门、卷帘门、上翻门、提升门等(见图 5.9)。窗根据开启方式可分为固定窗、平开窗、推拉窗、旋窗和立转窗等(见图 5.10)。

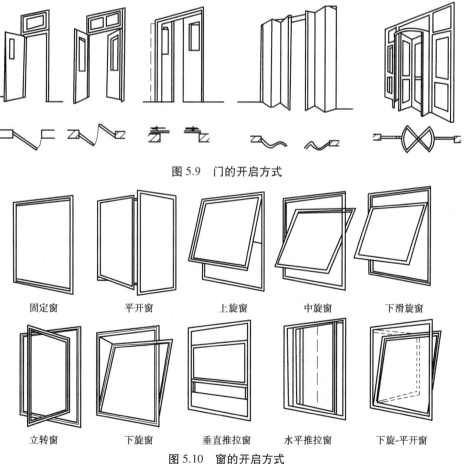

图 5.9　门的开启方式

固定窗　　平开窗　　上旋窗　　中旋窗　　下滑旋窗

立转窗　　下旋窗　　垂直推拉窗　　水平推拉窗　　下旋-平开窗

图 5.10　窗的开启方式

除了上述六大基本组成构件外,对不同使用功能的建筑,还有各种不同的构件和配件,如阳台、雨篷、台阶、散水、垃圾井道和烟道等。

5.1.6 影响建筑构造的因素

建筑物处于环境之中,必然受到自然环境、人为环境、外力、物质技术条件和经济条件的影响。在进行建筑构造设计时,必须充分考虑各种因素对建筑物的影响,遵循"功能适用、安全耐久、经济合理、技术先进、切实可行、注意美观"的原则,采取相应的构造方案和措施,提高建筑物的使用和耐久性。影响建筑构造的因素很多,大致可归纳为以下几个方面:

1)外力作用的影响

作用在建筑物上的外力称为荷载。荷载的大小和作用方式是结构设计的主要依据,也是结构选型的重要基础,它决定着构件的形状、尺度和用料,而构件的选材、尺寸、形状又是建筑构造设计的重要依据。所以在确定建筑构造方案时,必须考虑外力的影响,采取相应的构造措施以确保建筑的安全和正常使用。

2)自然环境的影响

建筑处于自然界中,经受着日晒、雨淋、风吹、冰冻、地下水等多种因素的影响,影响程度随地区、构件所处的部位不同而有所差异。在建筑构造设计时,必须针对所受影响的性质与程度,对建筑物的相关部位采取相应的措施,如防潮、防水、保温、隔热、防温度变形等。同时在建筑构造设计中,也应充分利用自然环境的有利因素,如利用风力通风降温、除湿,利用太阳辐射热改善室内热环境等。

3)人为因素的影响

人们在生产和生活等活动中,也会对建筑物造成不利的影响,如机械振动、化学腐蚀、爆炸、火灾等。因此,在建筑构造设计时,必须认真分析,从构造上采取防振、防腐、防火等相应的防范措施。

4)物质技术条件的影响

建筑材料、结构、设备和施工技术是构成建筑的基本要素之一,由于建筑物的质量标准和等级的不同,在材料的选取和构造方式上均有所区别。随着建筑的发展,新材料、新结构、新设备和新的施工方法不断出现,建筑构造的做法也在改变。如承重混凝土空心小砌块墙体的构造与传统的实心黏土砖墙的构造有明显的不同。同样,钢筋混凝土结构体系的建筑构造与砌体结构的建筑构造做法有很大的区别。因此,建筑构造做法不能脱离一定的建筑技术条件而存在。另外,建筑工业化的发展也要求构造技术与之相适应。

5.2 单层、多层与大跨结构

5.2.1 单层建筑

由于机械制造类、冶金类厂房设有重型设备,生产的产品重、体积大,既不便于上下搬动,又增加楼面荷载,因而大多采用单层建筑,以便将这些大型设备安装在地面,方便产品加工与运输。工业建筑要满足生产工艺对跨度、跨数、柱距、高度等建筑空间尺度的要求,还要满足生产需要的起重、运输、设备安装与检修等需要,要考虑敷设生产辅助设备,如水、电、暖、煤气、蒸汽、压缩空气、原材料输送、产品输出等一系列管线和地沟等。

此种单层工业建筑通常采用排架结构或刚架结构。

(1)排架结构是由屋架或屋面梁、排架柱和基础组成

排架柱下部与基础采用固结的锚固方式,而排架柱与屋架(或屋面梁)铰接,对支座沉降或吊车荷载引起的厂房局部变形不敏感,施工安装也比较方便。根据工艺与使用要求,排架可做成单跨和多跨,又可做成等高、不等高等形式(见图5.11)。

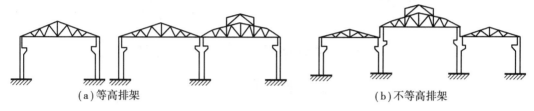

(a)等高排架　　　　　　　　　　　　　(b)不等高排架

图5.11　排架的结构形式

排架在自身平面内的承载能力和刚度比较大,但在排架平面外方向相对较弱,因此在排架结构平面外除需设置屋盖各种支撑系统外,还需设置柱间支撑和纵向系杆,以承受纵向水平力(吊车纵向制动力和山墙传来的纵向风荷载等),提高厂房的纵向刚度。有吊车的厂房,吊车梁本身也是很好的纵向系杆。

排架结构传力明确,构造简单,有利于实现设计标准化、构件生产工业化、系列化、施工机械化,提高建筑工业化水平。目前单层工业建筑排架结构形式中,跨度一般较大,常用跨度为18 m、24 m等,最大跨度可达36 m,高度一般十几米,最高可达30 m以上,吊车吨位可达150 t,甚至更大。

单层工业建筑排架结构通常由屋面板、屋架、排架柱、抗风柱、吊车梁、支撑、基础梁、基础等结构构件组成,如图5.12所示。

(2)门式刚架的横梁与柱子采用刚性连接

由于刚性连接的缘故,横梁的弯曲变形受到柱的约束,其弯矩比铰接时少,故门式刚架能够适用于较大的跨度,在结构上与框架同属一类结构问题。不过在大跨度建筑屋盖上的应用,主要就是"门式刚架"这种形式。门式刚架从结构上分无铰刚架、两铰刚架和三铰刚架等三种。三种刚架在荷载作用下的内力差别如图5.13所示。

无铰刚架是超静定结构,结构刚度较大,但地基有不均匀沉降时将使结构产生附加内力。三铰刚架是静定结构,地基有不均匀沉降时对结构不会引起附加内力,但跨度大时半榀三铰刚架的悬臂吊装内力也不小,而且三铰刚架的刚度也较差,故三铰刚架一般多用于小跨度(12 m)和地基较差的情况。两铰刚架的受力情况介于无铰刚架和三铰刚架之间。我们通常所采用的门式刚架就是指两铰刚架。

门式刚架外形有水平横梁式和折线横梁式两种(见图5.14),它的选择主要服从于建筑排水和建筑造型的考虑。刚架之间是以纵梁及板整体连接(即屋盖相当于一肋形屋盖,刚架的横梁相当于肋形楼盖的主梁,见图5.15)。

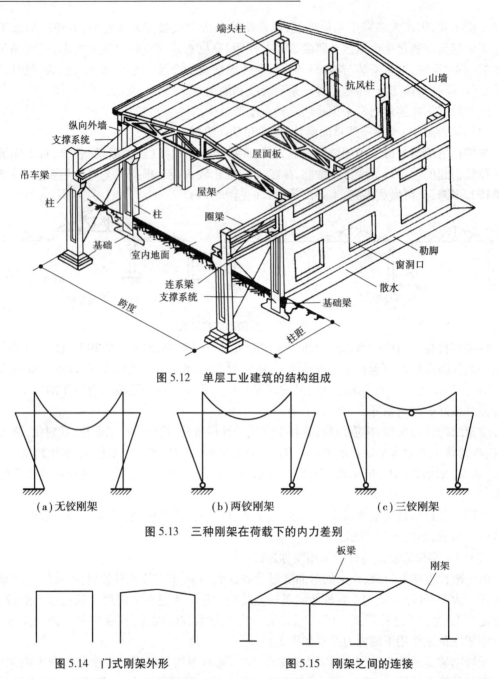

图 5.12　单层工业建筑的结构组成

（a）无铰刚架　　　　　（b）两铰刚架　　　　　（c）三铰刚架

图 5.13　三种刚架在荷载下的内力差别

图 5.14　门式刚架外形　　　　　图 5.15　刚架之间的连接

　　刚架与基础之间支座选择铰接还是固接,不仅要从经济上考虑,土壤条件更是一个重要的因素。当土壤的压缩性为可疑或不可靠时,铰接支座比固接好,因为支座有任何位移时,固接刚架的内力比铰接刚架的影响大很多。铰接刚架柱截面向上逐渐增大,目的是与弯矩的变化相适应。

　　刚架的纵向柱距一般为 6 m,横向跨度以米为单位取整数,一般为 3 m 的整倍数,如 24 m、27 m、30 m,以至更大的跨度。其跨度由工艺条件确定,同时兼顾经济的考虑。

5.2.2 多层房屋结构

多层房屋广泛应用于电子、化工等轻型工业建筑和办公、商店、住宅、旅馆等民用建筑中,通常采用砌体结构和框架结构。

(1)砌体结构

砌体结构指以砖砌体、石砌体或砌块砌体砌筑的墙体作为竖向承重体系,来支承由钢筋混凝土、钢-混凝土组合材料或木构件等构成的楼盖系统及屋盖系统的一种常用结构形式,故常称混合结构。砌体结构除了常用的无筋砌体外,为了提高砌体强度、减少其截面尺寸、增加砌体结构的整体性,可采用配筋砖砌体和配筋砌块砌体。

混合结构的承重墙体的布置一般有横墙承重、纵墙承重和纵横墙联合承重三种形式,除了考虑建筑空间分隔的需要以及结构受力的合理性外,还应考虑满足通风、采光以及设备布置和走向等方面的需求。一般来说,采用横墙承重的方式,在纵向可以获得较大的开窗面积,容易得到较好的采光条件,特别是对于采用纵向内走道的建筑平面,由于走道两侧的房间都是单面采光的,开窗面积就显得尤其重要(图 5.16)。反之,如果采用纵墙承重的方式,虽然可以减少横墙的数量,对实现室内大空间有一定的好处,但其整体刚度往往不如横墙承重的方案好,纵向开窗面积也受到限制,所以在高烈度地震区应慎重对待(图 5.17)。在实际工程中,混合结构的建筑常常采用纵、横墙联合承重方案,特别是当楼板为现浇钢筋混凝土时,常常会形成纵横墙联合承重方案(图 5.18)。

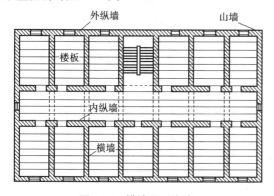

图 5.16 横墙承重方案

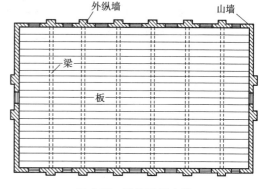

图 5.17 纵墙承重方案

砌体结构得到如此广泛的应用,是因为它有以下主要优点:

①砌体结构可以就地取材。天然石材、黏土、砂等几乎到处都有,我国产量很大,来源方便,价格便宜。

②砌体结构具有很好的耐火性和较好的耐久性,使用年限长。

③砌筑砌体时不需要模板及特殊的技术设备。新铺砌体上即可承受一定荷载,因而可以连续施工。

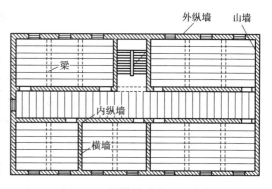

图 5.18 纵横墙联合承重方案

④与其他结构相比,砌体具有承重和围护的双重功能,其保温、隔热、隔音性能都优于普通钢筋混凝土,因此单位工程造价较低。

除上述优点外,砌体结构也有下述一些缺点:

①砌体结构强度低,其抗压强度一般仅为混凝土抗压强度的 $1/7 \sim 1/2$,因而砌体结构截面尺寸一般较大,自重也大,普通混合结构的多层房屋,墙重约占建筑物总重的一半以上。自重大导致运输量大,在地震作用下的惯性力也大。

② 砂浆和砖石间的粘结力较弱,因此无筋砌体的抗拉、抗弯和抗剪强度都是很低的。由于粘结力弱,无筋砌体抗震能力也较差。因此为了改善其抗震性能,需要在砌体结构中增设构造柱、圈梁、拉结筋等抗震构造措施予以加强。

③ 砖石砌体砌筑工作量大,劳动强度高;烧制黏土砖大量占用农田,影响农业生产。

(2)框架结构

框架结构是指由梁和柱刚性连接而成骨架的结构。因框架结构采用梁柱承重,框架既承受竖向荷载,又承受水平荷载。框架柱截面小,不占建筑空间,结构中没有承重墙体,可自由布置从获得较大的使用空间,故框架结构应用广泛,主要用于多层工业厂房、仓库、商场、办公楼等建筑,如图5.19所示。框架结构相比砌体结构具有强度高、自重轻、整体性和延性好的优点。框架结构按结构材料可分为钢筋混凝土框架、钢框架、钢-混凝土组合框架三种。

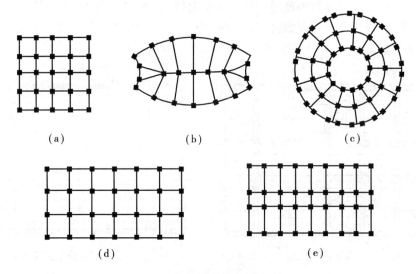

(a)　　　　　　　(b)　　　　　　　(c)

(d)　　　　　　　(e)

图5.19　框架结构的平面形式

多层钢筋混凝土框架结构可采用现浇,也可采用装配式或装配整体式结构。其中,现浇钢筋混凝土结构整体性好,适应各种有特殊布局的建筑;装配式和装配整体式结构采用预制构件,现场组装,其整体性较差,但便于工业化生产和机械化施工。随着泵送混凝土的出现,混凝土的浇筑变得方便快捷,机械化施工程度已较高,因此近年来,多层建筑已逐渐趋向于采用现浇混凝土。其缺点是现场施工的工作量大,湿作业量大、强度增长慢、工期长,并需要大量的模板。

钢框架结构一般是在工厂预制钢梁、钢柱,运送到施工现场再拼装连接成整体框架。它具有自重轻、抗震性能好、施工速度快、机械化程度高等优点,但用钢量稍大、耐火性能差、耐腐蚀性能差、后期维修费用高、造价高于钢筋混凝土框架。

钢-混凝土组合框架的梁、柱由钢和混凝土组合而成,其中梁有两种组合形式:一种是内置型钢的混凝土构件,称为型钢混凝土梁,也称钢骨混凝土梁;另一种是混凝土翼板与钢梁组合而成的构件。组合柱也有两种形式:一种是型钢混凝土柱;另一种是在钢管内灌注混凝土形成的钢管混凝土柱。型钢混凝土比一般钢筋混凝土结构构件截面尺寸小,延性好;由于型钢在施工阶段能承受荷载,可以减少脚手架;与钢结构相比,提高了构件的稳定性,一般不需要进行稳定验算;克服了钢结构防火和防锈性能差的弱点,可以减少后期维护费用。钢管混凝土中钢管约束了其中的混凝土,使其处于三向受压状态,抗压强度大大提高,钢管的稳定性能也得到大大改善。

5.2.3 大跨度结构

大跨度建筑通常出现在体育场馆、会展中心、交通枢纽、飞机库等类型中。一般认为 30 m 宽度以上的结构被称作大跨度结构。大跨度结构的主要形式可分为平面结构和空间结构两大类。平面结构主要有拱结构和桁架结构等;空间结构主要有网架结构、网壳结构、悬索结构、膜结构、薄壳结构、折板结构及各种组合结构等。

大跨度建筑覆盖面积大,其结构主要是抵御以重力为主的竖向力,这是因为相对于结构跨度的增大,结构自身的体积和质量增加得更快,加之屋面结构形态趋于扁宽型,其竖向刚度和承载能力是结构的薄弱环节,从而使竖向力成为大跨度建筑结构最重要的作用力。

大跨度建筑结构受到温度变化、支座位移和地震等间接作用的影响较大,会在结构中引起较大的作用力。例如,温度变化在小跨度的结构中作用或许并不明显,但在大跨度结构中温度变化累积的结构变形就十分可观,会造成内力增加、应力分布改变等。

大跨度建筑结构由于跨度大,使得结构的竖向自振频率比普通建筑低,因而对脉动风压的周期性低频激励易引起共振效应,引起较大的结构附加内力,这在悬索结构、膜结构等柔性结构体系中表现尤为显著。

(1)平面桁架结构

平面桁架结构的形式很多,根据材料的不同,可分为木桁架、钢桁架、钢-木组合桁架、轻型钢桁架、钢筋混凝土桁架、预应力混凝土桁架、钢筋混凝土-钢组合桁架等。按桁架外形的不同,有三角形桁架、梯形桁架、抛物线形桁架、折线形桁架、平行弦桁架等(见图 5.20)。由于平面桁架在其自身平面内为几何形状不可变体系并具有较大的刚度,能承受桁架平面内的各种荷载。但是在垂直与桁架平面的侧向刚度和稳定性则很差,不能承受水平荷载。因此为使桁架结构具有足够的空间刚度和稳定性,必须在桁架间设置上弦和下弦平面横向和纵向水平支撑、桁架两端和中间垂直支撑、系杆等支撑系统。

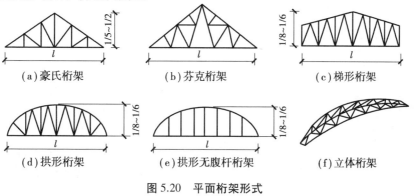

(a)豪氏桁架	(b)芬克桁架	(c)梯形桁架
(d)拱形桁架	(e)拱形无腹杆桁架	(f)立体桁架

图 5.20　平面桁架形式

（2）拱

在东西方古国，很早就产生了拱结构，如中国的弧拱，古埃及、希腊的券拱，古罗马的半圆拱，拜占庭的帆拱，罗马风格建筑的肋形拱，哥特建筑的尖拱等。

现代的拱结构多采用圆弧拱或抛物线拱，其所采用的材料相当广泛，可以用砖、石、混凝土、钢筋混凝土、预应力混凝土建造，也有采用木材和钢材的。拱结构有广泛的应用范围，最初用于桥梁。在建筑中，拱主要用于屋盖或跨门窗洞口，有时也用作承托围墙或地下沟道顶盖。

拱所承受的荷载不同，其压力曲线的弧形亦不相同，一般按恒载下的压力曲线考虑；在活载作用下，拱内可能产生弯矩，这时铰的设置就会影响拱内弯矩的分布状况。与刚架相仿，只有地基良好或两侧拱脚处有稳定边跨结构时才采用无铰拱，这种拱很少用于房屋建筑。双铰拱应用较多。为适应软弱地基上支座沉降差及拱拉杆变形，最好采用静定结构的三铰拱（见图 5.21）。如西安秦俑博物馆展览厅，由于地基为Ⅰ～Ⅱ级湿陷性土而采用 67 m 跨的三铰拱。

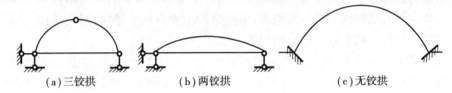

（a）三铰拱　　　　　（b）两铰拱　　　　　（c）无铰拱

图 5.21　各类型的拱

拱身可分为两大类，即梁式拱和板式拱。

①梁式拱有 2 种：肋形拱、格构式拱。

②板式拱有 6 种：筒拱、凹波拱、凸波拱、双波拱、折板拱、箱形拱。

拱以曲杆抗衡外力并把它传递给支座，故铰支座不仅承受竖向力，并有相当大的水平向外的拱脚推力，其合力位于拱轴曲线支座点处的切线方向上。拱脚有推力是拱的主要力学特征之一，矢高越小，推力越大。一次超静定的双铰拱，其支座的垂直或水平位移均会引起内力变化。由此可见，为了使拱保持正常工作，务必确保其支座能承受推力而无位移，故拱脚推力的结构处理，是拱结构设计的中心问题。对于支座要求无变位时，处理就更加严格了。

一般抵抗推力结构的处理方案有推力由拉杆直接承担、推力由水平结构承担、推力由竖向结构承担、推力直接传给基础——落地拱等几种。

（3）网架结构

网架结构是由很多杆件通过节点，按照一定规律组成的网状空间杆系结构，为大跨度结构中最常见的空间结构形式。因其为空间杆系结构，具有三维受力特点，能承受各方向的作用，故一般称为空间网架。并且网架结构一般为高次超静定结构，倘若一杆件局部失效，仅减少一次超静定次数，内力可重新调整，整个结构一般并不失效，具有较高的安全储备。

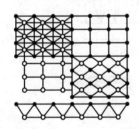
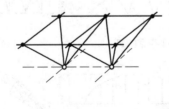

网架结构中空间交汇的杆件，既为受力杆件，又为支撑杆件，工作时互为支承，协同工作，因此它的整体性好、稳定性好、空间刚度大，能有效地承受非对称荷载、集中荷载和动荷载，并有较好的抗震性能。在节点荷载作用下，各杆件主要承受轴向的拉力和压力，能充分发挥材料的强度，节省钢材，如图 5.22 所示。

图 5.22　正四角锥网架

由于网架结构组合有规律,大量杆件和节点的形状、尺寸相同,并且杆件和节点规格较少,便于工厂成批生产,产品质量高,现场进行拼装容易,可提高施工速度。而且结构占用空间较小,更能有效利用空间,如在网架上下弦之间的空间布置各种设备及管道等。平面布置灵活,可以用于矩形、圆形、椭圆形、多边形、扇形等多种建筑平面,建筑造型新颖、轻巧、壮观、极富表现力,深受建筑师和业主的青睐。

其杆件多采用圆钢管、角钢或薄壁型钢,节点根据杆件采用钢板、焊接空心球、螺栓球节点,现场安装。首都体育馆平面尺寸为 99 m×112.2 m,为我国矩形平面屋盖中跨度最大的网架。上海体育馆平面为圆形,直径 110 m,挑檐 7.5 m,是目前我国跨度最大的网架结构。1999 年新建成的厦门机场太古机库,平面尺寸(155+157) m×70 m,是我国当前建筑覆盖面积最大的单体网架结构。

(4)网壳结构

网壳结构是曲面型的网格结构,兼有杆系结构和薄壳结构的特性,受力合理、覆盖跨度大,是一种颇受国内外关注、半个世纪以来发展最快、有着广阔发展前景的空间结构。网壳与网架的区别在于曲面与平面。网壳结构由于本身特有的曲面而具有较大的刚度,因而有可能做成单层,这是不同于平板型网架的一个特点。

当网壳结构的曲面形式确定后,根据曲面结构的特性,支承的数目、位置、形式、杆件材料和节点形式等,便可确定网壳的构造形式和几何构成。网壳结构形式较多,可按不同方法分类。按高斯曲率可分为零高斯曲率网壳(柱面网壳、圆锥形网壳)、正高斯曲率网壳(球面网壳、双面扁网壳、椭圆抛物面网壳)、负高斯曲率网壳(双曲抛物面网壳、单块扭网壳),如图 5.23—图5.25所示。按层数可分为单层柱面网壳、单层球面网壳、双层柱面网壳、双层球面网壳和变厚度网壳。按材料可分为钢筋混凝土网壳、钢网壳、铝合金网壳、木网壳、塑料网壳及其他材料等。

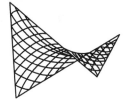

图 5.23　柱面网壳　　　　图 5.24　球面网壳　　　　图 5.25　扭网壳

(5)悬索结构

悬索结构是由一系列高强度钢索组成的一种张力结构,受力特点为仅承受拉力不承受弯矩。这样,由于其自重轻、用钢量省,可以充分发挥材料的受拉性能并结合支撑体系使其构成大跨度结构。

悬索结构一般是由索网、边缘构件和下部支承结构组成。索网是悬索结构的主要承重构件,是一个轴心受拉构件,既无弯矩也无剪力,利用高强钢材去做"索",就最能发挥钢材受拉性能好的特点,因此索网一般由多根高强碳素钢丝扭绞而成。边缘构件是索网的边框,用以承受索网的巨大拉力。下部支承结构一般是钢筋混凝土立柱或框架结构,为保持稳定,有时还要采取钢缆锚拉的设施。

悬索结构的特点是运用各种组合手段。主要的方式是将两个以上的索网或其他索体系组合起来,通常需沿两个曲率相反的主曲率方向布置悬索,一个方向为承重索,另一个方向为稳定索,并设置强大的拱或钢架等结构作为中间支撑,形成各种形式的组合屋盖结构。悬索结构的主要形式有:单曲面单层悬索结构、单曲面双层悬索结构、双曲面单层悬索结构、双曲面双层悬索结构和交叉索网悬索结构等,如图 5.26 所示。

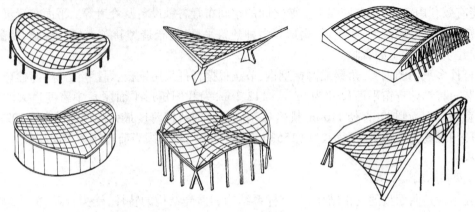

图 5.26 交叉索网体系

(6)膜结构

膜结构是 20 世纪中期发展起来的一种新型建筑结构形式,是由优良性能的高强薄膜材料和加强构件(钢索或钢架、钢柱)通过一定方式使其内部产生一定的预张应力以形成具有一定刚度并能承受一定外荷载、能够覆盖大空间的一种空间结构形式。

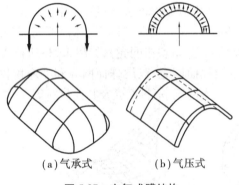

（a）气承式　　　（b）气压式

图 5.27 充气式膜结构

膜结构从结构形式上可分为张拉式膜结构和充气式膜结构。张拉式膜结构是采用钢索张拉成型或通过柱和钢架支承成型后再覆以膜体。充气式膜结构,是在玻璃丝增强塑料薄膜或尼龙布罩内部充气形成一定的形状,作为建筑空间的覆盖物。充气式膜结构可分为气承式和气压式两类,前者为单层薄膜做成,靠比外部大气压力稍微高一点的内部空气压力支撑成形,而后者为双层薄膜,内部充入压力空气形成构件,如图 5.27 所示。这两种类型的充气结构中,空气压力引起了薄膜中的拉应力,另一方面,作用在薄膜上的外力引起薄膜中部分拉应力的释放。在任何可能的荷载作用下,内压力必须足够大,从而防止薄膜压应力的产生。

膜结构的突出特点之一就是它形状的多样性,曲面存在着无限的可能性。对于以索或骨架支承的膜结构,其曲面就可以随着建筑师的想象力而任意变化,给人以强大的艺术感染力和神秘感。膜结构造型活泼优美,富有时代气息,抗震性能好,施工速度快。建筑膜材料具有高强、防水、透光且表面光洁、易清洗、抗老化的优点,而且价格相对低廉,还具有易建、易拆、易搬迁、易更新、充分利用阳光和空气以及与自然环境融合等优势,在工程界和科研领域具有很好的发展前景。但薄膜对风的空气动力效应十分敏感,容易引起薄膜的颤振。中东阿拉伯联合酋长国迪拜 340 m 高的标志性膜建筑物——阿拉伯塔酒店,酒店外形好似一枚位于发射平台上的火箭。

(7)薄壳结构

薄壳结构是仿生于自然界中的果壳、种子、蛋壳、蚌壳等,为双向受力的空间结构。由于壳体内主要承受以压力为主的薄膜内力,且薄膜内力沿壳体厚度方向均匀分布,所以材料强度能得到充分利用;而且壳体为曲面,处于空间受力状态,各向刚度都较大,因而用薄壳结构能实现以最少之材料构成最坚之结构的理想。薄壳结构常用的形状为圆顶壳、筒壳、双曲扁壳、折板和幕结构等,如图 5.28 所示。圆顶可为光滑的,也可为带肋的。世界最大的混凝土圆顶为美国西雅图金郡圆球顶,直径为 202 m。

| (a)圆顶壳 | (b)筒壳 | (c)双曲扁壳 | (d)折板 | (e)幕结构 |

图 5.28　薄壳的形式

钢筋混凝土扭壳结构省材且覆盖面积大,同时能做到横向曲率不变,使模板施工大为便利,具有良好的技术表现力和低廉的造价。由丹麦建筑师丁·乌特松主持设计的悉尼歌剧院是世界著名的建筑之一,于 1973 年建成,它作为澳大利亚的标志性建筑与印度泰姬陵和埃及金字塔齐名。悉尼歌剧院屋顶像一艘整装待发的航船,整个壳体结构用自然流畅的线条勾勒出宛如天鹅般高雅的外形。

壳体结构由于体形多为曲线,复杂多变,采用现浇结构时,模板制作难度大,费模费工,施工难度较大;一般壳体既做承重结构又做屋面,由于壳壁太薄,隔热保温效果不好;并且某些壳体(如球壳、扁壳)易产生回声现象,对音响效果要求高的大会堂、体育馆、影剧院等建筑不适宜。

（8）折板结构

折板结构是把若干块薄板以一定的角度连接成整体的空间结构体系,从几何形成上来说,折板结构和筒壳结构没有本质上的区别,因此折板结构具有筒壳结构受力性能好的优点。特别是 V 形折板截面构造简单,施工方便,模板消耗量少,自重轻,经济指标好,跨度可以做得比较大,外形具有波浪起伏的轮廓和丰富多变的阴影,在工程中得到了广泛的应用(见图5.29)。

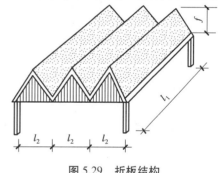

图 5.29　折板结构

5.3　高层与超高层建筑

城市中的高层建筑是反映这个城市经济繁荣和社会进步的重要标志,进入 20 世纪 90 年代以来,随着社会和经济的蓬勃发展,特别是城市建设的发展,要求建筑物所能达到的高度与规模不断增加。目前世界上高度超过 300 m 的高层建筑已达上百幢,最高的人工建筑物——摩天大楼是位于阿拉伯联合酋长国迪拜的哈利法塔(也称迪拜塔),于 2010 年 1 月建成使用;建筑高度为 828 m、169 层,修建总共使用了 33 万 m³ 强化混凝土、6.9 万 t 钢材及 14.2 万 m² 玻璃,而且也是史无前例地把混凝土垂直泵上逾 460 m 高的地方;建筑内拥有 56 部电梯,速度最高达17.4 m/s,是世界上速度最快且运行距离最长的电梯。我国目前已建成的最高建筑物是上海中心大厦,于 2016 年 3 月竣工,高度为 632 m、118 层,为世界第二高楼。在该建筑的 118 层、距地面 546 m 处的"上海之巅"观光厅,面积千余平方米,呈三角环形布局,包裹落地超大透明玻璃幕墙,可 360 度俯瞰上海城市风貌。高层建筑在全球范围内突飞猛进的建设,从科学技术方面看,得益于力学分析方法的发展、结构设计和施工技术的进步以及现代机械和电子技术的贡献。

关于高层建筑的定义,1972 年联合国国际高层建筑会议将高层建筑按高度分为四类:9~16 层(最高为 50 m);17~25 层(最高为 75 m);26~40 层(最高为 100 m);40 层以上(即超高层建筑)。我国规定超过 100 m 的为超高层。

高层建筑相比于单层和多层建筑,具有如下几个方面的特点:

①在相同的建设场地中,建造高层建筑可以获得更多的建筑面积,这样可以部分解决城市用地紧张和地价高涨的问题。但高层建筑太多、太密集也会给城市带来热岛效应,玻璃幕墙过多的高层建筑群还可能造成光污染现象。

②在建筑面积与建设场地面积相同比值的情况下,建造高层建筑能够提供更多的空闲地面,将这些空闲地面用作绿化和休息场地,有利于美化环境,并带来更充足的日照、采光和通风效果。

③从城市建设和管理的角度看,建筑物向高空延伸,可以缩小城市的平面规模,缩短城市道路和各种公共管线的长度,从而节省城市建设与管理的投资。但人口的过分密集有时也会造成交通拥挤、出行困难等问题。

④高层建筑中的竖向交通一般由电梯来完成,而且从建筑防火的角度看,由于室外消防车的举高喷射高度达不到高层建筑的上部,高层建筑的防火要求要远高于中低层建筑,因此高层建筑的工程造价和运行成本均较高。

⑤从结构受力特性来看,高层建筑结构的简化计算模型就是一根竖向悬臂梁,高层建筑结构分水平、竖向承重结构,水平承重结构主要承担风荷载和地震作用,竖向承重结构主要承担竖向荷载。同低层和多层建筑相比,高层建筑结构的受力有如下特点:a.水平荷载(风荷载和地震作用)在高层建筑的分析和设计中起着更为重要的作用,特别是在超高层建筑中将起主要作用;b.侧移成为控制指标;c.结构延性是重要设计指标。因此高层建筑的结构分析和设计要比一般的中低层建筑复杂得多。

高层建筑常用的结构体系主要有框架结构、剪力墙结构、框架-剪力墙结构或框架-支撑结构、筒体结构 4 类,还有桁架筒结构、巨型空间桁架结构、悬挂结构等。在使用中,根据建筑物所处的地理位置、建筑功能、设计高度、抗震烈度等综合考虑后选定。

5.3.1 框架结构

框架结构是一种由线状构件(典型的是梁和柱)所组成的结构,构件之间在端部相互连接,连接处称为“节点”。虽然节点作为整体在受力后可转动,但是认为相连的构件之间没有相对转角发生。框架结构对跨度大的和跨度小的建筑都适用,图 5.30 给出了一些框架的形式,最简单的形式之一是由两根柱和一根刚性连接的梁所组成的单跨框架,将梁分成两段形成倾斜的、有屋盖顶点的框架称为人字形框架。单跨框架的概念可以扩展到多个单元的框架,例如,水平方向扩展可形成多个节间的框架,竖向扩展可形成多个楼层的框架。

框架结构能抵抗竖向荷载,也能抵抗水平荷载。当框架梁受到竖向荷载后,梁发生挠曲变形,梁端部趋于转角变形。

框架结构也是高层建筑中常用的结构形式。框架结构因其受力体系由梁、柱组成,能很好地承受竖向荷载,但是其抗侧移能力较差,而高层结构侧移成为控制指标,因此仅适用于房屋高度不大的建筑。当层数较多时,水平荷载将起很大的影响,会造成梁、柱的截面尺寸很大,在技术经济上不如其他结构体系合理。

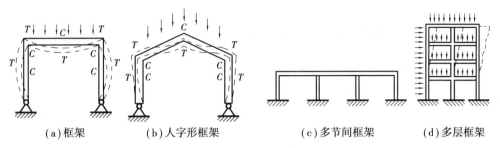

图 5.30　框架形式

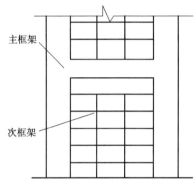

图 5.31　巨型框架结构

为了改善框架结构抵抗水平荷载的能力,提高框架结构的侧向刚度,将柱子做成小筒体或格构柱,在筒体与筒体之间每隔若干层设置巨型梁或桁架,形成主框架结构;其余楼层设置次框架,次框架落在巨型梁上或悬挂在巨型梁上,次框架上的竖向荷载和水平荷载全部传递给主框架。这种框架结构称为巨型框架结构,如图 5.31 所示。

5.3.2　剪力墙结构

剪力墙以承受水平荷载为主,因其抗剪能力很强,故称为剪力墙,在抗震设防区也称为抗震墙。根据结构材料可以分成钢筋混凝土剪力墙、钢板剪力墙、型钢混凝土剪力墙等。一般剪力墙的长度从几米到几十米,远大于框架柱的截面高度,因此其抗侧刚度也远大于框架柱,具有比框架结构更适合高层建筑的特性。而其厚度仅仅几百毫米。所以剪力墙在其平面内有很大的刚度,而在平面外的刚度很小,一般可以忽略不计。当房屋层数更高时,横向水平荷载已对结构设计起控制作用,剪力墙结构因剪力墙同时承受竖向和水平荷载,受楼板跨度的限制,剪力墙结构的开间一般为 3~8 m,建筑布置极不灵活,一般用于住宅、旅馆等小开间建筑。1976 年建成的 33 层广州白云宾馆采用的就是剪力墙结构体系,它是我国首栋百米高层,总高 114.05 m,其结构平面如图 5.32 所示。

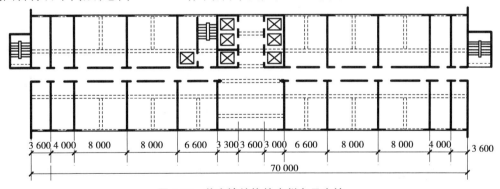

图 5.32　剪力墙结构的广州白云宾馆

为了使底层或底部若干层有较大的空间,可以将结构做成底层或底部若干层为框架、上部为剪力墙的框支剪力墙结构。在地震作用下,框支层的层间变形大,造成框支柱破坏,甚至引起整栋建筑倒塌,因此,地震区不允许采用底层或底部若干层全部为框架的框支剪力墙结构。地震区可以采用部分剪力墙落地、部分剪力墙由框架支承的部分框支剪力墙结构。

5.3.3　框架-剪力墙结构或框架-支撑结构

　　框架-剪力墙结构体系由框架和剪力墙组成,它克服了框架结构侧向刚度小和剪力墙结构开间小的缺点,发挥了两者的优势,既可使建筑平面灵活布置,又能对层数不是太多(30 层以下)的高层建筑提高足够的侧向刚度。由于楼盖在自身平面内的巨大刚度,框架与剪力墙协同受力,剪力墙承担绝大部分水平荷载,框架则以承担竖向荷载为主,这样可以大大减少柱子的截面,如图 5.33 所示。

　　框架-支撑结构体系是在部分框架柱之间设置支撑斜杆形成竖向支撑,即为支撑框架,框架柱和支撑构成竖向桁架,形成框架+竖向桁架的平面复合结构体系来共同承担竖向荷载和水平荷载。竖向桁架的侧向刚度比框架大得多,可以承担大部分水平荷载,大大提高了结构的侧向刚度。由于钢框架结构侧向刚度比混凝土框架结构小,并且钢结构的节点连接较易实现,框架-支撑结构体系一般用于钢结构,如图 5.34 所示。

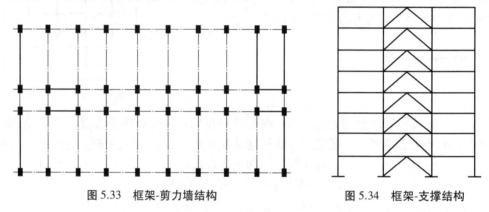

图 5.33　框架-剪力墙结构　　　　　图 5.34　框架-支撑结构

　　无论是框架-剪力墙结构还是框架-支撑结构,剪力墙和支撑的布置在一定程度上限制了建筑平面布置的灵活性。这种体系一般用于办公楼、旅馆、住宅以及某些工艺用房。

5.3.4　筒体结构

　　筒体结构是由一个或多个封闭的剪力墙做承重结构的高层建筑结构体系,适用于层数更多的高层建筑。在侧向风荷载作用下,其受力类似刚性的箱形截面的悬臂梁,迎风面将受拉,而背风面将受压。

　　筒体结构可分为框筒体系、筒中筒体系、框架-筒体体系、成束筒体系等。

　　(1)框筒结构

　　框筒结构是由布置在建筑物周边的柱距小、梁截面高的密柱深梁框架组成的空腹筒结构。从立面上看,框筒结构犹如由 4 榀平面框架在角部拼装而成,角柱的截面尺寸往往较大,起着连接两个方向框架的作用。框筒结构在侧向荷载作用下,不但与侧向力相平行的两榀框架(常称为腹板框架)受力,而且与侧向力相垂直方向的两榀框架(常称为翼缘框架)也参加工作,形成一个空间受力体系,框筒同时又作为建筑物围护墙,梁、柱间直接形成窗口(见图 5.35)。单独采用框筒作为抗侧力体系的高层建筑结构较少,框筒主要与内筒组成筒中筒结构或多个框筒组成束筒结构。

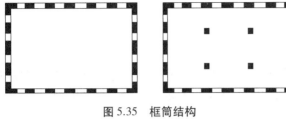

图 5.35　框筒结构　　　　　　　　　图 5.36　筒中筒结构

（2）筒中筒结构

筒中筒结构指用框筒作为外筒,将楼(电)梯间、管道竖井等服务设施集中在建筑平面的中心作为内筒,就成为筒中筒结构(见图 5.36)。采用钢筋混凝土结构时,一般外筒采用框筒,内筒为剪力墙围成的井筒;采用钢结构时,外筒用框筒,内筒一般也采用钢框筒或钢支撑框架。筒中筒结构也是双重抗侧力体系,在水平力作用下,内外筒协调工作,外框筒的平面尺寸大,有利于抵抗水平力产生的倾覆力矩和扭矩;内筒采用钢筋混凝土墙或支撑框架,具有比较大的抵抗水平剪力的能力。筒中筒结构的适用高度比框筒结构更高。

（3）框架-核心筒结构

框架-核心筒结构指内芯由剪力墙构成,周边加大外框筒的柱距,减小梁的高度,形成稀柱框架,目的是调节建筑物对外视线、景观设计、建筑外形的单调等,形成了框架-核心筒结构,如图 5.37 所示。框架-核心筒结构的周边框架与核心筒之间形成的可用空间较大,与筒中筒结构类似,广泛用于写字楼、多功能建筑等。

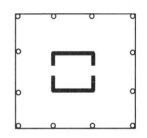

图 5.37　框架-核心筒结构

框架-核心筒结构可以采用钢筋混凝土结构(钢筋混凝土的框架和核心筒)、钢结构(钢的框架和框筒或钢支撑框架)、混合结构(指由钢构件、钢筋混凝土构件和组合构件中的两种或两种以上的构件组成的结构,钢框架-混凝土核心筒结构、钢骨混凝土框架-混凝土核心筒结构、钢管混凝土柱-钢或混凝土梁-混凝土核心筒等)。1999 年建成使用的上海金茂大厦,地面以上 88 层、420.5 m高,曾经是我国第二高的建筑物,采用的就是混合结构的框架-核心筒结构。主体结构中部为八角形型钢配筋混凝土核心筒,筒壁厚 800~450 mm,筒内井字形墙到 56 层结束,然后单筒升到 337.3 m,核心筒四周为 8 根型钢配筋混凝土大柱,截面由 1.5 m×5 m 逐渐收至 1 m×3.5 m,以配合逐渐收进的外形。

（4）成束筒结构

成束筒结构指由两个或两个以上筒体组成的筒体结构。成束筒结构中的每一个筒体,可以是方形、矩形或者三角形等;多个筒体可以组成不同的平面形状;其中任一筒体可以根据需要在任何高度中止。最有名的束筒结构是芝加哥的西尔斯大厦,110 层,443 m 高。底层平面尺寸为 68.6 m×68.6 m;50 层以下为 9 个筒体组成的束筒,51~66 层是 7 个筒体,67~91 层为 5 个筒体,91 层以上 2 个筒体,在 35 层、66 层和 90 层,沿周边框架各设一层楼高的桁架,对整体结构起到箍的作用,提高抗侧刚度和抗竖向变形的能力,如图 5.38 所示。

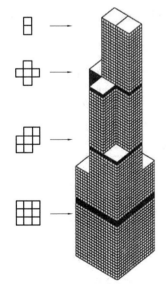

图 5.38　美国西尔斯大厦

5.4 特种结构

特种结构是指除普通的工业与民用建筑结构研究对象以外的,在建筑工程中有广泛用途的、功能比较特殊的且结构的作用以及结构的形式比较复杂的工程。比如贮液池、水塔、烟囱、筒仓、冷却塔、核电站、挡土墙等。

5.4.1 贮液池

贮液池用于贮存液体,多建造于地面或地下。贮液池按材料分为钢、钢筋混凝土、钢丝网水泥、砖石贮液池等。其中钢筋混凝土贮液池具有耐久性好、节约钢材、抗渗性能好、构造简单等优点,应用最广。按照其形状常见的有圆形贮液池和矩形贮液池,矩形贮液池在进行内力分析时,根据其结构的主要尺寸,把贮液池分为浅池、深池和双向板式贮液池。按施工方法分为预制装配式和现浇整体式。

作用在贮液池上的荷载可能是下面各种荷载的全部或部分的组合。池外部的侧压力、池内液体的侧压力、池顶盖上的填土、顶盖自重及活荷载、池底上的液体压力及地基反力、地下水的浮力、地震作用、温度及温度变化产生的附加力等。如果是开敞式的贮液池,将只承受池壁和池底的各种作用,这种贮液池以游泳池最为常见。

5.4.2 水塔

水塔是储水和配水的高耸结构,是给水工程中常用的构筑物,用来保持和调节给水管网中的水量和水压,并起到沉淀和安全用水的作用。水塔由水箱、塔身、基础三部分组成的主体和出入水管、爬梯、平台、避雷照明装置、水位控制指示装置等附属设施组成。

水塔按建筑材料分为钢筋混凝土水塔、钢水塔、砖石塔身与钢筋混凝土水箱组合的水塔。水箱的形式有圆柱壳式、倒锥壳式、球形、箱形水箱,如图 5.39 所示。

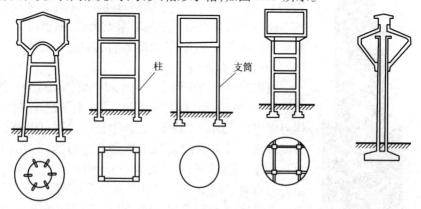

图 5.39 水塔的结构形式

塔身一般用钢筋混凝土或砖石做成圆筒形,也可采用钢筋混凝土刚架或钢构架做成支架式塔身。水塔基础的形式可根据水箱容量、水塔高度、塔身的类型、水平荷载的大小、地基的工程地质条件来确定。常用的基础类型有钢筋混凝土圆板基础、环板基础、单个锥壳与组合锥壳基础和桩基础。当水塔容量较小、高度不大时,也可用砖石材料砌筑的刚性基础。

5.4.3　烟囱

烟囱是工业中常用的构筑物,特别是锅炉房、电力、冶金、化工等企业中必不可少的附属建筑,是把烟气排入高空的高耸结构,能改善燃烧条件,减轻烟气对环境的污染。烟囱按建筑材料可分为砖烟囱、钢筋混凝土烟囱和钢烟囱三类。烟囱的形式有单管式、多管式等。

砖烟囱的高度一般不超过 50 m,多数呈圆截锥形,用普通黏土砖和水泥石灰砂浆砌筑。钢筋混凝土烟囱多用于高度超过 50 m 的烟囱,外形多为圆锥形,优点是自重小,造型美观,整体性、抗风、抗震性能好,施工简便,维修量小。钢烟囱自重小,有韧性,抗震性能好,适用于地基差的场地,但耐腐蚀性差,需经常维护。钢烟囱按其结构可分为拉线式(高度不超过 50 m)、自立式(高度不超过 120 m)和塔架式(高度超过 120 m)。

烟囱基础形式的选择与烟囱筒壁的材料种类、外形、重力、地震设防烈度、地基承载力有关,一般有刚性基础、钢筋混凝土环板基础、壳体基础和桩基础。

5.4.4　筒仓

筒仓是贮存粒状或粉状松散物体(如谷物、面粉、水泥、碎煤、精矿粉等)的立式容器,可作为生产企业调节和短期贮存生产原料用的附属设施,也可作为长期贮存料或粮食的仓库,这种贮仓都是仓顶进料,仓底出料,如图 5.40 所示。

筒仓根据所用的材料,可做成钢筋混凝土、钢和砖砌筒仓。钢筋混凝土筒仓又可分为整体式浇注和预制装配、预应力和非预应力的筒仓。从经济、耐久性等方面

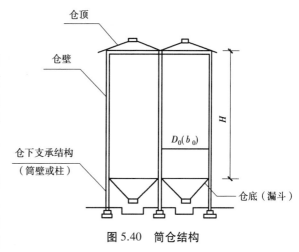

图 5.40　筒仓结构

考虑,工程上应用最广泛的是整体式浇注的普通钢筋混凝土筒仓。

按照平面形状的不同,筒仓可做成圆形、矩形(正方形)、多边形和菱形,目前国内使用最多的是圆形和矩形(正方形)筒仓。根据筒仓高度与平面尺寸的关系,可分为浅仓(H/D_0 或 $H/b_0 \leq 1.5$,其中 H 为贮料计算高度,D_0 为圆形筒仓的内径,b_0 为矩形筒仓的短边长)和深仓(H/D_0 或 $H/b_0 > 1.5$)两类。由于在浅仓中所贮存的松散物体的自然坍塌线不与对面仓壁相交,一般不会形成料拱,因此可以自动卸料。深仓中所存松散物体的自然坍塌线经常与对面立壁相交,形成料拱引起卸料时堵塞,因此从深仓中卸料需要动力设施或人力。深仓主要供长期贮料用。

思考讨论题

1.建筑工程的特点是什么?

2.建筑设计中要考虑哪些因素?

3.一幢建筑物是由哪些部分组成的?

4.建筑物的基础有哪些类型?它们分别在什么情况下使用?

5.简述墙的分类和墙在建筑物中的作用。

6.简述楼盖的组成及各自所起的作用。

7.建筑结构按材料分有哪些类型?它们分别有哪些优缺点?

8.建筑按结构形式分为哪些类型?

9.简述单层房屋结构的特点。

10.简述混合结构房屋的特点。

11.简述框架结构房屋的特点。

12.列举大跨度建筑结构的结构形式。

13.高层建筑的特点有哪些?常用结构形式有哪些?各有何特点?

14.特种结构有哪些类型?

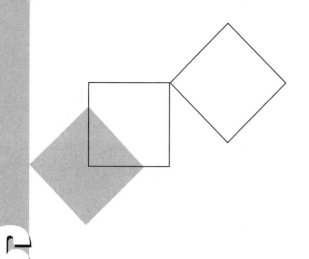

6

交通土建工程

本章导读：
- **基本要求**　了解交通土建工程的设计方法及其基本原则,熟悉交通土建工程的各项设施及其组成,了解交通土建设施的基本构造,了解交通土建工程专业含义及发展动态。
- **重点**　公路的分级及其组成,铁路轨道结构及其构成,港口的类型及组成,机场的主要构成部分与功能。
- **难点**　各种交通土建设施的基本构造。

6.1　公路与城市道路工程

道路通常是指为陆地交通运输服务,通行各种机动车、人畜力车、驮骑牲畜及行人的各种路的统称。道路按使用性质分为城市道路、公路、厂矿道路、农村道路、林区道路等。城市高速干道和高速公路则是交通出入受到控制的、高速行驶的汽车专用道路。公路与城市道路工程,包括路基、路面、桥梁、涵洞隧道结构物和附属设施等。

6.1.1　公路

连接城市、乡村和工矿基地之间,主要供汽车行驶并具备一定技术标准和设施的道路称为公路。

1)公路的分级

中国道路按服务范围及其在国家道路网中所处的地位和作用分为：a.国道(全国性公路),

包括高速公路和主要干线;b.省道(区域性公路);c.县、乡道(地方性公路);d.城市道路。前三种统称公路,按年平均昼夜汽车交通量及使用任务、性质,又可划分为5个技术等级。

(1)按行政等级划分

国道是指具有全国性政治、经济意义的主要干线公路,包括重要的国际公路,国防公路、连接首都与各省、自治区、直辖市首府的公路,连接各大经济中心、港站枢纽、商品生产基地和战略要地的公路。

省道是指具有全省(自治区、直辖市)政治、经济意义,并由省(自治区、直辖市)公路主管部门负责修建、养护和管理的公路干线。

县道是指具有全县(县级市)政治、经济意义,连接县城和县内主要乡(镇)、主要商品生产和集散地的公路,以及不属于国道、省道的县际间公路。县道由县、市公路主管部门负责修建、养护和管理。

乡道是指主要为乡(镇)村经济、文化、行政服务的公路,以及不属于县道及以上等级公路的乡与乡之间及乡与外部联络的公路。乡道由县、乡(人民政府)负责修建、养护和管理。

(2)按使用任务、功能和适应的交通量划分(见表6.1)

表6.1 公路分级

等 级	高速	一级	二级专用	二级	三级	四级
AADT(辆/d)	>25 000	10 000~25 000	4 500~7 000	2 000~5 000	<2 000	小于200
标准车	小客车	小客车	中型货车	中型货车	中型货车	中型货车
出入口控制	完全控制	部分控制	部分控制			
设计年限(年)	20	20	15	15	10	10

2)公路的基本组成部分

公路是布置在大地表面供各种车辆行驶的一种线形带状结构物。它主要承受汽车荷载的重复作用和经受各种自然因素的长期影响。因此,公路不仅要有平顺的线形、和缓的纵坡,而且还要有坚实稳定的路基、平整和防滑性能好的路面、牢固耐用的桥涵和其他人工构造物,以及不可缺少的附属工程和设施。其包括以下部分:

(1)路线

路线,是公路中线的空间线形,包括平面、纵断面和横断面三部分。三部分合成一个整体,从整体上说,路线必须合乎技术、经济和美学上的要求。

(2)路基

路基是公路线形建筑物的主题,是路面的基础,是按照预定路线的平面位置和设计高程在原地面上开挖和填成一定断面形式的线形人工土石构造物。路基作为行车部分的基础,设计时必须保证行车部分的稳定性,并防止水分及其他自然因素对路基本身的侵蚀和损害。路基通常包括路面、路肩、边坡、边沟等部分的基础,如图6.1所示。当路线高于天然地面时填筑成路堤(填方地段);低于天然地面时挖成路堑(挖方地段)。

(3)路面

路面,是供汽车安全、迅速、经济、舒适行驶的公路表面部分。它是用各种不同的坚硬材料铺筑于路基顶面的单层或多层结构物(见图6.2),其目的是加固行车部分,使之具有足够的强度和良好的稳定性,以及表面平整、抗滑和防尘。

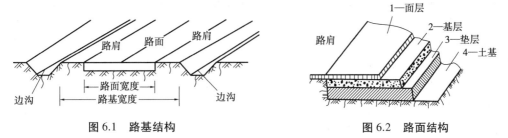

图 6.1　路基结构　　　　　　　　　　图 6.2　路面结构

（4）排水结构物

一条较长的路线常常需要跨越不同的水流,故需要修建桥梁和涵洞。桥梁和涵洞统称为桥涵,它是公路跨越河流、山谷等障碍物而架设的结构物,其中单孔跨径 $L_0 \geqslant 5$ m 或多孔跨径总长 $L \geqslant 8$ m 的称为桥梁,单孔跨径 $L_0 < 5$ m 或多孔跨径总长 $L < 8$ m 的称为涵洞。

其他排水结构物:当公路所跨越的水流流量不大时,可以使水流以渗透的方式通过石块砌成的路堤,这种结构称为渗水路堤。周期性的水流有时也容许从行车部分表面流过,这种行车部分称为过水路面。当水流需从公路上方跨过时,可设置渡水槽。当公路跨越较大的水面,而交通量又较小时,为了节省投资,避免建造桥梁,可以采用渡船或浮桥。路线上地面水可用边沟、截水沟、排水沟、急流槽等设施排除（地面排水系统）;当地下水影响严重时,可以采用暗沟、渗沟、渗井等设施进行排除（地下排水系统）。

（5）防护工程及特殊结构物

防护工程是为保证路基稳定或行车安全而修筑的工程设施,如挡土墙、护栏等。山区公路在翻越垭口时,有时为了改善纵面线形和缩短路线长度,可凿隧道;在悬崖峭壁上修筑公路时,有时还需修筑悬臂式露台。

（6）交通服务设施

在公路上,除了上述各种基本结构物和特殊结构物外,为了保证行车安全、舒适和道路美观,还需设置交通标志、照明设施、服务设施、绿化带等各种附属结构。

6.1.2　城市道路

城市道路是通达城市的各地区,供城市内交通运输及行人使用,便于居民生活、工作及文化娱乐活动,并与市外道路连接负担着对外交通的道路。一般较公路宽阔,为适应复杂的交通工具,多划分为机动车道、公共汽车优先车道、非机动车道等。道路两侧有高出路面的人行道和房屋建筑,人行道下多埋设公共管线。公路则在车行道外设路肩,两侧种行道树,边沟排水。

1）城市道路分类

根据道路在城市道路系统中的地位和交通功能,分为快速路、主干路、次干路和支路。

（1）快速路

快速路是为流畅地处理城市大量交通而建筑的道路。要有平顺的线形,与一般道路分开,使汽车交通安全、通畅和舒适。与交通量大的干路相交时应采用立体交叉,与交通量小的支路相交时可采用平面交叉,但要有控制交通的措施。两侧有非机动车道时,必须设完整的分隔带。横过车行道时,需经有控制的交叉路口或地道、天桥。

（2）主干路

主干路是连接城市各主要部分的交通干路，是城市道路的骨架，主要功能是交通运输。主干路上的交通要保证一定的行车速度，故应根据交通量的大小设置相应宽度的车行道，以供车辆通畅地行驶。线形应顺捷，交叉口宜尽可能少，以减少相交道路上车辆进出的干扰，平面交叉要有控制交通的措施，交通量超过平面交叉口的通行能力时，可根据规划采用立体交叉。机动车道与非机动车道应用隔离带分开。交通量大的主干路上快速机动车如小客车等也应与速度较慢的卡车、公共汽车等分道行驶。主干路两侧应有适当宽度的人行道。应严格控制行人横穿主干路。主干路两侧不宜建筑吸引大量人流、车流的公共建筑物，如剧院、体育馆、大商场等。

（3）次干路

次干路是一个区域内的主要道路，是一般交通道路兼有服务功能，配合主干路共同组成干路网，起广泛联系城市各部分与集散交通的作用，一般情况下快慢车混合行驶。条件许可时也可另设非机动车道。道路两侧应设人行道，并可设置吸引人流的公共建筑物。

（4）支路

支路是次干路与居住区的联络线，为地区交通服务，也起集散交通的作用，两旁可有人行道，也可有商业性建筑。

2）城市道路的组成

城市道路应将城市各主要组成部分如居民区、市中心、工业区、车站、码头、文化福利设施连系起来，形成一个完整的道路系统，方便城市的生产和生活活动，从而充分发挥城市的经济、社会和环境效益。通常其组成部分如下：

①供汽车行驶的机动车道，供有轨电车行驶的有轨电车道，供自行车、三轮车等行驶的非机动车道。

②专供行人步行交通用的人行道（包括地下人行道、人行天桥）。

③交叉口、交通广场、停车场、公共汽车停靠站台。

④交通安全设施：如交通信号灯、交通标志、交通岛、护栏等。

⑤排水系统：如街沟、边沟、雨水口、雨水管等。

⑥沿街地上设施：如照明灯柱、电杆、给水栓等。

⑦地下各种管线：如电缆、煤气管、给水管等。

⑧具有卫生、防护和美化作用的绿带。

⑨交通发达的现代化城市，还建有地下铁道、高架道路等。

6.1.3　道路几何设计要素

道路的外形几何设计，根据道路上的行车特性确定道路平、纵、横各投影面的诸要素，主要有平面线形上的平曲线半径、超高率、缓和曲线、曲线加宽、视距保证等；纵断面上的纵坡、坡长、竖曲线等；横断面上的车道布置、车道宽度、路拱和路面横坡、分隔带、路肩、边坡等；以及道路交叉的布设等。

1）平面线形设计

道路的平面线形，当受到地形、地物等障碍的影响而发生转折时，在转折处就需要设置曲线或曲线的组合。我国公路平面线形的使用主要是直线、圆曲线、回旋线（缓和曲线），对各种线形的选择,应结合各种因素进行考虑。

2) 纵断面设计

通过道路中线的竖向剖面称为道路的纵断面,主要反映路线起伏、纵坡度及与原地面的切割等情况。纵断面设计的具体要点包括:

（1）纵坡极限值的运用

根据汽车动力特性和考虑经济等因素制订的极限值,设计时不可轻易采用,应留有余地。只有在严重受限制的情况下,如越岭线为争取高度、缩短路线长度或避开艰巨工程等,才有条件地采用。好的设计应尽量考虑人的视觉、心理上的要求,使驾驶员有足够的安全感、舒适感和视觉上的美感。一般来讲,纵坡缓些为好,但为了路面和边沟排水,最小纵坡不应低于0.3% ~ 0.5%。

（2）最短坡长

坡长是指纵断面两变坡点之间的水平距离。坡长不宜过短,以不小于计算行车速度9 s的行程为宜。

（3）各种地形条件下的纵坡设计

平原、微丘地形的纵坡应均匀平缓,注意保证最小填土高度和最小纵坡的要求。丘陵地形应避免过分迁就地形而起伏过大,注意纵坡应顺适不产生突变。

（4）竖曲线半径的选用

竖曲线应选用较大半径为宜。当受限制时可采用一般最小值,特殊困难方可采用极限最小值。

（5）相邻竖曲线的衔接

相邻两个同向凹形或凸形竖曲线,特别是同向凹形竖曲线之间,如直坡段不长应合并为单曲线或复曲线,避免出现断背曲线,这样要求对行车是有利的。相邻反向竖曲线之间,为使增重与减重间缓和过渡,中间最好插入一段直坡段。

3) 横断面设计

（1）公路横断面

公路横断面设计线组成包括行车道、路肩、分隔带、边沟、边坡、截水沟、护坡道以及取土坑、弃土堆、环境保护设施等。高速公路、一级公路和二级公路还有爬坡车道和避险车道;高速公路、一级公路的出入口处还有变速车道等。各级公路横断面形式如下:

①高速公路、一级公路。由于公路等级高、交通量大,双向(上、下行)行车之间必须分开,形成双幅多车道公路。分隔方式采用中间带,如图6.3所示。

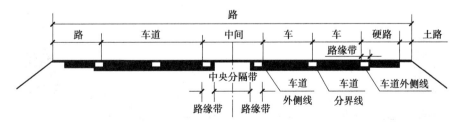

图6.3 高速公路、一级公路标准横断面

②其他等级公路(二、三、四级公路)。采用单幅公路(不设分隔带、整体式断面)。路幅构

成包括行车道、路肩、错车道等。所谓路幅,是指公路路基顶面两路肩外侧边缘之间的部分,路幅要素包括宽度、横向坡度。如图 6.4 所示。

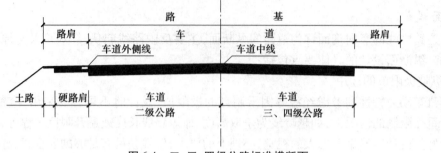

图 6.4　二、三、四级公路标准横断面

(2)城市道路横断面

城市道路上除了行驶各种汽车外,还有大量非机动车,同时还要设置人行道。为了分隔开不同的交通流,以提高各种流的通过速度,城市道路的横断面常布置成图 6.5～图 6.8 中所示的单幅、双幅、三幅和四幅等形式。

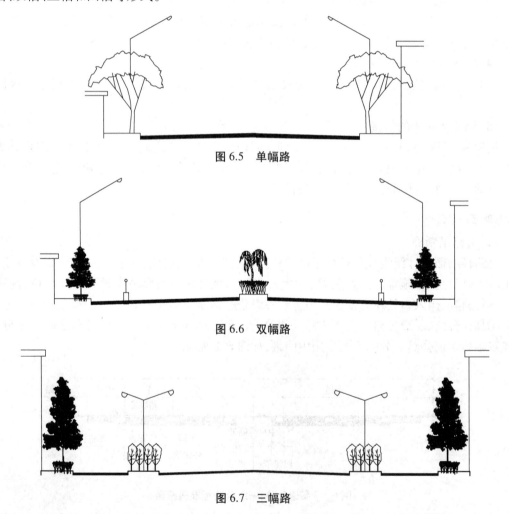

图 6.5　单幅路

图 6.6　双幅路

图 6.7　三幅路

图 6.8　四幅路

①单幅路,俗称"一块板"断面,如城站路。就是把行车道布置在道路中部,两边为人行道。机动车辆和非机动车辆都在同一个车道上混合行驶。

②双幅路,俗称"两块板"断面。其交通组织方式就是用分隔带把车行道分隔为三块,中间供机动车双向行驶,两侧为非机动车道,人行道在两边。

③三幅路,俗称"三块板"断面,如交通路。其交通组织方式就是用分隔带把车行道分隔为三块,中间供机动车双向行驶,两侧为非机动车道,人行道在两边。

④四幅路,俗称"四块板"断面。在三幅路的基础上,再用中间分车带将中间机动车车道分隔为二块,分向行驶。

4)平面和立体交叉

两条或多条道路在同一地点接合或相互穿越时,称为交叉。如果交叉出现在同一平面上,则属于平面交叉;不在同一平面上的交叉,则称为立体交叉。

(1)平面交叉形式及类型

平面交叉可以按照交叉道路的条数及相交的角度和位置,分为 3 条路相交的 T 形和 Y 形交叉,4 条路相交的直交或斜交交叉,5 条以上道路相交的交叉以及环形交叉等形式(见图 6.9)。

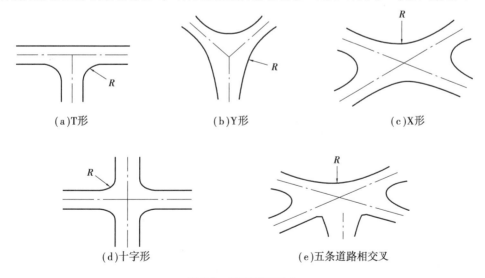

(a)T形　　　　(b)Y形　　　　(c)X形

(d)十字形　　　　(e)五条道路相交叉

图 6.9　平面交叉形式

(2)立体交叉的形式及类型

立体交叉与平面交叉的根本差异在于立体交叉将交叉线用桥梁或隧道设施在竖直线上分割开来,从而消灭了全部或部分冲突点,减少了部分交织点。总体而论,立体交叉分两类:分离式和互通式。

立体交叉是避免交叉车辆冲突和提高交叉路口通行能力的最有效的方法。立体交叉最普通的形式有菱形、苜蓿形和定向形 3 种(见图 6.10)。

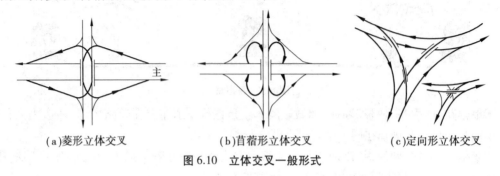

(a)菱形立体交叉   (b)苜蓿形立体交叉   (c)定向形立体交叉

图 6.10　立体交叉一般形式

6.1.4　路基和路面

1)路基

路基指的是按照路线位置和一定技术要求修筑的作为路面基础的带状构造物。路基是用土或石料修筑而成的线形结构物。它承受着本身的岩土自重和路面重力,以及由路面传递而来的行车荷载,是整个公路构造的重要组成部分。

由于地形的变化,道路设计标高与天然地面标高的相互关系不同,一般常见的路基横断面形式有路堤、路堑两种,介于两者之间的称为半填半挖路基。

路堤是路基顶面高于原地面的填高路基。低矮路堤的两侧设置边沟,如图 6.11 所示。

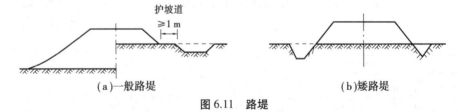

(a)一般路堤   (b)矮路堤

图 6.11　路堤

路堑是全部由地面开挖出的路基。路堑分为全路堑、半路堑和半山洞三种,如图 6.12 所示。

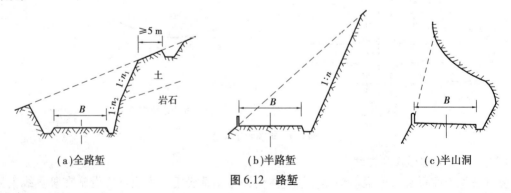

(a)全路堑   (b)半路堑   (c)半山洞

图 6.12　路堑

在半填半挖横断面上,部分为挖方、部分为填方的路基称为半填半挖路基,如图 6.13 所示,通常出现在地面横坡较陡时,它兼有上述路堤和路堑的构造特点和要求。

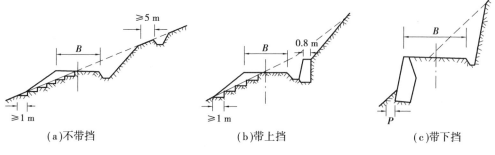

（a）不带挡　　　　　　（b）带上挡　　　　　　（c）带下挡

图 6.13　半填半挖路基

2)路面

（1）路面及其功能

路面是指用筑路材料铺在路基上供车辆行驶的层状构造物。它具有承受车辆质量、抵抗车轮磨耗和保持道路表面平整的作用,保障汽车在道路上全天候安全、舒适、快速、经济地行驶。为此,要求路面有足够的强度、较高的稳定性、一定的平整度、适当的抗滑能力,行车时不产生过大的扬尘现象,以减少路面和车辆机件的损坏,保持良好视距,减少环境污染。路面按其力学特征分为刚性路面和柔性路面。刚性路面在行车荷载作用下能产生板体作用,具有较高的抗弯强度,如水泥混凝土路面。柔性路面抗弯强度较小,主要靠抗压强度和抗剪强度抵抗行车荷载作用,在重复荷载作用下会产生残余变形,如沥青路面、碎石路面。

（2）路面类型和结构层次

一般按路面所使用的主要材料划分路面类型,可分为沥青路面、水泥混凝土路面、块料路面和粒料路面 4 类。但设计时,要按路面结构在行车荷载作用下的力学特性,分成柔性路面和刚性路面两大类进行设计。

柔性路面一般刚度较小、抗弯拉强度较低,主要靠抗压、抗剪强度来承受车辆荷载作用,因而在荷载作用下,扩散应力的能力不如刚性路面,所产生的弯沉变形较大。因而土基可能受到较大的单位压力,土基的强度和稳定性对整个路面结构有较大的影响。柔性路面的范围包括各种基层(水泥混凝土路面基层除外)和各类沥青面层、碎(砾)石面层或块石面层组成的路面结构。

刚性路面主要指用水泥混凝土作面层或基层的路面结构。它的板体刚度较大、抗弯拉强度较高,因而有较大的扩散应力的能力,在荷载作用下变形极小,因此下面基础的单位压力比柔性路面小得多。

各类路面都由若干个结构层次所组成。它们可分为面层、基层和垫层三个主要层次,如图 6.14 所示。

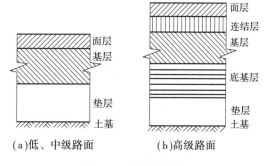

（a）低、中级路面　　　　（b）高级路面

图 6.14　路面结构图

6.2　铁道工程

铁路线路是机车车辆和列车运行的基础。它是由路基、桥隧建筑物(包括桥梁、涵洞、隧道等)和轨道(钢轨、轨枕、联结零件、道床、防爬设备和道岔等)组成的一个整体工程结构。

6.2.1　铁路选线设计

1)铁路选线设计的基本任务

铁路选线设计是铁路设计工作中的重要部分。它是一条铁路线的总体设计,它的工作直接影响铁路运输能力、运输质量和投资的经济效益,所以,铁路选线设计在铁路设计中具有十分重要的地位。同时,铁路选线设计是一项综合性的复杂任务。它涉及各种建筑和设备的设计问题。其基本任务主要是:

①根据设计线在路网中的地位和作用以及所担负的客、货运量确定线路的类别。

②以线路类别为基础,结合地形、地质等自然条件,选择线路走向与主要技术标准,如限制坡度、最小曲线半径等。

③设计线路的平面和纵断面位置,同时进行车站分布。

④确定各种建筑物和设备在线路上的位置,使它们互相配合。

⑤通过方案比较,选出能力大、质量高、效益好且安全可靠的线路方案。

2)铁路选线设计步骤

一般所称的铁路设计是包含铁路勘测与设计两部分概念。勘测和设计是一个整体,勘测的质量直接关系到设计的质量。勘测是对设计的路线收集设计所需要的一切资料,如经济资料、地形资料、地质和水文资料等;设计是根据勘测资料对线路及其所有建筑物和设备的位置、大小和结构进行规划和具体设计。

为了保证高质量完成上述任务,必须在设计的程序和工作内容上划分明确的阶段,逐步解决各阶段中的设计问题。铁路设计的前期工作分为预可行性研究和可行性研究两个阶段;铁路设计则分为初步设计和施工图设计两个阶段。

3)铁路的等级和技术标准

(1)铁路等级

铁路(线路)等级是铁路的基本标准。设计铁路时,首先要确定铁路等级。铁路的技术标准和装备类型都要根据铁路等级去选定。

我国《铁路线路设计规范》规定,新建和改建铁路(或区段)的等级,应根据它们在铁路网中的地位、作用、性质和远期的客货运量确定。我国铁路共划分为三个等级,即:Ⅰ级、Ⅱ级、Ⅲ级。具体的条件见表6.2。

(2)铁路主要技术标准

铁路主要技术标准包括:正线数目、限制坡度、最小曲线半径、牵引种类、机车类型、机车交路、车站分布、到发线有效长度和闭塞类型等。

表 6.2　铁路等级

等　级	铁路在路网中的意义	远期年客运量（Mt）
I	在路网中起骨干作用的铁路	≥20
II	1.在路网中起骨干作用的铁路	<20
	2.在路网中起联络、辅助作用的铁路	≥10
III	为某一区域服务,具有地区运输性质的铁路	<10

6.2.2　铁路线路的平面和纵断面

一条铁路线路在空间的位置是用它的线路中心线表示的。线路中心线在水平面上的投影,叫作铁路线路的平面。线路中心线(展直后)在垂直面上的投影,叫作铁路线路的纵断面。

1)线路的平面

从运营的观点来看,最理想的线路是既直又平的线路。但是天然地面情况复杂多变(有山、水、沙漠、森林、矿区、城镇等障碍物和建筑物),如果把铁路修得过于平直,就会造成工程数量和工程费用大,且工期长,这样既不经济,又不合理,有时也不现实。从工程角度来看,为了降低造价,缩短工期,铁路线路最好是随自然地形起伏变化。但是这会给运营造成很大困难,甚至影响铁路行车的安全与平稳。

在线路平面设计时,为缩短线路长度和改善运营条件,应尽可能设计较长的直线段,但当线路遇到地形、地物等障碍时,为减少工程造价和运营支出,应设置曲线。例如某铁路线路要从 A、B、C 三点(见图 6.15)经过,方案一是走最短路径,可将 A、B 和 B、C 分别用直接相连,这样在 AB 线段上要修两座桥梁跨越河流,在 BC 线段上要开挖隧道穿越山岭;方案二是用折线 ADB 和 BEC 来代替 AB 和 BC,使其绕避障碍,在折线的转角处,则用曲线连接。

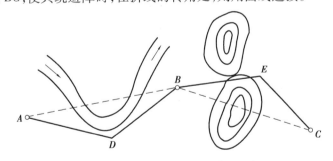

图 6.15　铁路线路绕避地形障碍示意图

铁路线路平面由直线、圆曲线以及连接直线与圆曲线的缓和曲线组成,如图 6.16 所示。

(1)圆曲线

铁道线路在转向处所设的曲线为回曲线,其基本要素有:曲线半径 R、曲线转向角 α、曲线长度 L、切线长度 T,如图 6.16 和图 6.17 所示。

在线路设计时,一般是先设计出 α 和 R,再按下式算出 T 及 L:

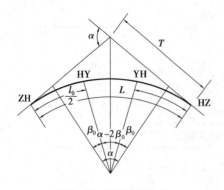

图 6.16　线路曲线图

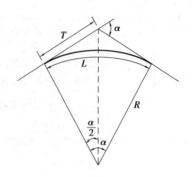

图 6.17　圆曲线组成要素

$$T = R \cdot \tan\frac{\alpha}{2} \qquad\qquad (\text{式 } 6.1)$$

$$L = \frac{\alpha}{180} \cdot R \cdot \alpha \qquad\qquad (\text{式 } 6.2)$$

曲线转向角的大小由线路走向、绕过障碍物的需要等确定。

圆曲线半径的大小,反映了曲线弯曲度的大小。圆曲线半径愈小,弯曲度愈大。一般情况下,曲线半径愈大,行车速度可以愈高,但工程费用愈高。而小半径曲线具有容易适应地形困难的优点,对工程条件有利。因此,正确地选用曲线半径就显得十分重要。设计线路时,可根据具体条件,因地制宜由大到小合理选用曲线半径。为了测设、施工和养护的方便,曲线半径一般应取 50 m、100 m 的整倍数。为了保证线路的通过能力,并有一个良好的运营条件,还对区间线路的最小曲线半径做了具体规定,如表 6.3、表 6.4 所示。

表 6.3　客货共线 Ⅰ、Ⅱ 级铁路区线路最小曲线半径

铁路等级	Ⅰ			Ⅱ	
路段设计行车速度(km/h)	200	160	120	120	80
一般(m)	3 500	2 000	1 200	1 200	600
特殊困难(m)	2 800	1 600	800	800	500

表 6.4　客货专线铁路区线路最小曲线半径和最大曲线半径

设计速度(km/h)	最小曲线半径(m)		最大曲线半径(m)	
	一般	困难	一般	困难
200	2 200	2 000	10 000	12 000
250	4 000	3 500	10 000	12 000
300	4 500		12 000	14 000
350	7 000		12 000	14 000

列车在曲线上行驶的速度越快,所产生的离心力也就越大,为了保证列车运行的安全、平衡和舒适,必须限制列车通过曲线时的速度。

（2）缓和曲线

为保证列车安全,使列车平顺地由直线过渡到圆曲线或由圆曲线过渡到直线,以避免离心力的突然产生和消除,常需要在直线与圆曲线之间设置一条曲率半径变化的曲线,这个曲线称为缓和曲线,如图 6.18 所示。

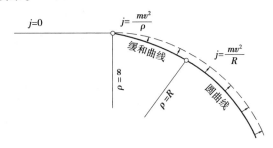

图 6.18　缓和曲线示意图

缓和曲线的特征为:从缓和曲线所衔接的直线一端起,它的曲率半径 ρ 由无穷大逐渐减小到它所衔接的圆曲线半径 R。它可以使离心力逐渐增加或减小,不至于造成列车强烈横向摇摆,有利于行车平稳。

2）线路的纵断面

为了适应地面的起伏,线路上除了平道以外,还修成不同的坡道。因此,平道、坡道和竖曲线就成了线路纵断面的组成要素。

（1）坡道的坡度

坡道的陡与缓常用坡度来表示。坡度是指坡道线路中心线与水平夹角的正切值,即一段坡道两端点的高差与水平距离之比,如图 6.19 所示。坡道坡度的大小通常是用千分率来表示。

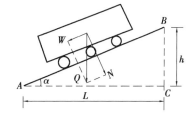

图 6.19　坡道与坡道阻力示意图

$$i\text{‰} = h/L \qquad （式 6.3）$$

式中,i 为坡度值;h 为坡道段始点与终点的高差(m);L 为坡道段始点与终点的水平距离(m)。例如,若 L 为 1 500 m,h 为 9 m,则坡度为 6‰。

（2）坡道附加阻力

由于有了坡道,就给列车运行带来了不良的影响。列车在坡道上运行时,会受到一种由坡道引起的阻力,这一阻力称之为坡道附加阻力。如图 6.19 所示,机车车辆所受的重力 Q,可以分解为垂直于坡道的分力 N 和平行于坡道的分力 W。分力 N 被轨道的反作用力所抵消,而分力 W 就成为坡道阻力了。当列车上坡时,坡道阻力规定为正,下坡时为负。列车在坡道上所受的总坡道阻力 W_i 可以按下式确定:

$$W_i = Q \cdot \sin \alpha \approx Q \cdot \tan \alpha = Q \cdot i\text{‰} \qquad （式 6.4）$$

列车平均每单位质量所受到的坡道阻力,叫作单位坡道阻力(w_i),其计算公式为:

$$w_i = \frac{W_i}{Q} = \frac{Q \times i\text{‰} \times 1\,000}{Q} = i \qquad （式 6.5）$$

即机车车辆每单位质量上坡时所受的坡道阻力等于用千分率表示的坡道坡度。由此可见,坡度越大,列车上坡时的坡道阻力也就越大,同一台机车(在列车运行速度相同的条件下)所能牵引的列车质量也就越小。

(3)限制坡度

铁路每一区段都是由数量众多的平道和坡道组成。坡道的坡度不同,它们对列车质量的影响也不一样。在一个区段上,决定一台某一类型机车所能牵引的货物列车质量(最大值)的坡度,叫作限制坡度(i_x‰)。在一般情况下,限制坡度的数值往往和区段内陡长上坡道的最大坡度值相当。

限制坡度的大小,影响一个区段甚至全铁路线的运输能力。限制坡度小,列车质量可以增加,运输能力就大,运营费用就越省。但是限制坡度过小时,就不容易适应地面的天然起伏,特别是在地形变化很大的地段,使工程量增大,造价提高。因此,限制坡度的选定是一个很重要的问题,要经过仔细的综合研究。我国《铁路技术管理规程》规定的最大限制坡度的数值,如表6.5所示。

表6.5 限制坡度最大值

单位:‰

铁路等级		I			II			III		
地形类别		平原	丘陵	山区	平原	丘陵	山区	平原	丘陵	山区
牵引种类	电力	6.0	12.0	15.0	6.0	15.0	20.0	9.0	18.0	25.0
	内燃	6.0	9.0	12.0	6.0	9.0	15.0	8.0	12.0	18.0

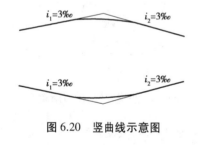

图6.20 竖曲线示意图

(4)变坡点

坡道与坡道、坡道与平道的交点叫变坡点。列车经过变坡点时,容易发生断钩、脱钩等事故,车钩内产生附加应力;坡度变化越大,两车钩上下错移量越大,附加应力越大。为了保证列车的运行平稳和安全,我国铁路规定,在 I 、II级线路上相邻坡段的坡度代数差的绝对值大于3‰、III级铁路大于4‰时,应以竖曲线连接,如图6.20所示。

竖曲线是纵断面上的圆曲线。竖曲线的半径,I、II级铁路为10 000 m,III级铁路为5 000 m。

(5)线路纵断面图

用一定的比例尺,把线路中心线(展直后)投影到垂直面上,并标明平面、纵断面的各项有关资料,就成为纵断面图,如图6.21所示。

线路纵断面图:上部是图,主要表明了线路中心线(即路肩设计标高的连线)、地面线、车站、桥隧建筑物等有关资料及其他有关情况;下部是表,主要有沿线的工程地质概况、地面标高、路肩设计高程、设计坡度及线路平面的有关资料等。

铁路线路平面和纵断面图既是全面、正确反映线路主要技术条件的重要文件,也是施工依据和线路交付运营后使用的技术资料。

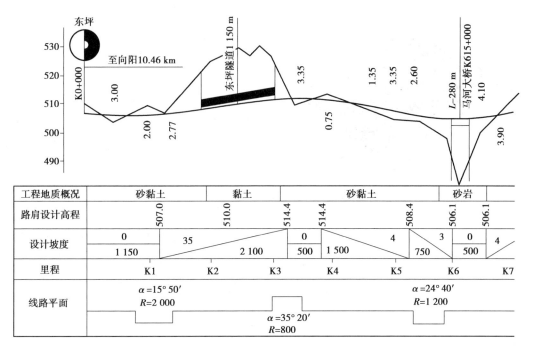

图 6.21 线路纵断面图

6.2.3 路基和道口、交叉及线路接轨

1)路基(见 6.1.4 公路路基)

2)道口、交叉及线路接轨

(1)道口、交叉

道口根据需要修建道口看守房,设置照明灯、警示灯、遮断色灯信号机和道口自动通知设备,根据需要设置列车无线调度通信设备。

站内平过道必须与站外道路和人行道路断开,禁止社会车辆、非工作人员通行,平过道不得设在车站两端咽喉区内。

在电气化铁路上,铁路道口通路两面应设限高架,其通过高度不得超过 4.5 m。

特别笨重、巨大的物件和可能破坏铁路设备、干扰行车的物体通过道口时,应提前通知铁路道口管理部门,采取安全和防护措施,并在其协助指导下通过。

一切车辆、自动走行机械和牲畜,均须在立体交叉或平交道口处通过铁路。

(2)线路接轨

新建岔线,不准在区间内与正线接轨;特殊情况必须在区间内接轨时,须经铁道部批准,在接轨地点应开设车站(线路所)或设辅助所管理。

列车运行速度 120 km/h 及以上线路和重载运煤专线等线路应全立交、全封闭,线路两侧按标准进行栅栏封闭,并设置相应的警示标志。

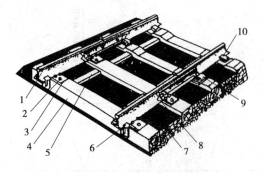

图 6.22 轨道的基本组成

1—钢轨;2—普通道钉;3—垫板;4—轨枕;

5—防爬撑;6—防爬器;7—道床;8—接头夹板;

9—扣板式中间联结零件;10—弹片式中间联结零件

6.2.4 轨道

轨道由钢轨、轨枕、联结零件、道床、防爬设备及道岔等主要部件组成,如图 6.22 所示。它起着机车车辆运行的导向作用,直接承受由车轮传来的巨大压力,并把它传递给路基或桥隧建筑物。

1)轨道组成

（1）钢轨

钢轨的作用是引导车轮的运行方向,直接承受车轮的巨大作用力并将其传递到轨枕。另外,在电气化铁路或自动闭塞区段,钢轨还兼作轨道电路之用,因此钢轨应具有足够的强度、韧性和耐磨性。

钢轨的断面采用具有最佳抗弯性能的工字形断面,由轨头、轨腰、轨底三部分组成,如图 6.23 所示。

在我国,钢轨的类型或强度以每米长度的大致质量表示。现行的标准钢轨类型有:75 kg/m、60 kg/m、50 kg/m 及 43 kg/m。新建、改建铁路正线应采用 60 kg/m 钢轨的跨区间无缝线路(重载运煤专线线路可采用 75 kg/m 钢轨轨道结构)。

目前我国钢轨的标准长度有 25 m 和 12.5 m 两种,对于 75 kg/m 钢轨只有 25 m 一种。此外,还有专供曲线地段铺设内轨用的标准缩短轨若干种。

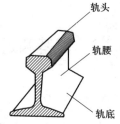

图 6.23 钢轨断面图

（2）轨枕

轨枕是钢轨的支座,它除承受钢轨传来的压力并将其传给道床以外,还起着保持钢轨位置和轨距的作用。

轨枕按照制作材料分,主要有钢筋混凝土枕和木枕两种。木枕具有弹性好,形状简单,加工容易,质量轻,铺设和更换方便等优点。主要缺点是消耗大量木材,使用寿命较短。钢筋混凝土轨枕使用寿命长、稳定性能高,养护工作量小,加上材料来源较广,所以在我国铁路上得到广泛采用,不仅可以节省大量木材,还有利于提高轨道的强度和稳定性。

我国普通轨枕的长度为 2.5 m,道岔用的岔枕和钢桥上用的桥枕,其长度有 2.6～4.85 m 多种。

（3）联结零件

联结零件包括接头联结零件和中间联结零件两类。

接头联结零件用来联结钢轨与钢轨之间的接头,包括夹板、螺栓、螺帽和弹性垫圈等。钢轨接头是线路上最薄弱的环节,必须保持一定的缝隙,这一缝隙叫作轨缝。当气温发生变化时,轨缝可满足钢轨的自由伸缩,因此它是线路维修工作的重点对象。

中间联结零件(又称扣件)的作用是将钢轨紧扣在轨枕上。中间联结零件因轨枕的不同,有钢筋混凝土枕用扣件和木枕用扣件两类。

（4）道床

道床是铺设在路基面上的石砟（道砟）垫层。主要作用是支撑轨枕，把来自轨枕上部的压力均匀地传递给路基，并固定轨枕的位置，阻止轨枕纵向或横向移动，缓和机车车辆轮对对钢轨的冲击，调整线路的平面和纵断面。

道床的材料应当具有坚硬，不易风化，富有弹性，并有利于排水的特点。常用的材料有碎石、卵石、粗砂等。其中以碎石为最优，我国铁路一般都采用碎石道床。

（5）防爬设备

因列车运行时纵向力的作用，使钢轨产生纵向移动，有时甚至带动轨枕一起移动，这种现象叫轨道爬行。轨道爬行往往引起轨缝不匀、轨枕歪斜等线路病害，对轨道的破坏性极大，严重时还会危及行车安全。因此，必须采用有效措施加以防止。通常的做法是：一方面加强钢轨与轨枕间的扣压力和道床阻力；另一方面设置防爬器和防爬支撑等防爬设备。

（6）道岔

道岔是一种使机车车辆能从一股道转入或越过另一股道的线路连接设备，大量铺设在车站内，以满足各种作业需要，最常见的是普通单开道岔。

①普通单开道岔。普通单开道岔由转辙器、辙叉及护轨、连接部分所组成，如图6.24所示。

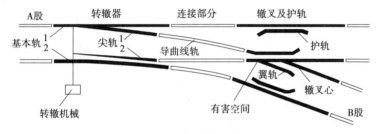

图 6.24　普通单开道岔

②道岔号数。道岔因其辙叉角的大小不同，有不同的道岔号数（N），道岔号数表明了道岔各部分的主要尺寸。道岔号数是用辙叉角（α）的余切值来表示的，如图6.25所示，其计算公式为：

$$N = \cot \alpha = \frac{FE}{AE} \qquad\qquad （式6.6）$$

由此可见，辙叉角越少，N值就越大，导曲线半径也越大，机车车辆侧线通过道岔时就越平稳，允许的侧线过岔速度也就越高。所以，采用大号码道岔对于列车运行是有利的。然而，道岔号数越大，道岔全长就越长，铺设时占地就越多。目前，我国铁路的主要线路上大多使用9、12、18、30号道岔，对应速度分别为30、45、80、140 km/h。因此，采用几号道岔来连接线路，需要根据线路的用途来决定。

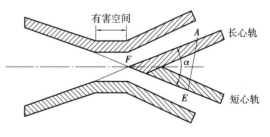

图 6.25　道岔号数计算示意图

③其他类型道岔与交叉设备。除了普通单开道岔以外，按照构造上的特点及所连接的线路数目，还有对称双开道岔、对称三开道岔、复式交分道岔和菱形交叉等。

2）轨道上两股钢轨的相互位置

为了确保行车安全,轨道除了应具有合理的组成外,还应保持两股钢轨的规定距离和钢轨顶面的相对水平位置。

（1）直线部分的轨距和水平

①轨距。轨距是钢轨头部踏面下 16 mm 范围内两股钢轨工作边之间的最小距离。我国铁路主要采用 1 435 mm 的标准轨距。轨距小于 1 435 mm 的铁路统称为窄轨铁路,轨距大于 1 435 mm的统称为宽轨铁路。

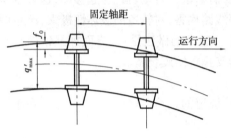

图 6.26　轨距加宽原因示意图

②水平。直线地段两股钢轨的顶面应保持在同一水平。如有误差,在正线和列车到发线上,在轨道的距离范围内两股钢轨的顶面高差不允许超过 4 mm。

（2）曲线部分的轨距和水平

①轨距加宽。机车车辆走行中只能保持平行而不能作相对运动的车轴中心线间的最大距离,叫作固定轴距,如图 6.26 所示。由于机车车辆具有固定轴距,在曲线上运行时转向架的纵向中心线与曲线轨道中心线并不一致,因而引起转向架前一轮对外侧车轮轮缘和后一轮对的内侧车轮轮缘压挤钢轨,增加走行阻力。为了使机车车辆顺利地通过曲线,要对小半径曲线的轨距适当加宽。

②外轨超高。机车车辆在曲线上运行时,由于离心力的作用使曲线外轨承受了较大的压力,因而造成两股钢轨磨耗不均匀现象,并使旅客感到不舒适,严重时还可能造成翻车事故。因此,通常要将曲线上的外轨抬高,使机车车辆内倾,以平衡离心力的作用。外轨比内轨高出的部分称为超高,如图 6.27 所示。

曲线外轨超高量 h（mm）,通常可用下列公式计算:

$$h = 11.8 \frac{v^2}{R} \qquad （式 6.7）$$

式中,v——列车平均运行速度,km/h;

R——曲线半径,m。

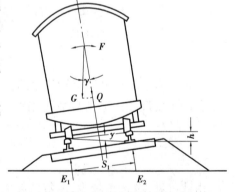

图 6.27　外轨超高原理图

我国规定,外轨超高的最大值单线地段不得超过 125 mm,双线地段不得超过 150 mm。

6.2.5　高速铁路

1）概述

高速铁路技术是当今世界铁路的一项重大技术成就。虽然高速列车表面上还是在钢轨上运行,但它已完全不同于我们现在的铁路运输。它不仅要有良好的线路路基,性能优良的机车和车辆,还要有一系列建立在高新科技基础上的通信信号设备、自动行车指挥系统、自动的损伤、安全诊断保障系统。它集中反映了一个国家铁路牵引动力、线路结构、高速运行控制、高速运输组织和经营管理等方面的技术进步,也体现了一个国家的科技和工业水平。

我国高速铁路发展规划,是2004年经国务院批准的《中长期铁路网规划》确定的。2008年,国家根据我国综合交通体系建设的需要,对《中长期铁路网规划》进行了调整。到2020年,为满足快速增长的旅客运输需求,建立省会城市及大中城市间的快速客运通道,规划"四纵四横"铁路快速客运通道以及6个城际快速客运系统。建设客运专线1.2万km以上,客车速度目标值达到200 km/h及以上。2016年7月,国务院批准了新修编的《中长期铁路网规划》,首次明确提出了形成以"八纵八横"主通道为骨架的高速铁路网规划。

目前,中国是世界上高速铁路发展最快、系统技术最全、集成能力最强、运营里程最长、运营速度最高、在建规模最大的国家。

2) 高速铁路线路

随着列车运行速度的提高,对线路的建筑标准,包括最小曲线半径、缓和曲线、外轨超高、正线线间距、限制坡度、竖曲线和道岔等线路构造与普通铁路相比都将有特定要求。

(1)线路

我国规定铁路客运专线区间直线地段线间距不得小于4.4 m,曲线地段按规定进行加宽,区间正线平面的圆曲线半径应因地制宜,优先采用常用曲线半径,慎用最小曲线半径和最大曲线半径;直线与圆曲线间应采用缓和曲线连接,缓和曲线采用三次抛物线线型。各类平面圆曲线半径如表6.6所示。

表6.6 线路平面圆曲线半径

单位:m

曲线半径类型	常用曲线半径	最小曲线半径		最大曲线半径	
		一般地段	困难地段	一般地段	困难地段
曲线半径数值	4 500~7 000	3 500	2 000	10 000	12 000

①曲线超高度。目前,国外高速铁路、客运专线的最大超高除日本东海道新干线规定为200 mm外,其余均为180 mm。

②限制坡度与竖曲线。高速列车质量较小,机车功率较大,可在较大线路坡度上高速运行。我国区间正线的限制坡度应根据地形条件、列车牵引种类和运输要求比选确定,并应符合国家现行《铁路线路设计规范》的有关规定;法国TGV东南线限制坡度采用35‰,竖曲线半径采用25 000 m;而日本除在东海道新干线限制坡度采用20‰,竖曲线半径采用10 000 m外,山阳、东北、上越新干线均为15‰的限制坡度和15 000 m的竖曲线半径。

(2)路基

路基横断面处除应满足高速行车的技术要求外,还要为高速行车的安全及线路维修检查提供便利条件,因此路基必须具有足够的强度、稳定性和耐久性,能够抵抗各种自然因素作用的影响。路基需要设计较宽的路基宽度,如我国客运专线应不小于12.1 m;法国高速铁路路基宽度规定为12.6 m;日本东海道新干线为10.7 m,山阳新干线为11.6 m;意大利高速线为13 m;德国则采用13.7 m。

道床的基底除路堤可用石块填筑外,均应铺设15~55 cm厚的垫层,以保证高速列车良好的运行条件及行车安全。

（3）轨道结构

高速轨道结构，目前大体可分为两种类型：

①道砟轨道，即所谓常规轨道，多为欧洲各国所采用。在整体结构上仍为有砟轨道，但对轨道部件进行了改进和加强。有砟轨道具有工程费用低、施工铺设速度快和易于整修轨道变形等优点。法国、德国均属于此类。

②板式轨道，即所谓无砟轨道，是在混凝土整体道床的基础上发展起来的新型轨下基础，目前只有日本高速铁路采用。这种轨道结构形式一经筑成，线路就能保持稳定、平顺，且维修工作量少，但造价高、刚性大、列车振动与噪声较大，如图 6.28 所示。

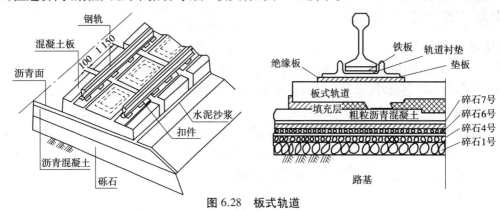

图 6.28　板式轨道

高速轨道结构具有铺设超长轨条无缝线路、重型轨道结构、强韧性与弹性的轨道部件、有足够弹性及稳定性的道床、采用可动心轨或可动翼轨结构的大号道岔等特点。

为了减少轨道变形，增大强度，除采用整体轨枕外，法国高速铁路还采用每根质量 245 kg，长 2.24 m 的双块式混凝土轨枕。

6.3　港口工程

6.3.1　港口工程概要

1）港口与港口工程的概念

港口是指具有一定的水域和陆域面积及水陆联运设施、设备，供船舶安全进出、停泊、靠泊、旅客上下、货物装卸、驳运、存贮以及其他相关业务，并为船舶提供各种服务的场所。吞吐量、水深和泊位数 3 个指标决定了港口的规模和地位。

港口工程则是指兴建港口所需的各项工程设施的工程技术，包括港址选择、工程规划、工程设计及各种设施（如各种建筑物、装卸设备、系船设施、导航设施等）的修建。广义上说，港口工程也指港口的各项设施。

港口工程原是土木工程的一个分支，随着港口工程科学技术的发展，已逐渐成为相对独立的学科。但仍和土木工程的许多分支，如水利工程、道路工程、铁路工程、桥梁工程、房屋工程、给水和排水工程等分支保持密切的联系。

2)港口工程主要内容

港口工程是港口航道与海岸工程专业的主要学习内容,包括港口规划与布置、港口与海岸水工建筑物。

(1)港口规划与布置

①港口规划的主要内容

港口规划是指对未来一定时期港口布局和发展规模的预测和设想。它要求必须以客观为依据,运用现代科学的方法和手段,作出符合事物发展规律的预测和规划。港口规划的主要内容包括:确定港口的性质、发展目标和规模,港口陆域、水域及岸线布置,吞吐量预测,港口或港区功能划分及集疏运系统等。

②港口规划的分类

港口规划按层次分,包括港口布局规划、港口总体规划和控制性详细规划。

a.港口布局规划

港口布局规划包括全国港口布局规划和省、自治区、直辖市港口布局规划。对港口资源丰富、港口分布密集的区域,可以根据需要编制跨省、自治区、直辖市或者省、自治区行政区内跨市的港口布局规划。直辖市根据实际情况可不编制港口布局规划,仅编制港口总体规划。

b.港口总体规划

港口总体规划是指一个港口在一定时期的具体规划,主要确定港口性质、功能和港区划分,根据港口资源条件、吞吐量预测和到港船型分析,重点对港口岸线利用、水陆域布置、港界、港口建设用地配置以及分期建设序列等进行规划。

c.控制性详细规划

控制性详细规划是指一个港口或港区在城市建设中的详细性控制规划,它是对港口总体规划中的港区规划的深化方案。

③港口规划的特性

a.战略性:必须与经济社会发展协调、适应,同时要有超前性意识。

b.宏观性:与国民经济发展规划协调;与城市或地区经济发展协调;与全球经济一体化协调;与其他运输方式协调;要做到资金的合理使用,岸线、水运、陆域等资源的合理配置。

c.系统性:规划本身是项系统工程。

d.法律性:依法编制,依法审批,依法实施与管理,依法修编与调整。

e.科学性:技术性很强,必须依照科学、合理规划。

④港口布置

港口布置是以港口发展规划为基础,根据港口的功能与规模,结合地形、地质和水文气象等自然资料,并充分考虑工程建设对河道或海岸的冲淤变化、对河道通航安全及行洪能力的影响,按照港口码头平面布置的基本要求开展港口水域和陆域布置。具体布置可参照《海港总体设计规范》和《河港总体设计规范》,并结合港口实际情况进行。

(2)港口与海岸水工建筑物

港口水工建筑物是港口的重要组成部分,一般包括:码头、防波堤、护岸、近海建筑物、船台滑道和船坞等水工建筑物,进出港船舶的导航设施(航标、灯塔等)也属于港口水工建筑物。

3)港口的地位及其重要性

(1)港口的地位

港口是交通运输的枢纽。在公路、铁路、水路、航空和管道组成的运输系统中,港口是集中(出口)或分散(进口)客货的关键环节,是各种运输方式的集汇点,是水陆联运的咽喉。因此,港口通过能力受与其连接的各种运输方式能力的制约;反过来,港口能力也影响与其连接的各种运输能力的发挥。这充分体现了港口在整个综合运输系统的重要地位,以及其对发展地区经济的推动作用。

港口的发展与水路运输的发展高度关联。在各种运输方式中,水路运输是一种比较经济的运输方式,与铁路和公路运输相比较,具有许多优点:a.占地少;b.基本建设投资少,用工省,见效快;c.节能环保;d.运量大;e.运费低。但水运也有缺点,主要是速度慢,船舶航行速度一般为 20~30 km/h,比火车和汽车的运行速度要慢很多。此外,水运还受自然条件(如航道、气候、潮汐等)的影响和限制。

(2)港口的重要性

港口的重要性主要源于港口的功能及其对于腹地经济的带动作用。

港口功能包括其基本功能和宏观功能。港口的基本功能就是供船舶安全进出、停泊、靠泊、旅客上下、货物装卸、驳运、存贮以及其他相关业务。这也是港口运营的主要业务。港口的宏观功能是由于港口的服务和辐射,对其所在城市、周围地区和腹地经济发展的服务和推动作用。

就港口的功能特点而言:

①港口通常是海运的起点和终点。海洋运输无论是集装箱还是散货运输,都是货运量最大的运输方式,港口总是运输链上货物最集中的地方。如果需要增加工业、商业和技术活动,货物集中是实现规模经济的最好条件。因此,港口自然就成为交通运输枢纽,是水陆联运的咽喉。

②如果不同大陆之间,或相距较远的国家之间,在生产要素上存在着巨大差别,通常要靠海运运输货物,港口自然是用最有利方式将不同的生产要素的作用结合的地点,这正是"临港工业"在国际市场上取得巨大的成本优势的原因。

③就国际贸易而言,港口仍然是最大、最重要的运输方式连接点,在这里可以找到货主、货运代理、托运人、船东、船务代理、货物分运商、包装公司、陆地运输经营人、海关、商检、银行、保险、法律等有关公司和部门,这里是重要的信息中心和国际运输的完整舞台。它不但反映一个城市地区的面貌,甚至代表一个国家的经济发展水平。

纵观现代港口功能,主要包括:

①装卸和仓储功能:这是港口的最基本功能。

②运输组织管理功能:通过有效的运输组织,把各种运输方式有机结合起来,从而使物流供应全过程快速、经济与合理。

③贸易功能:对外交流与贸易的窗口。

④信息功能:各种信息的汇集中心。

⑤服务功能:口岸服务、生活与生产服务。

⑥生产加工功能:货物加工,出口加工区、保税港区和自由港区等。

⑦辐射功能:辐射海外和内陆。

⑧现代物流功能:物流中心。

因此,港口正以水陆联运枢纽功能为主体,向兼有产业、商务、贸易的国际贸易综合运输中心和国际贸易的后勤基地发展。港口已成为国民经济和贸易发展的媒介,催生了港口经济的发展。图 6.29 所示分别为上海港、天津港、重庆果园港和重庆万州港。

（a）上海港

（b）天津港

（c）重庆果园港

（d）重庆万州港

图 6.29　港口

6.3.2　港口工程技术内涵及相关因素

1) 港口工程的技术特征

港口工程的技术特征可以用港口水深、码头泊位数、码头线长度、港口陆域高程等要素描述。

（1）港口水深

港口水深是港口的重要标志之一,表明港口条件和可供船舶使用的基本界限。增大水深可接纳吃水更大的船舶,但将增加港口水工建筑物的造价和港池等维护费用。在保证船舶行驶和停泊安全的前提下,港口各处水深可根据使用要求分别确定,不必完全一致。对有潮港,当进港航道挖泥量过大时,可考虑船舶乘潮进出港。现代港口供大型干货海轮停靠的码头水深 10~15 m,大型油轮码头水深 10~20 m。

（2）码头泊位数

码头泊位数根据货种和货运量大小分别确定,除供装卸货物和上下旅客所需泊位外,在港内还要有辅助船舶和修船码头泊位。它是港口规模的主要技术指标。

（3）码头线长度

码头线长度根据码头泊位数和可能同时停靠码头的船长及船舶间的安全间距确定。

（4）港口陆域高程

根据设计高水位加超高值确定,要求在高水位时不淹没港区。为降低工程造价,确定港区陆域高程时,应尽量考虑港区挖、填方量的平衡。港区扩建或改建时,码头前沿高程应和原港区后方陆域高程相适应,以利于道路和铁路车辆运行。同一作业区的各个码头通常采用同一高程。

2)港口工程的技术内涵

港口工程的技术内涵就是要根据港口功能和港口生产能力的要求,开展好港口规划、港口选址,根据经济社会发展需求预测港口吞吐量,确定港口规模,并根据地形地质和水文、泥沙、气象等自然资料,进行港口总体布置,围绕港口五大生产作用系统,按照技术先进、施工方便、运营安全、绿色环保、经济合理等原则,进行必要的科学研究和工程可行性研究后,开展港口的各种相关设施设计、建设和维护。

(1)港口规划

港口建设牵涉面广,关系临近的铁路、公路和城市建设,关系国家的工业布局和工农业生产的发展。必须按照统筹安排、合理布局、远近结合、分期建设的原则制订全国特别是沿海港口的建设规划。贯彻"深水深用、浅水浅用"的原则,合理开发利用或保护好国家的港口资源。制订规划前要做好港口腹地的社会经济调查,弄清建港的自然条件,选择好港址,确定合理的工程规模和总体规划,进行可行性研究后,制订实施规划。有些港口,如运输燃料或原材料为主的中小型专业性港口,也可不经过前两个阶段,直接制订实施规划。

港口建设和所在城市的建设与发展息息相关。港口规划应和所在城市发展规划密切配合和协调。环境问题在总体规划中必须放在重要位置考虑,适当配置临海、临江公园和临海疗养设施,严格防止对周围环境的污染,创造出美好的空间。

(2)港址选择

港址选择是港口规划工作的重要步骤。港口经济腹地范围、交通、工农业生产和矿藏情况及货种、货流和货运量情况是确定港址的重要依据;要广泛调查研究,分析论证。自然条件是决定港址的技术基础,故对有条件建港的地区应进行港口工程测量、滨海水文、气象、地质、地貌等方面的深入调查研究,辅以必要的科学实验,然后对港址进行比较选择,务求做到技术上可行,经济上合理。

(3)运量预测

根据经济社会现状及其发展趋势需求,采用科学合理的预测方法,预测交通运输量,再根据铁路、公路、水路等运输现状及发展,按照物流成本最优的原则分别预测铁路、公路、水路等不同运输方式的运输量,从而确定不同水平预测年份的水运运量,再根据港口规划与分布状况,预测本港口或港区的年吞吐量。

(4)装卸作业系统

根据运量预测成果,充分考虑港口所在区域的地形地质、水文泥沙等自然资料,结合航道现状与发展规划,分析预测到港船型,合理选择代表性设计船型,再按照设备先进、装卸高效、成本低廉、维修方便等原则合理设计港口装卸作业系统,依此确定码头规模(泊位数)。

(5)港口平面布置

港口平面布置是港口工程设计的首要工作,其任务是将港口各个作业区和港口水域及陆域的各个组成部分和工程设施进行合理的平面布置,使各装卸作业和运输作业系统、生产建筑和辅助建筑系统等相互配合和协调,以提高港口的综合通过能力,降低运输成本。

（6）港口水工建筑物

港口水工建筑物是港口的主要组成,进行港口水工建筑物的设计时,应结合装卸工艺布置,充分考虑港口所在区域的自然条件、使用条件、施工条件等因素,按照技术先进、施工方便、经济合理等原则,合理确定水工建筑物的类型和形式,并依据相关设计理论和计算方法,按照承载能力极限状态和正常使用极限状态开展水工建筑物结构及其构件的强度、刚度、稳定性(包括抗地震的稳定性)和变形、裂缝、沉陷等方面的计算,并应注意波浪、水流、泥沙、冰凌等动力因素对港口水工建筑物的作用及环境水(主要是海水)对建筑物的腐蚀作用,并采取相应的防冲、防淤、防渗、抗磨、防腐等措施。

（7）港口工程施工

港口工程施工有许多地方与其他土木工程相同,但有其自己的特点。港口工程往往在水深、浪大的海上或水位变幅大的河流上施工,水上工程量大,质量要求高,施工周期短,施工环境差(一些海港常受台风或其他风暴的袭击)。因此要求尽可能采取装配化程度高、施工速度快的工程施工方案,尽量缩短水上作业时间,并采取切实可行的措施保证建筑物在施工期间的稳定性,防止滑坡或其他形式的破坏。由于施工方法不当或对风暴的生成机理和破坏性认识不足,措施不力,造成施工期间建筑物的破坏事例时有发生,应该加以重视。

3) 港口工程涉及的相关因素

根据港口的地位和重要性,以及港口工程的技术内涵,港口工程涉及领域十分宽广,牵涉的因素众多,主要体现在以下几个方面。

（1）港口的社会性

港口地位和作用决定了它的社会性因素。它需要涉及社会学、经济学、交通运输学等多学科的技术与方法。从港口规划方面考虑,它不仅决定于良好的自然条件,也决定于国家或区域经济社会发展及其综合交通运输的建设与发展。建设港口的自然资源越好、区域经济越发达、综合交通运输网络越完善,港口的功能和规模就越强大,港口的辐射能力就越强、辐射的范围也越远,港口对经济社会建设与发展的作用就越大。

（2）港口的综合性

港口的功能属性决定了它的综合性因素。它需要涉及水利工程、海洋工程、土木工程、机械工程、计算机科学与工程等多学科领域的专门技术与方法。港口工程的服务对象虽然是车、船、货、人,其基本功能是满足人员上下、货物装卸、存贮等,其拓展功能包括货物加工增值、信息发布、商贸物流等。要实现这些功能,就必须建设有协调统一的港口几大生产作业系统。因此,无论是港口规划、港址选择、项目决策、科学研究、工程设计、建设以及运行与维护等,均需要运用自然科学、工程技术、经济管理等多学科知识,全面考虑工程环境、自然条件、结构材料、施工条件、环境保护等因素,提供满足港口功能要求、技术先进、经济合理的完善的港口设施。

（3）港口的复杂性

港口的工程环境决定了它的复杂性因素。港口工程地处水陆交界的工程环境,其独有的特点,如强烈的动力(河流动力、海洋动力、风暴动力等)因素作用、复杂的河流海岸泥沙运动与岸滩演变、复杂的水文(内河的洪水、大水位差,海洋的波浪、潮汐、海流等)环境条件、特殊的地质环境条件(内河的高陡岸坡、裸岩或浅覆盖土层,海岸的大面积深厚软土、岸坡的失稳等)、困难的水上施工条件(恶劣的河流、海洋和气象条件影响)、特殊的结构材料耐久性防腐要求等。这就要求港口工程技术工作者应有良好、宽广的河流动力学、河口海岸动力学、波浪潮汐理论、河床(海岸)演变学、工程水文学、工程地质学、岩土工程学、工程材料学等多学科专门知识与技术。

（4）港口工程结构的多样性

港口工程结构的多样性决定了它的多学科性因素。港口工程结构既有陆域的土建项目，又有水域的水工项目，陆域土建项目有形成陆域的土石方工程、道路工程、给排水工程、仓储建筑物、机修构筑物、公用建筑物等陆上设施，水域的水工项目有码头水工建筑物、进出港池的航道整治及导航建筑物、维护港内水域平稳的防波堤、维护岸坡稳定的护岸建筑物、供船舶检查维修的修造船水工建筑物(滑道、船坞等)等水上设施。不同类型的建筑物或构筑物由于其使用要求、自然环境等不同，应采用不同的设计计算理论与方法进行设计。

6.3.3 港口分类、基本组成及功能要求

1）港口分类

（1）按功能、用途分

港口按用途分，有商港、军港、渔港、避风港等；按所处位置分，有河口港、海港和河港等。

①商港：以一般商船和货物运输为服务对象的港口称为商港，也称为贸易港。一般均兼运各种各类货物，设有不同货种的作业区。

②渔港：是为渔船停泊、捕捞、鱼货保鲜、冷藏加工、修补渔网、中转外调卸货和渔船获得生产、生活补给品的基地。鱼易腐烂变质，一经卸船必须迅速处理。因此，港内的冷藏、加工设施的设置使渔港具有生产、贸易和分运的功能。

③工业港：供大型企业输入原材料及输出成品而设置的港口，我国称为业主码头。通常是为沿海、沿江的大企业所设，港区与厂区靠近。

④军港：为舰艇停泊并取得舰艇所需战术技术补给的港口。在港口选址、总图布置、陆域设施等方面与上述港口有较大的差别。

⑤旅游港：为旅游业服务的港口。

⑥避风港：为避风船舶服务，无货物装卸。

（2）按地理位置分

港口按地理位置分为河港和海港。

①河港：位于天然河流或人工运河上的港口，包括湖泊港和水库港，多以内贸为主，供河船使用。

②海港：河口港和海岸港统称为海港。

河口港位于河流入海口或河流下游潮区界内的港口，可同时停泊海船和河船。由于河口港与腹地联系方便，有河流水路优越的集疏运条件，对风浪又有较好的掩护条件，因此历史悠久的著名大港多属于河口港。例如：我国第一大港上海港，世界第一大港鹿特丹港，美国第一大港纽约·新泽西港，德国第一大港汉堡港。

海岸港位于海岸、海湾或泻湖内，也有离开海岸建在深水海面上的。位于开敞海面岸边或天然掩护不足的海湾内的港口，通常须修建相当规模的防波堤，如大连港、青岛港等。供巨型油轮或矿石船靠泊的单点或多点系泊码头和岛式码头属于无掩护的外海开敞式海港，如利比亚的卜拉加港、黎巴嫩的西顿港等。泻湖被天然沙嘴完全或部分隔开，开挖运河或拓宽、浚深航道

后,可在泻湖岸边建港,如广西北海港。也有完全靠天然掩护的大型海港,如东京港、香港港、澳大利亚的悉尼港等。

（3）按港口的层次分

根据港口布局和港口在国民经济及综合运输体系中的地位、作用以及所处的地理位置及功能进行划分,可分为航运中心、主枢纽港、地区性枢纽港、地区型主要港和其他中小港口。

（4）按集装箱运输份额分

按集装箱运输份额分,可分为国际集装箱枢纽港、区域型枢纽港和支线港（喂给港）。

2）港口的基本组成

（1）港口水域

港口水域包括锚地、航道、船舶调头水域和码头前水域,还有导航、助航标志等设施（图6.30）。

①锚地:指有天然掩护或人工掩护条件、能抵御强风浪的水域,船舶可在此锚泊、等待靠泊码头或离开港口。如果港口缺乏深水码头泊位,也可在此进行船转船的水上装卸作业。内河驳船船队还可在此进行编、解队和换拖（轮）作业。

②航道:保证船舶沿着足够宽度、足够水深的路线进出港口的水域。图6.30中大连港航道宽270 m,水深10 m,万吨级船可随时进出港。

③船舶调头水域:供船舶调头用的水域面积,也称为回旋水域,一般需要直径为1.5～3倍船长的圆面积。

④码头前水域:供船舶靠离码头和装卸货物用的毗邻码头的水域,也称为港池。

⑤导航助航标志:主要有灯塔,其射程一般为10～25 n mile（1 n mile＝1.852 km）,是船舶接近陆岸的主要标志。防波堤堤头、险礁以及指示锚地边界一般用灯桩,其射程视需要在2～7 n mile。

⑥防波堤:在天然掩护不足的地点建港,需要建设防波堤,用以围护足够的水域防止波浪、海流等侵袭。

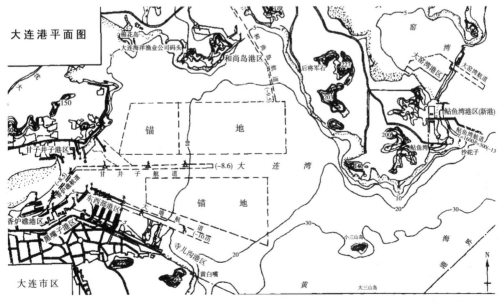

图6.30　大连港平面图

（2）码头岸线

码头是停靠船舶、上下旅客和装卸货物的场所。码头前沿线是水域和陆域交接地,是港口生产活动的中心。构成码头岸线的码头建筑物是一切港口不可缺少的建筑物。

（3）陆域设施

陆域设施包括仓库、堆场、铁路、道路、装卸机械、运输机械以及生产辅助设施、环保设施、计量检验设施、信息中心（EDI 服务中心）等。有些现代化大港口还管理有当地的"世界贸易中心"。

①仓库、堆场:供货物在装船前或卸船后短期存放。

②铁路:港口集疏运的主要方式之一,在库场前后设置专用线,在码头附近还设分区车场,对来往装卸线的车辆进行编送。铁路线一般不上码头前沿。

③港内道路（桥梁）:供流动机械运行,并与城市道路和疏港道路相连接。

④装卸机械:用于码头前方、库场内和船舱内的各种起重机、装卸搬运机械。

⑤运输机械:主要用于码头前沿与库场之间货物运输的各种运输机械,如汽车、集卡车、拖车等。

⑥生产辅助设施:是完成港口生产不可缺少的设施,主要有:a.给排水设施;b.供电系统;c.通信设施;d.辅助生产建筑,如流动机械库、机修厂、消防站、办公楼等。

随现代港口商业贸易功能的拓展,国际贸易港口通信设施已发生了质的变化。以通信网络传递为基础,与具有一定结构特征的标准经济信息、计算机系统相结合,实现外贸事务处理的自动化,即电子数据交换（EDI）系统。现代国际贸易港口均建立有港口 EDI 服务中心。

上面叙述的是组成港口的各主要个体。港口生产作业是系统化生产,各个体必须相互适应、相互配合才能为生产作业顺利进行。现代港口生产作业可主要归结为五大系统和一个环境保护系统,如表 6.7 所示,只有五大系统（1—5）能力协调、配合才能形成港口的综合生产能力。

表 6.7　港口五大作业系统

序号	系　统	主要设施
1	船舶航行作业系统	航道、通信导航设施、助航拖船、回旋水运、港池、航修设施、船舶供水、供油、船舶废弃物收集等
2	装卸作业系统	码头、装卸作业锚地、装卸机械、旅客上下船设施、防波堤、控制中心、计算机中心等
3	存贮、分运作业系统	港内各种仓库、堆场、库内机械、分运中心（分拨中心）、客运站、宾馆等
4	集疏运作业系统	铁路、公路（进港高速公路）、水网、管道等
5	信息与商务系统	港口 EDI 服务中心（电子数据交换系统）、贸易服务中心（世界贸易中心）
6	环境保护系统	港区各种绿地、各种污水（含油、含煤、洗箱）处理、废弃物处理、有回收船、水面清扫船等

3)港口水工建筑物基本组成及其形式

港口水工建筑物一般包括码头、防波堤、修船和造船水工建筑物,进出港船舶的导航设施（航标、灯塔等）和港区护岸。下面仅就码头进行介绍。

（1）码头的基本组成

码头是供船舶系靠停泊用的建筑物,在此进行货物装卸、旅客上下或其他专业性作业,是港口的主要水工建筑物之一。

码头由主体结构和码头设备两部分组成(见图 6.31)。主体结构包括上部结构、下部结构和基础。

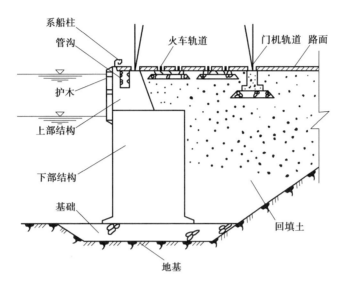

图 6.31 码头的基本组成示意图

①上部结构:如重力式码头的胸墙、板桩码头的帽梁或胸墙和高桩码头的承台或梁板及靠船构件等。上部结构的作用是直接承受船舶荷载和地面使用荷载,并将这些荷载传给下部结构,同时还起着将下部结构的构件形成整体的作用;另外,也是设置防冲设施、系船柱、轨道、管沟的基础。它大部分位于水位变化区,直接受波浪冲击、冰凌撞击、冻融和船舶撞击磨损等作用,要求有足够的整体性和耐久性。

②下部结构和基础:如重力式码头的墙身和抛石基床,有些码头下部结构本身也是基础,如高桩码头的桩基、板桩码头的板桩墙等,其作用是支撑上部结构,形成直立岸壁,并将作用在上部结构和本身的荷载传给地基。

此外,有些码头为了挡土或者稳定,主体结构还包括独立的挡土结构(如高桩码头后面的挡土墙)和锚碇结构(如板桩码头的拉杆及锚碇结构)。

③码头设备:是为船舶系靠和装卸作业载码头上设置的固定设备,包括系船设施(系船柱、系船环等)、防冲设施(护木、橡胶护肤、靠船桩等)、安全设施(系网环、护轮槛等)、工艺设施(工艺管沟、起重机和火车轨道等)和路面等。

(2)码头的分类

码头有以下几种分类方法:

①按用途分,码头有货码头、客码头、工作船码头、渔码头、军用码头、船渡码头、修船码头及舾装码头等。货码头按货种的不同,又有件杂货码头、散货码头(煤码头、矿石码头、矿建材料码头等)、油码头和其他专业码头(集装箱码头、钢铁码头、粮食码头及木材码头等)。

②按平面布置分,码头有顺岸式、突堤式、墩式、栈桥式及岛式等(见图 6.32)。突堤式又有窄突堤式和宽突堤式两种。

③按断面形式分,码头有直立式、斜坡式、半斜坡式和半直立式(见图 6.33)。直立式多用

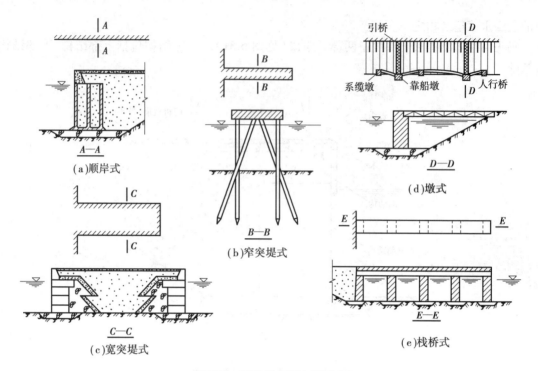

图 6.32　码头的平面布置形式

于水位变化幅度不大的港口,如海港、下游河港、河口港或运河港等;斜坡式适用于水位变化较大的情况,如天然河流的中、上游港口;半斜坡式适用于枯水时间较长而洪水时间较短的山区河港;半直立式适用于高水位时间较长而低水位时间较短的情况,如水库港。

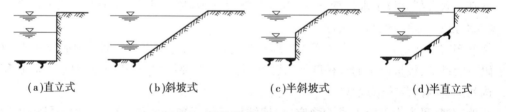

图 6.33　码头的断面形式示意图

④直立式码头按结构形式分,码头有重力式、板桩式、高桩式及其他形式等。

⑤按地理位置分,码头有海港码头、河口码头和河港码头、湖泊码头等。

6.3.4　港口工程建设程序与运营

　　港口工程建设是我国水运交通建设的主要项目之一,它依据国家和地区的港口布局规划和港口总体规划,根据国民经济社会建设与发展需要,按照相关建设程序开展相关工作,有序进行建设。港口项目建成并通过试运行后,经过相关部门验收后即可进入正式运营生产。

1)港口工程建设程序

　　港口工程建设应当遵守国家有关法律、行政法规,符合港口规划,执行国家和行业相关标准,贯彻落实绿色发展理念,采取有效措施,加强生态环境保护和大气污染防治、水污染防治等。

根据《港口法》《建设工程质量管理条例》《建设工程勘察设计管理条例》《企业投资项目核准和备案管理条例》等法律、行政法规,港口工程建设项目一般应执行以下基本建设程序:

①根据规划,开展项目预可行性研究报告编制和工程可行性研究报告编制,并根据批复后的预可行性研究报告和工程可行性研究报告办理立项审批、核准或备案手续。

②根据立项审批、核准或备案文件,办理工程设计文件(一般包括初步设计文件和施工图设计文件)审批手续。

③根据国家有关规定,依法办理开工前相关手续,具备开工条件后开工建设。

④组织工程实施。

⑤工程完工后,办理工程竣工前的各项手续;具备验收条件后,办理竣工验收手续。

⑥工程竣工验收合格后,办理固定资产移交手续。

对于新建、改建、扩建存储、装卸危险货物的港口工程建设项目,依据《危险货物港口工程建设项目管理》要求,项目单位除执行上述一般基本程序外,还应按《安全生产法》《危险化学品安全管理条例》《港口危险货物安全管理规定》等要求,办理安全条件审查、安全设施设计审查手续,组织安全设施验收等。

2)港口营运

港口工程建设项目通过竣工验收,即可正式投入运营生产。在项目生产运营过程中,项目单位应根据港口的生产特点,按照《港口经营管理规定》《安全生产法》《危险化学品安全管理条例》《港口危险货物安全管理规定》等国家和行业法律、法规及规范、规程等要求正常开展港口生产经营活动,并定期或不定期进行必要的检查与维护,确保港口运营安全。

6.4　机场工程

6.4.1　机场工程概要

高效、快捷的航空运输工具,是现代社会经济发展的前提条件之一。作为现代交通重要组成部分的航空交通,其快捷、安全、高效的优势,是其他交通工具替代不了的。民航运输业除了它本身产生的效益外,对促进资源开发、产生"临空经济区"(即由于机场对周边地区产生的直接或间接的经济影响,促使在机场周围生产、技术、资本、贸易、人口的聚集,形成了具备多功能的经济区域),促进地区经济的发展,对第三产业的带动以及提供就业岗位,促进小城镇的发展等所产生的综合效益十分明显,对 GDP 的贡献十分突出。德国的法兰克福机场和日本的大阪机场所形成的"临空经济区",是机场经济蓬勃发展的典型代表。我国北京顺义也是通过发展"临空产业",壮大"临空经济"促进经济社会发展的典型代表。

机场,亦称飞机场、空港,较正式的名称是航空站,为专供飞机起降活动之飞行场。除了跑道之外,机场通常还设有塔台、停机坪、航空客运站、维修厂等设施,并提供机场管制服务、空中交通管制等其他服务。机场也是贸易网络上的一个连接点,允许奢侈品以及战略资源与其他的机场贸易。

机场工程包括机场规划设计,以及场道工程、导航工程、通信工程、旅客航站、指挥楼工程、地面道路工程及其他辅助工程等。机场工程的作用主要有:

①让飞机安全、确实、迅速起飞的能力;

②安全确实地载运旅客、货物的能力,同时对于旅客的照顾也要求要有舒适性;

③对飞机维护和补给的能力;

④让旅客、货物顺利抵达附近城市市中心(或是由都市中心抵达机场)的能力;

⑤如果是国际机场的话,则还必须要有出入境管理、通关和检疫(CIQ)相关的业务。

6.4.2　机场工程技术内涵及相关因素

航空运输系统是由构成飞机、机场、航路和航线、空中交通管理系统、商务运行、机务维修、航材供应、油料供应、地面保障系统等组成的系统。机场是在陆地上或水面上一块划定的区域(包括各种建筑物、装备和设备),其全部或部分意图供飞机着陆、起飞和地面活动之用。即是指专供航空器起飞、降落、滑行、停放以及进行其他活动使用的划定区域,包括附属的建筑物、装置和设施。

机场工程所涉及的专业学科有:土木工程、航空机电设备维修、航空电子设备维修专业、民航安全技术管理(航空港安全检查)、民航特种车辆维修、空中乘务、民航运输、物流管理、航空服务、烹饪工艺与营养、飞行技术和空中交通管制等十余个专业学科领域,涉及面广,是个复杂的系统工程。

因此,一个机场的工程建设与维护、管理运营等需要各方面的人才与知识体系。除了需要具备从事土木工程(机场工程)的项目规划、设计、研究开发、施工及管理的能力,能在房屋建筑、地下建筑、隧道、道路、桥梁、矿井等的设计、研究、施工、教育、管理、投资、开发部门从事技术或管理工作的高级工程技术人才外,还需要具备:飞机机电和电子设备系统、设备维修及运行管理的基本理论和专业技能,以及航空港安全检查,特种车辆构造、车载发电、车载系统维修及运行管理,民航旅客运输和管理,民航运输生产和服务,航空物流管理,民航运输生产和机场运营管理,航空食品营养与工艺,飞行技术和空中交通管制等方面的基本理论(基本能力)和技能,且能够为民航业的建设与发展作出贡献的高等技术人才。

6.4.3　机场类别、基本组成及功能要求

机场一般分为军用和民用两大类,用于商业性航空运输的机场也称为航空港(Airport),我国把大型民用机场称为空港,小型机场称为航站。下面主要介绍民用机场。

1)民用机场的分类与等级划分标准

(1)民航飞机的种类

民航飞机分为干线飞机和支线飞机两大类。

干线运输机是指载客量大于 100 人、航程大于 3 000 km 的大型运输机。以美国波音公司的 Boeing757(以后简称 B757)、B767、B747、B777、DC10、MD11(DCl0 的改进型);欧洲空中客车公司的 A380(见图 6.34)、俄罗斯的伊尔 81 等为代表。

支线运输机是指载客量小于 100 人,航程 200~400 km 的中心城市与小城市及小城市之间的运输机,以美国的 DC3、英国宇航公司的 SH330 和 BAE146 等为代表。

（a）空中客车A-380

（b）波音777

图 6.34　客机

（2）机场的构成与分类

机场是指在陆地上或水面上一块划定的区域（包括各种建筑物、装备和设备）其全部或部分意图供飞机着陆、起飞和地面活动之用。机场系统包括空域和地域两部分（见图 6.35），其中航站区空域是供进出机场的飞机起飞和降落，地域是由飞行区、航站区和进出机场的地面交通三部分组成。

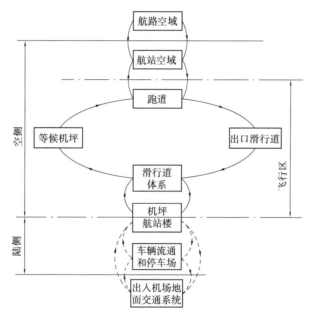

图 6.35　机场系统的组成

民用机场应按照其使用性质与作用进行分类。民用机场按航线性质可分为国际机场和国内机场；民用机场按航线的布局可分为枢纽机场、干线机场和分线机场。

国际机场：指供国际航线用，并设有海关、边防检查、卫生检疫、动植物检疫、商品检验等联检机构的机场。

干线机场：指省会、自治区首府及重要旅游、开发城市的机场。

支（分）线机场：又称地方航线机场，指各省、自治区内地面交通不便的地方所建的机场，其规模通常较小。

民用直升机场按物理特性分 3 种类型：地面直升机场、高架直升机场和直升机甲板。

（3）机场飞行区等级划分标准

机场飞行区应按指数Ⅰ和指数Ⅱ进行分级，以使该机场飞行区的各种设施的技术标准能与在这个机场上运行的飞机性能相适应。

飞行区指数Ⅰ:按使用机场跑道的各类飞机中最长的基准飞行场地长度，分为1、2、3、4四个等级，根据表6.8确定。

表6.8　飞行区指标Ⅰ

飞行区指标Ⅰ	飞机基准飞行场地长度(m)	飞行区指标Ⅰ	飞机基准飞行场地长度(m)
1	<800	3	1 200~<1 800
2	800~<1 200	4	≥1 800

飞行区指数Ⅱ:按使用该机场飞行区的各类飞机中的最大翼展或最大主起落架外侧边的间距，分为A、B、C、D、E、F六个等级，两者中取其较高等级，根据表6.9确定。表6.10给出两种典型的大型客机的机身尺寸。

表6.9　飞行区指标Ⅱ

飞行区指标Ⅱ	翼展(m)	主起落架外轮外侧边间距(m)
A	<15	<4.5
B	15~<24	4.5~<6
C	24~<36	6~<9
D	36~<52	9~<14
E	52~<65	9~<14
F	65~<80	14~<16

表6.10　飞机机身尺寸范例

航　机	机身长度(m)	机身高度(m)	翼展(m)	最大起飞质量(lb)
A380—800	72.7 (239 ft)	24.1 (79 ft)	79.6 (261 ft)	1 235 000 (560 187 kg)
B747—400	70.7 (232 ft)	19.2 (63 ft)	64.5 (212 ft)	910 000 (412 775 kg)

注:1 ft(英尺)= 0.304 8 m;1 lb(磅)= 0.453 592 kg。

机场总体规划应以航空业务量预测为基础。航空业务量预测年限分为近期和远期，近期为10年、远期为30年。

2）民用机场的构成

机场由空侧和陆侧两个区域组成。空侧主要由飞行区、旅客航站区、货运区、机务维修设施、供油设施、空中交通管制设施、安全保卫设施、救援和消防设施组成。陆侧由行政办公区、生活区、辅助设施、后勤保障设施、地面交通设施、机场空域组成。航站楼则是两个区域的分界线。

机场主要构筑物有跑道、滑行道与停机坪、旅客航站楼、机场停车场、机场维护区等。对于场道工程则要求具有以下功能，以保证飞机安全着陆:

①机场跑道要有良好的平坦度，足够的宽度、长度;

②跑道表面要有良好的、均匀一致的摩擦系数;

③跑道要有足够的强度,能抵御大型载人飞行器降落时对跑道的冲击和压力,并有较大的安全冗余。

(1)跑道

跑道是机场飞行区的主体,直接供飞机起跑、起飞滑跑和着陆滑跑之用。

①跑道布置

跑道的布置(构型)包括跑道数量、位置、方向和使用方式,它取决于交通量需求,还受气象条件、地形、周围环境等影响。一般来说,跑道方位和条数应使该机场利用率不少于95%。一般跑道布置有以下5种(见图6.36):

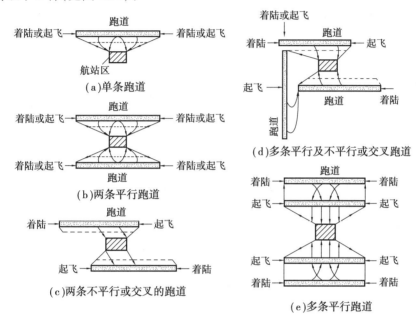

图 6.36 机场的跑道布置

a.单条跑道,是大多数机场跑道构型的基本形式,即为一条直线跑道;

b.两条平行跑道,两条跑道中心线间距根据所需保障的起降能力确定,如有条件,其间距宜不大于1 525 m,以便较好地保障同时精密进近,但不宜小于760 m;

c.两条不平行或交叉的跑道。下列情况时需要设置两条不平行或交叉的跑道:需要设置两条跑道,但是地形条件或其他原因无法设置平行跑道;当地风向较分散,单条跑道不能保障风力负荷>95%时采用此跑道构型。

d.多条平行跑道;

e.多条平行及不平行或交叉跑道。

图6.37和图6.38分别是美国休士顿国际机场和广州白云机场的跑道布置情况。

②跑道分类

按其作用不同,跑道分为主要跑道、辅助跑道、起飞跑道3种。主要跑道是指在条件许可时比其他跑道优先使用的跑道,按最大机型的要求修建,长度较长,承载力也较高。辅助跑道也称次要跑道,是指因受侧风影响,飞机不能在主跑道上起飞着陆时起降用的跑道,由于飞机在辅助跑道上起降都有逆风影响,所以其长度比主要跑道短。起飞跑道是指仅供起飞用的跑道。

图 6.37　美国休士顿国际机场

图 6.38　广州白云机场鸟瞰图

③跑道长度

主跑道的长度需满足主要设计机型的运行要求,按预测航程计算的最大起飞质量、机场海拔高程、机场基准温度与风速、跑道坡度与跑道表面特性等数据进行计算,选择最长的跑道长度。

决定机场跑道长度的条件还有(见图 6.39):a.全发正常起飞距离;b.一发失效起飞距离;c.加速-停止距离;d.着陆距离。

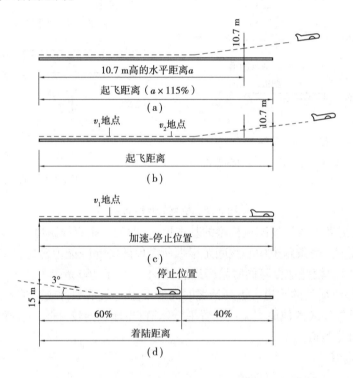

图 6.39　机场跑道长度的限制条件

④机场跑道宽度

机场跑道宽度须不小于表 6.11 中规定的值。

表 6.11　跑道宽度

单位:m

飞行区指标 I	飞行区指标 II					
	A	B	C	D	E	F
1 *	18	18	23	—	—	—
2 *	23	23	30	—	—	—
3	30	30	30	45	—	—
4	—	—	45	45	45	60

注:飞行区指标 I 为 1 或 2 的精密进近跑道的宽度应不小于 30 m。

⑤跑道强度

机场的跑道、滑行道和停机坪都需要铺设道面结构,供飞机起飞、着陆、滑行和停放使用。道面结构类型按面层所用材料的不同,可以分为柔性道面(沥青混凝土面层)和刚性道面(水泥混凝土面层)两类。与一般道路路面相同,两类机场道面的结构均可分为面层、基层和垫层 3 个层次。在机场道面加铺工程中,经常采用复合道面结构,即在原水泥混凝土板上铺筑沥青混凝土的道面。

跑道强度应能满足使用该跑道的飞机的运行要求。当飞机等级号(ACN)等于或小于道面等级号(PCN)时,能在规定胎压和飞机的最大起飞质量的条件下使用该道面。当飞机等级号(ACN)大于道面等级号(PCN)时,在满足下述条件可有限制地运行:

a.道面没有呈现破坏迹象,土基强度未显著减弱期间;

b.对柔性道面,飞机的 ACN 不超过道面 PCN 的 10%;对刚性道面或以刚性道面为主的组织道面,飞机的 ACN 不超过道面 PCN 的 5%;

c.年超载运行的次数不超过年总的运行次数的 5%。

⑥跑道的表面特性

跑道表面必须具有良好的摩阻特性,其平均纹理深度需不小于 0.8 mm。跑道表面应具有良好的平坦度,用 3 m 直尺测量时的最大空隙须小于 3 mm。

⑦辅助用的道路设施

a.跑道道肩。它是作为跑道和土质地面之间过渡用,以减少飞机一旦冲出或偏离跑道时损坏的危险,也减少雨水从邻近土质地面渗入跑道下的土基基础的作用,确保土基强度。道肩一般用水泥混凝土或沥青混凝土筑成,由于飞机一般不在道肩上滑行,所以道肩的厚度比跑道要薄一些。

b.停止道。停止道设在跑道端部,供飞机中断起飞时安全停住用。设置停止道可以缩短跑道长度。

c.机场升降带土质地区。跑道两侧的升降带土质地区,主要保障飞机在起飞着陆滑跑过程中一旦偏出跑道时的安全,不允许有危及飞机安全的障碍物。

d.跑道端的安全区。设置在升降区两端,用来保障起飞着陆的飞机偶尔冲出跑道以及提前接地时的安全。

e.净空道。机场设置净空道,确保飞机完成初始爬升高度。净空道设在跑道两端,其土地由机场当局管理,以确保不会出现危及飞机安全的障碍物。

（2）滑行道与停机坪

①滑行道

供飞机从飞行区的一部分通往其他部分用。滑行道的种类有 5 种:包括进口滑行道、旁通滑行道、出口滑行道、平行滑行道、联络滑行道。

②停机坪

停机坪是设在航站楼前的机坪。供客机停放、上下旅客、完成起飞前的准备和到达后各项作业用。飞机场的机坪主要有等待坪和掉头坪。前者供飞机等待起飞或让路而临时停放用,通常设在跑道端附近的平行滑行道旁边。后者则供飞机掉头用,当飞行区不设平行滑道时,应在跑道端部设掉头坪。

（3）旅客航站楼、机场停车场、机场维护区

航站楼供旅客完成从地面到空中或从空中到地面转换交通方式使用,是机场的主要建筑。如图 6.40 所示为上海浦东国际机场航站楼,图 6.41 给出了航站楼的旅客和行李主要流程。

图 6.40　上海浦东国际机场航站楼

机场停车场设在机场的航站楼附近,停放车辆很多且土地紧张时宜用多层车库。

机场维护区是飞机维修,供油设施、空中交通管制设施、安全保卫设施、救援和消防设施、行政办公区等设置的地方。

3）民用机场净空要求

为保障飞机的起降安全,规定了几种障碍物限制面(见图 6.42 和图 6.43)用以限制机场及其周围地区障碍物的高度。

图中"升降带"指跑道及其毗连地带;"进近面(或称进场面)"指在跑道二端特定的倾斜面;"水平面"指在航空站或飞行场及紧邻区域上一定高度的水平面;"过渡面(或称转接面)"指自进近面之两边及自进近面内边两端引延与跑道中心线平行的直线向外斜上与水平面相交接成的倾斜面;"锥形面"指从内水平面的周围向外上斜 1/20 的坡度延伸所构成的圆锥斜面。其中的"内水平面"是指高出机场两端入口中点平均高程 45 m 的一个水平面;其周边范围为以跑道入口中点为圆心,按半径 4 000 m 画出的圆弧,两个圆弧以公切线相连。

复飞面用于精密进近跑道,为梯形斜面,其起端位于跑道入口向后一定距离处,按规定的起端宽度和斜率在两侧内过渡面之间向两侧散开,并以规定的坡度向前向上延伸,直至与内水平面相交。

起飞爬升面其起端位于跑道端外一定距离处,按规定的起端宽度和斜率向外向上扩展到末

端宽度,然后在规定的起飞爬升面总长度内维持这一宽度。

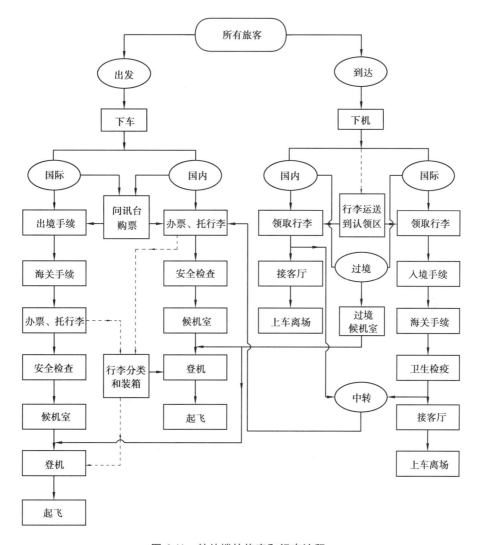

图 6.41　航站楼的旅客和行李流程

各个障碍物限制面的尺寸要求,随飞机是起飞或是降落,以及降落时采用的进近程序的不同而已。按进近程序的不同,可将跑道分为:非仪表跑道(用目视进近程序运行的跑道)、非精密进近跑道(装有目视助航设备和一种至少能为直接进近提供方向性引导的非目视助航设备的仪表跑道)和精密进近跑道(装有仪表着陆系统和目视助航设备的仪表跑道)3 种跑道。其中精密进近跑道根据仪表决断高度和跑道视程的不同又分为Ⅰ类、Ⅱ类和Ⅲ类。进近跑道和起飞跑道的障碍物限制面的尺寸和坡度应符合民用机场的相关设计规范要求。

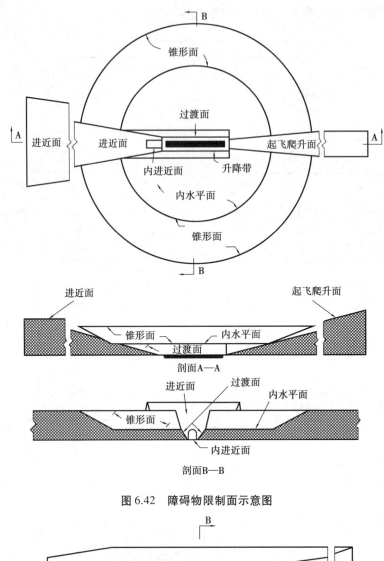

图 6.42　障碍物限制面示意图

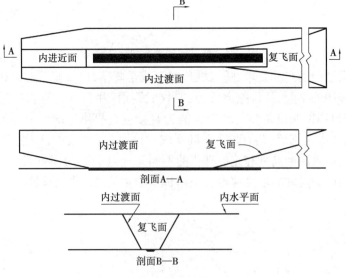

图 6.43　内进近面、内过渡面、复飞面的障碍物限制面

当跑道要在两个方向都能起飞或着陆时,则障碍物限制面的尺寸应按严格的要求进行控制。当机场有几条跑道时,应按表列规定分别确定每条跑道的障碍物限制面,而对其重叠部分,按严格的要求进行控制。

6.4.4 机场工程建设程序与运营管理

1)机场工程建设程序

民用机场的规划与建设应当符合全国民用机场布局规划。民用机场及相关空管工程的建设应当执行国家和行业有关建设法规和技术标准,履行建设程序。

运输机场工程建设程序一般包括:新建机场选址、预可行性研究、可行性研究(或项目核准)、总体规划、初步设计、施工图设计、建设实施、验收及竣工财务决算等。

空管工程建设程序一般包括:预可行性研究、可行性研究、初步设计、施工图设计、建设实施、验收及竣工财务决算等。

运输机场工程按照机场飞行区指标及投资规模划分为 A 类和 B 类。A 类工程是指机场飞行区指标为 4E(含)以上且批准的可行性研究报告总投资 2 亿元(含)以上的工程。B 类工程是指机场飞行区指标为 4E(含)以上且批准的可行性研究报告总投资 2 亿元以下的工程,以及机场飞行区指标为 4D(含)以下的工程。

运输机场专业工程是指用于保障民用航空器运行的、与飞行安全直接相关的运输机场建设工程以及相关空管工程,其目录由国务院民用航空主管部门会同国务院建设主管部门制定并公布。其中机场规划分为以下 4 个阶段:

第 1 阶段:确定机场的设施要求。包括:现状调研、航空运输需求预测、需求-容量分析、确定所需的设施、环境影响的研究等。

第 2 阶段:场址选择。场址选择是从环境、地理、经济和工程观点出发,寻找一块其尺寸足够容纳各项机场设施而位置适中的场地。选择场址最重要的是对各候选机场场址进行正确的评价,包括:可利用空域;净空要求是否满足;对周围环境和发展的影响;场址的物理特性;接近航空业务需求点;现有出入机场地面交通系统;现有公用设施的可利用程度;土地价格等。

第 3 阶段:机场总平面图。

第 4 阶段:财务计划。

2)运营管理

(1)管理组织机构

根据相关规定,机场必须持有机场使用许可证方可开放使用。机场管理部门的主要职责包括:

①建设、管理好机场,保障机场安全、正常运行,为所有航空运输企业、通用航空企事业和其他部门的飞行活动提供服务。

②为旅客提供服务。

③为驻机场各单位提供工作和生活服务。

机场管理机构必须按照机场所具备的条件,保证各种设施、设备处于正常使用状态。

运营管理涉及 3 个方面:空侧运行、陆侧运行、航站楼设施。图 6.44 为机场组织结构图和管理的构架,它反映了不同层次之间的关系,组织内部的交流渠道。

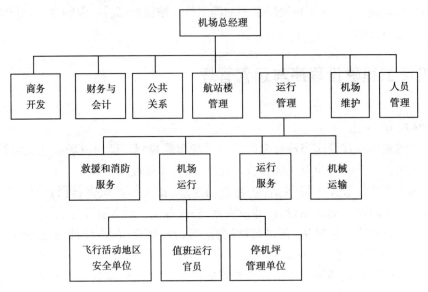

图 6.44　机场运营组织结构图

(2)飞行区运行管理

①机场道面

机场道面尤其是跑道应尽量清除污染物和碎屑以保证飞机的运行安全,这是十分必要的。必须时常评价跑道表面的状况,配备使跑道保持清洁的足够设备。

为了引导飞机在跑道、滑行道和机坪上运行,道面上用不同颜色的线条和数字作标志,以显示某些特定的功能。

②通信与导航和监视设备

通信设备包括:高频通信系统(HF)、甚高频通信系统(VHF)和选择呼叫系统(SELCAL)。

导航设备包括:甚高频全向无线电信标/测距仪系统 VOR/DME、无方向性无线电信标系统(NDB)、仪表着陆系统(ILS)、监视设备即雷达(一次雷达、二次雷达)等。

③目视助航设施包括助航灯光系统、标志和其他目视助航设施。

④地面活动包括地面运作的范围、客机坪控制等,其中对飞机的地面服务有日常维护(油料供应、车轮和轮胎、地面的动力供应、除冰和冲洗、冷热气的供应和餐食供应等其他服务)、车辆运行、人员的管理、地面活动引导和管制系统及有效控制等。

⑤机场检查与维护。检查地面故障、障碍物和杂物碎屑的活动地区;检查引导飞行的导航设备是否适用。

(3)航站楼的运营

航站楼的主要功能包括:处理旅客和行李事宜、对旅客改变运输方式需要做的准备工作、为运输方式的改变提供便利和设施,主要提供对旅客的直接服务、有关航空公司对旅客的服务,以及政府机构的活动、与旅客无直接联系的机场当局的职能和航空公司的职能。航站楼候机区域的划分如图 6.45 所示。

航站楼的管理系统包含旅客信息系统和行李系统(行李的操作、离港行李系统、进港行李系统和行李服务的衡量)。

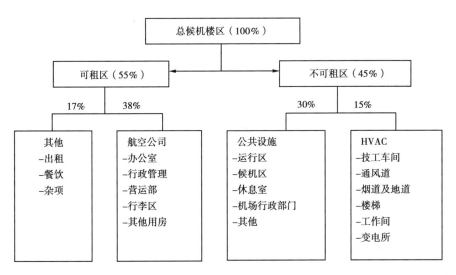

图 6.45 候机楼区域划分

机场运营管理还包含:机场地面综合交通管理和机场停车场管理,以及机场的安全管理及应急消防救援等诸多方面。

思考讨论题

1.简述运输业在国家生活中的地位和作用。

2.运输系统由哪几部分组成?

3.轨道结构由哪几部分组成?

4.我国将道路分几个等级?道路几何设计包括哪些内容?

5.道路由哪些结构层次组成?简述路基的两种常见形式。

6.简述港口的基本组成。

7.简述港口在综合交通中的基本作用。

8.简述机场的基本组成。

9.简述机场在综合交通中的基本作用。

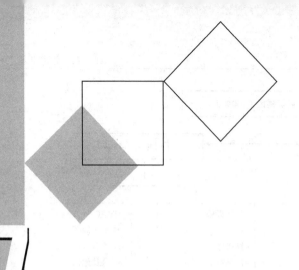

7 桥梁工程

> **本章导读：**
> - **基本要求** 了解桥梁的基本概念、作用及其建设发展情况；了解桥梁组成、分类与体系；了解桥梁学科支撑和技术内涵；了解桥梁文化概念。
> - **重点** 桥梁的发展、作用、功能及学科支撑；桥梁结构体系。
> - **难点** 桥梁结构体系。

7.1 桥梁工程概要

桥梁是土木工程的重要组成部分，是人类文明的产物，是人类社会进步与发展的重要标志。在人类生存与发展最基本的需求中，桥梁是为"行"服务的，同时也与战争、宗教、戏剧、民俗等存在千丝万缕的联系。

桥梁是指跨越江河、湖泊、山谷、海峡和道路等障碍使道路连续的人工构造物。桥梁是架空的路，通过它让行人、车辆、渠道、管线等顺利、安全通过。桥梁在道路交通及城市建设中起控制性作用，所以，桥梁被称为"道路咽喉"。

桥梁既是一种功能性的结构物，更是一座立体的造型艺术工程。桥梁往往成为一个城市或一个国家（地区）的象征。

7.2 桥梁起源及发展简况

7.2.1 桥梁起源

桥梁起源难以考证，但桥梁的出现一定与自然有关，一般认为，从倒下而横卧在溪流上的树干,衍生建造梁桥的想法(见图 7.1);从天然形成的石穹、石洞,萌发修建拱桥的想法(见图 7.2);受崖壁或树丛间攀爬和飘荡的藤蔓的启发,导致索桥的出现。

图 7.1　横卧在溪流上的树干　　　　　图 7.2　天然形成的石穹

7.2.2　古代桥发展简况

桥梁出现于新石器时代中晚期,距今已有 7 000 余年的历史。按照时间顺序,最早诞生的是木桥,接着是石梁桥、浮桥、索桥以及拱桥。中国建于公元前 1075—公元前 1046 年商纣的钜桥(多孔木梁骆驰虹桥)比古罗马建于公元前 630 年的桩柱式木桥早 400 年左右。首次出现于公元前 965 年的浑脱浮桥要比国外早 472 年。石拱桥的出现则比古罗马晚近 500 年,西班牙的六孔阿尔坎塔拉(Alcantara)石拱桥跨径达到 28 m,比建于公元 605 年的中国赵州桥(见图 7.3,主跨 37.02 m)早 507 年。1779 年英国建成主跨 30.65 m 的铸铁拱桥——科尔布鲁克代尔(Coalbrookdale)桥,结束了西方仅用木石造桥的历史。中国在公元 581 年—公元 600 年间建造了云南巨津铁桥,比西方结束木石造桥要早 1 200 年,但其发展远不如西方快。中国在 1631 年建成了贵州北盘江铁索桥,为西方建造铁索桥起到了示范作用,虽然西方在 1741 年(英国)才建成第一座铁链桥,但随后的发展远快于中国。

图 7.3　中国赵州桥

7.2.3　中国近代桥梁的建设与发展

1840 年的鸦片战争失败后,中国沦为半殖民地半封建的弱国,桥梁建设发展受到严重制约,为数很少的桥梁主要由西方列强派遣的工程师进行设计与施工。

在铁路桥梁方面,1888年由英国人金达设计,比利时公司施工的蓟运河桥(主跨62 m)是中国第一座具有近代水平的铁路钢桥。1905—1909年,中国工程师詹天佑主持设计建造的京张铁路以及怀来桥等桥梁获得成功,震惊西方工程界。代表性铁路桥梁有:1894年建成的京山县滦河桥(钢桁梁,主跨61 m),1911年建成的陇海线伊洛河桥(双悬臂钢桁梁,主跨90 m),1934年建成的松花江桥(我国首座公铁两用桥),1936年建成的粤汉线系列拱桥(钢筋混凝土拱桥,中国工程师设计建造),1937年9月由茅以升主持建成的钱塘江大桥(见图7.4,中国自行设计建造,1937年12月因抗战需要而炸毁,1946年抗战胜利后才得以修复)。

在民国初期,临时大总统孙中山就积极倡导修建公路,但由于国家内乱、日本侵略等影响,公路桥梁发展十分缓慢,其发展主要体现在:建设了一批具有中国特色的石拱桥,如1922年建造的12孔跨径6.1 m的山西文峪河桥,为当时最大规模的石拱桥。各地建造、改造了一批木桥,并形成了各自的特色。各地开始修建钢筋混凝土桥梁,1925年安徽建成首座跨径16m的钢筋混凝土连续梁桥;1940年,四川建成首座近代新型钢筋混凝土双悬臂梁公路大桥——通川桥(全长301 m,主跨20 m)。针对山区大跨径桥梁需要,修建了少量钢桥和悬索桥。

近代城市桥梁随着城市的迅速发展与城市交通的日益增长不断发展,出现了一批颇具特色的桥梁。1856年建成上海苏州河外白渡木桥,由于该桥不能满足交通需要,1906年拆除并由英国公司新建了外白渡钢桥(见图7.5),至今仍在使用。1887—1926年,天津在海河上相继建成6座钢结构开启桥,尤以万国桥最具特色。1929年建成的南京中山桥是中国桥梁工程师独立设计施工的代表性桥梁之一。

图7.4 钱塘江大桥

图7.5 上海外白渡桥

7.2.4 中国现代桥梁的建设与发展

中国现代桥梁建设发展经历了百废待兴时期,经济困难时期,"文化大革命"时期,改革开放时期以及经济腾飞时期。

新中国建立初期,国家百废待兴,桥梁工程建设也在其中。武汉长江大桥建设设想始于1913年,历经多次勘察设计,直至1957年在苏联专家的协助下建成长江第一桥——武汉长江大桥(见图7.6,主跨128 m钢桁梁桥,公、铁两用)。1955年和1956年,铁路与公路部门相继引进预应力技术,并设计建成陇海线新沂河桥(23.9 m预应力混凝土简支T梁)和京周公路哑巴河桥(20 m预应力混凝土简支T梁),目前预应力混凝土简支T梁已成为20~50 m梁桥的主要桥型。从1956年开始,石拱桥得到快速发展,1959年建成的湖南黄虎港桥跨径达到60 m,为该时期中国最大跨径石拱桥,同期建成的主跨63 m的河南唐河片石混凝土拱桥使中国圬工拱桥首次突破60 m。1950年代中国修建了一批悬索桥,1956年建成的四川金沙江桥跨径达92 m,

为中国第一座斜缆式吊桥。

图7.6　武汉长江大桥　　　　　　　　　图7.7　云南长虹桥

　　1960—1966年,中国处于经济困难时期,由于缺少资金及建材,圬工拱桥成为公路桥梁主要选用的桥型。1961年建成的112.5 m的云南南盘江长虹桥(见图7.7)使中国石拱桥首次突破100 m。1960年代,无锡建桥者发明了用料省、施工快速方便的双曲拱桥,并迅速得到推广,建成的河南前河桥跨径达150 m,目前仍为同类最大跨径。在该期间建成的南京长江大桥成为中国桥梁工程师的骄傲。1965年建成的主跨50 m的河南五陵卫河桥为中国第一座预应力 T型刚构桥。

　　在"文化大革命"时期,中国的工农业生产濒临瘫痪,资金和材料供应困难,桥梁建设发展受到影响。然而在该时期创造出了桁架拱桥和刚架拱桥新桥型,并得到推广;1975年建成了中国第一座试验性斜拉桥——主跨75.84 m的重庆云阳云安桥(见图7.8,现因三峡水库蓄水拆除)。1980年建成主跨174 m的 T型刚构桥——重庆长江大桥(目前仍为世界同类最大跨径桥梁)。

图7.8　重庆云阳云安桥　　　　　　　　图7.9　汕头海湾大桥

　　1979—2000年,中国进入改革开放时期,经济社会迅猛发展,桥梁建设也进入了快速发展时期。斜拉桥得到广泛推广,1982年建成的济南黄河公路斜拉桥(主跨220 m)成为中国早期斜拉桥建设的里程碑。预应力混凝土连续梁桥建设进入高潮。1991年建成的主跨400 m的斜拉桥——上海南浦大桥,标志着中国自主建设大跨径桥梁的开始,为中国桥梁在1990年代崛起奠定了基础。1994年建成的主跨452 m的广东汕头海湾大桥成为中国第一座现代悬索桥(见图7.9,混凝土加劲梁),1997年建成中国第一座现代钢悬索桥——主跨888 m的广东虎门大桥。1997年建成重庆万州长江大桥将世界混凝土拱桥最大跨径从390 m(南斯拉夫 KRK 桥)提高到420 m,至今仍为世界同类桥梁最大跨径。从1991年开始,钢管混凝土拱桥在中国得到迅猛发展,2005 年建成的主跨 460 m 的重庆巫山长江大桥至今仍为世界最大跨径钢管混凝土拱桥(见图 7.10)。2006 年建成的重庆长江大桥复线桥(见图 7.11)将世界连续刚构桥最大跨径从 301 m(挪威 stolma 桥)提高到 330 m,成为世界同类桥梁跨径新纪录。2008 年建成世界第一座超千米的斜拉桥——主跨 1 088 m 的苏通大桥(见图 7.12),成为世界斜拉桥建设新的里程碑。主跨 1 650 m 的浙江西堠门大桥建于 2009 年,该桥跨径居世界第二,为世界上最大跨度的钢箱梁悬索桥。2009 年建成的主跨 552 m 的钢桁拱桥——重庆朝天门长江大桥(见图 7.13),为世界最大跨径拱桥。

总之,中国桥梁建设已走上复兴之路,正在从桥梁大国迈向桥梁强国。

图 7.10　重庆巫山长江大桥

图 7.11　重庆长江大桥复线桥

图 7.12　苏通大桥

图 7.13　重庆朝天门长江大桥

7.3　桥梁工程学科基础与技术内涵

7.3.1　桥梁工程科学基础

桥梁工程涉及桥梁勘测、设计、施工、管养等过程。以研究上述过程的科学和工程技术称为桥梁工程学,是土木工程学的一个重要分支。桥梁工程属于科学+技术的产物。

由于结构体系与构造复杂,建设环境以及受到的作用(荷载)多样,桥梁工程需要诸多学科知识支撑,主要涉及数学、物理、化学、地质学、桥涵水文学、土质土力学、材料力学、结构力学、弹性力学、岩石力学、材料学、工程制图学、测量学、计算机科学、技术经济学、管理学等。

7.3.2 桥梁工程技术内涵

桥梁工程不仅需要诸多学科作为支撑,更需要相关技术作为前提,包括:桥梁结构设计技术,桥梁用材料的制备(如混凝土)与加工技术(如钢结构),陆地、水下、深水等桥梁基础施工技术,桥梁墩柱、桥塔及索塔施工技术,桥梁索结构制造与安装技术,桥梁主梁、主拱架设技术,桥梁结构防护与耐久性保障技术,桥梁结构检测、监测与状态评估技术,桥梁养护、加固与改造技术,桥梁施工与运营信息化管理技术等。

桥梁工程实践性非常强,相关技术并非一成不变,而是随着工程建设的不断发展而不断改进、完善。

预应力技术及施工方法的成熟、斜拉桥的复兴以及钢箱梁悬索桥的问世等,是世界桥梁工程发展中具有标志性的技术进步,为现代桥梁工程的发展奠定了基础。主要包括:

1955 年,德国工程师斯特沃尔德(Finsterwalder)运用预应力混凝土技术首创无支架悬臂挂篮施工技术,在 Baldnistin 建成拉恩(Lahn)河桥(主跨 62 m)。

1950 年代初,德国莱茵哈特(Leonhardt)教授创造了以各向异性钢桥面板代替战前钢桥上普遍采用的钢筋混凝土桥面板,减轻了自重,为现代钢桥向大跨度发展创造了条件。

1956 年,德国工程师迪辛格尔(Dishinger)在瑞典建成第一座现代斜拉桥——主跨为 182.6 m 的 Strömsund 桥。随后,莱茵哈特教授首创斜拉桥施工控制的"倒退分析法"。

1959 年,德国 StrabagAG 公司的 Wittfoht 首创用下承式移动托架(Vorschubrüstung)的施工方法建造了凯蒂格尔坡坑(KettigerHang)桥,以后又从托架上的现场浇筑混凝土发展成预制节段拼装的工法。

1959—1962 年,莱茵哈特教授等发明顶推法施工新技术,并于 1964 年建成了世界第一座用顶推法施工的总长 500 m 的委内瑞拉切里尼(Cerini)桥。

法国工程师 Muller 于 1964 年在全长 3 km 的奥雷隆(Oleron)跨海大桥中首创用上层移动支架(又称造桥机)进行预制节段的悬拼施工。

1971 年,法国工程师 Muller 将德国首创的钢斜拉桥和法国的预应力技术相结合,设计建造了采用预应力混凝土桥塔和桥面的单索面斜拉桥——主跨 320 m 的 Brottone 桥,同时首创了万吨级的盆式支座和千吨级的成品拉索。

1960 年代,英国 Freeman&Fox 公司的总工程师威克斯(Wex)所设计的主跨为 988 m 的塞文(Severn)桥,开创了流线形箱梁桥面悬索桥。目前世界最大跨悬索桥为建于 1998 年的日本明石海峡大桥(见图 7.14),主跨达 1 991 m。

图 7.14　日本明石海峡大桥　　　　　图 7.15　瑞士甘特(Ganter)桥

瑞士 Menn 教授在 1970 年代创造了连续刚构桥新桥型,并于 1979 年建成了世界第一座预应力混凝土连续刚构桥——瑞士 Fegire 桥(主跨 107 m)。1980 年,首创世界第一座矮塔斜拉桥(板拉拓)——主跨 174 m 的瑞士甘特(Ganter)桥(见图 7.15)。

7.3.3　桥梁工程建设与管养对人才的要求

一是能够将数学、自然科学、工程知识用于解决复杂桥梁工程问题。

二是能够设计针对桥梁问题的解决方案,设计满足特定需求的桥梁体系与构造、施工工艺流程以及管养要求;能够基于科学原理并采用科学方法对复杂桥梁工程问题进行研究并提出解决方案。

三是能够开发、选择与使用恰当的技术、资源、现代工程工具和信息技术工具进行桥梁建造;能够分析、评价桥梁工程建设与社会、安全、文化等的关系;能够理解和评价桥梁工程建设对环境、社会可持续发展的影响。

四是具有人文社会科学素养与社会责任感,能够在桥梁工程实践中理解并遵守工程职业道德和规范,履行责任;能够在多学科背景下的团队中承担个体、团队成员或负责人的角色。

五是能够与桥梁界同行及社会公众进行有效沟通和交流,具备一定的国际视野,掌握桥梁工程管理原理与经济决策方法,具有自主学习和终身学习的意识。

7.4　桥梁组成、分类与功能

7.4.1　桥梁的组成

桥梁由桥跨结构(上部结构)和下部结构组成,如图 7.16 所示。

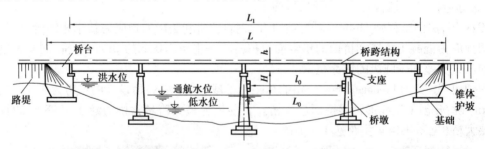

图 7.16　桥梁组成

桥梁桥跨结构是道路遇到河流、海峡、山谷、道路等障碍中断时的跨越结构物,由主结构(梁式、拱式、斜拉、悬索等)和桥面系组成。其中桥面系包括:

①行车道铺装(也称桥面铺装):设置于行车道上,用于防止桥梁主结构受到磨损,同时起到分散车轮荷载的作用。

②人行道:设置在桥面两侧,供行人使用。

③栏杆(或防撞栏杆):设于桥面或人行道边缘,用于保护行车、行人安全。

④排水防水系统:排水系统用于迅速排除桥面积水;防水系统用于防止桥梁主结构受到渗

水侵蚀。

⑤伸缩缝:设于桥跨结构之间和桥跨结构与桥台端墙之间,用于保证桥跨结构在各种因素作用下的自由变位。

⑥照明设施:设置于城市桥梁上,用于桥梁夜间照明。

桥梁下部结构包括:

①桥墩:设于河中或岸边,用于支撑桥跨结构。

②桥台:设于桥梁两端,用于支撑桥跨结构,并起桥台后路堤挡土墙作用。

③基础:设于桥墩、桥台底部,将经桥墩、桥台传下的荷载传至地基。

④支座系统:设于桥跨结构与桥墩、桥台之间,将上部结构荷载传至桥墩、桥台,同时保证桥跨结构在各种因素下自由变位的功能。

7.4.2　桥梁的分类

根据不同的观测点,桥梁具有多种分类方式:

①按用途不同,桥梁分为公路桥、铁路桥、公(路)铁(路)两用桥、农用桥、人行桥、渡槽桥等。

②按照桥梁全长和跨径不同,并根据现行桥梁规范,桥梁分类见表7.1。

表 7.1　桥梁按全长和跨径分类

桥梁分类	多孔跨径总长 $L(m)$	单孔跨径 $L_k(m)$
特大桥	$L>100$	$L_k>150$
大桥	$100 \leqslant L \leqslant 1\,000$	$40 \leqslant L_k \leqslant 150$
中桥	$30 \leqslant L \leqslant 100$	$20 \leqslant L_k \leqslant 40$
小桥	$8 \leqslant L \leqslant 30$	$5 \leqslant L_k \leqslant 20$
涵洞	—	$L_k<5$

③根据桥梁主要承重结构所用材料的不同,桥梁分为圬工桥梁(包括砖、石、混凝土)、钢筋混凝土桥梁、预应力混凝土桥梁、钢桥和木桥等。

④按照跨越障碍的性质分类,桥梁包括跨河桥、跨线桥、立交桥、高架桥和栈桥等。

⑤根据桥梁结构受力体系不同,桥梁分为梁式桥、拱式桥、缆索承重桥等。

7.4.3　桥梁功能

桥梁的主要功能在于交通,其次在于景观。公路、城市桥梁为车辆和人群通行服务,城市轨道交通、铁路桥梁为列车(图7.17)通行服务。同时,桥梁也可作为管道、渠道的载体。城市、景区桥梁还具有景观功能。桥梁设计时需要充分考虑可能受到的作用(荷载)。

按照相应规定,公路、城市桥梁应考虑永久作用(恒载)、可变作用(荷载)和偶然作用(荷载)(详见表7.2);城市轨道交通、铁路桥梁应考虑恒载、活载、无缝线路纵向水平力、附加力、特殊荷载等(详见表7.3)。

图 7.17　铁路桥梁

表 7.2　公路、城市桥梁作用分类

作用分类	作用名称
永久作用 （恒载）	结构重力（包括结构附加重力）
	预加力
	土的重力
	土侧压力
	混凝土收缩及徐变作用
	水的浮力
	基础变位作用
可变作用 （活载）	汽车荷载（分为公路Ⅰ级、公路Ⅱ级）
	汽车冲击力
	汽车离心力
	汽车引起的土侧压力
	人群荷载
	汽车制动力
	风荷载
	流水压力
	冰压力
	温度（均匀温度和梯度温度）作用
	支座摩阻力
偶然作用	地震作用
	船舶或漂流物的撞击作用
	汽车撞击作用

表 7.3 城市轨道交通、铁路桥梁作用分类

荷载分类		荷载名称
主力	永久作用（荷载）	结构自重
		附属设备和附属建筑自重
		预加应力
		混凝土收缩及徐变影响
		基础变位的影响
		土压力
		静水压力及浮力
	可变作用（活载）	列车竖向静活载
		列车竖向动力作用
		列车离心力
		列车横向摇摆力
		列车竖向静活载产生的土压力
		公路或城市桥梁活载
		人群荷载
	无缝线路纵向水平力	伸缩力
		挠曲力
附加力		制动力或牵引力
		风力
		温度影响力
		流水压力
		救援、检修列车荷载
		顶梁荷载
特殊作用		无缝线路断轨力
		船只或汽车的撞击力
		地震力
		施工临时荷载
		列车脱轨荷载
		列车脱轨水平撞击力

7.5 桥梁结构体系与布置

7.5.1 梁式桥

梁式桥是一种在竖向荷载作用下无水平反力的结构。由于梁式桥主要承受竖向作用(恒载和活载等),故以受弯为主,需要抗弯能力强的材料(如钢筋混凝土、预应力混凝土、钢等)来建造。

按行车道位置的不同,梁式桥也分为上承式桥和下承式桥。一般情况下,公路梁式桥桥面布置在主梁顶面,称为上承式桥。桥面布置在主梁下缘时称为下承式桥。

常用的梁式桥包括:钢筋混凝土和预应力混凝土简支梁(板)桥、钢筋混凝土和预应力混凝土连续梁(板)桥、预应力混凝土连续刚构桥、钢桁梁桥等(见图7.18)。

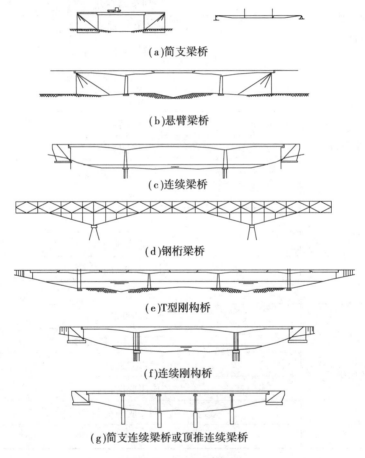

(a)简支梁桥

(b)悬臂梁桥

(c)连续梁桥

(d)钢桁梁桥

(e)T型刚构桥

(f)连续刚构桥

(g)简支连续梁桥或顶推连续梁桥

图 7.18 梁式桥示意图

按照结构受力体系不同,梁式桥又分为简支梁桥、连续梁桥、悬臂梁桥、连续刚构桥等。图 7.19 为加拿大联盟桥。

图 7.19   加拿大联盟桥(连续刚构桥)

7.5.2   拱式桥

拱式桥的主要承重结构是拱圈(图 7.20)。在竖向作用(恒载和活载等)下,拱的两端支承处(拱脚处)除有竖向反力、弯矩(无铰拱)外,还有水平推力(图 7.20b),正是该水平推力的存在,显著降低了竖向作用所引起的拱圈弯矩。因此,拱内以受压为主,相对于同等跨径梁桥,拱内弯矩要小得多,所以,抗压能力强但抗拉能力弱的圬工材料(如砖、石、混凝土)和钢筋混凝土可用于建造拱圈。

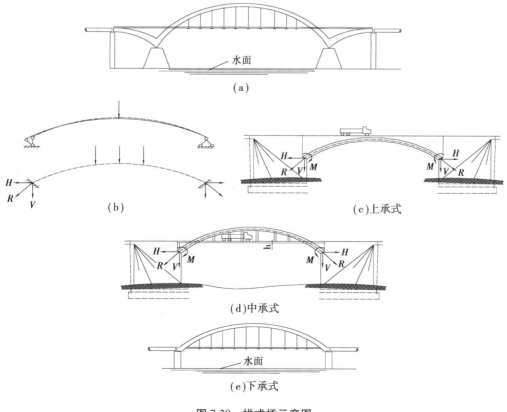

图 7.20   拱式桥示意图

　　按照行车道处在拱结构立面位置的不同,拱桥分为上承式(图 7.20c)、中承式(图7.20d)和下承式(图 7.20e)。

　　上承式拱桥的桥跨结构由主拱圈(肋)及其拱上建筑所构成。拱圈是拱桥的主要承重结构,承受桥上的全部荷载,并通过它把荷载传递给墩台及基础。行车道系与主拱圈之间需要有传递荷载的构件和填充物,这些主拱圈以上的行车道系和传载结构或填充物称为拱上建筑。拱上建筑可做成实腹式(图 7.21)或空腹式(图 7.22),相应称为实腹式拱和空腹式拱。

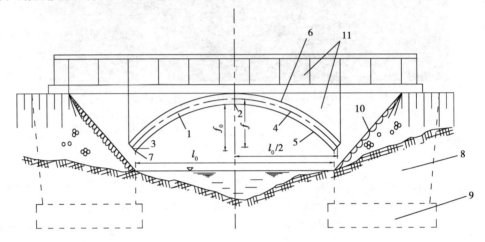

图 7.21　实腹式拱桥

1—主拱圈;2—拱顶;3—拱脚;4—拱轴线;5—拱腹;6—拱背;7—起拱线;

8—拱台;9—拱台基础;10—锥坡;11—拱上建筑;

l_0—净跨径;l—计算跨径;f_0—净矢高;f—计算矢高;f/l—矢跨比

　　根据主拱圈材料不同,拱桥结构包括圬工拱桥、钢筋混凝土拱桥、钢管混凝土拱桥和钢拱桥。

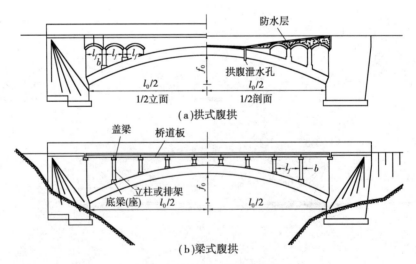

图 7.22　空腹式拱桥构造

图 7.23 为当时世界最大跨径混凝土拱桥——重庆万州长江大桥。

图 7.23　重庆万州长江大桥

7.5.3　缆索承重桥

1)斜拉桥

　　斜拉桥又称斜张桥(图 7.24),由斜拉索、桥塔和主梁组成,斜拉桥利用高强钢材制成的多根斜拉索将主梁托起,主梁的恒载和其他作用通过斜拉索传至桥塔,再通过桥塔基础传至地基,由此,主梁犹如一根多点弹性支承的连续梁一样工作,而且斜拉索拉力的水平分量又构成主梁的"免费"预压应力,从而使主梁尺寸大大减小,结构自重显著减轻,既节省了结构材料,又大幅度增大了桥梁的跨越能力。此外,斜拉桥的结构刚度要比悬索桥大,因此,在相同的荷载作用下,结构的变形小,而且抵抗风振的能力也比悬索桥好,这也是斜拉桥在可能达到的跨越能力情况下比悬索桥优越的重要因素。

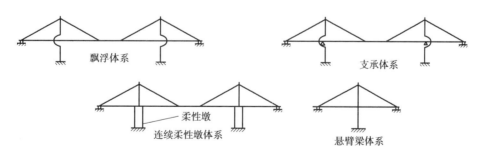

图 7.24　斜拉桥示意

　　斜拉桥跨径布置应考虑全桥刚度、拉索疲劳强度、锚固墩承载能力等因素,现代斜拉桥最典型的跨径布置形式为双塔三跨式与独塔双跨式,也可以布置成独塔单跨式、双塔单跨式或无塔单跨式(一种非正统斜拉桥)及多塔多跨式,甚至是混合式。

　　图 7.25 为法国米洛大桥(多塔斜拉桥)。

图 7.25　法国米洛大桥

2）悬索桥

悬索桥又称吊桥,是最古老的桥梁形式之一,通常由索塔、锚碇、主缆、吊杆及加劲梁组成(图 7.26)。

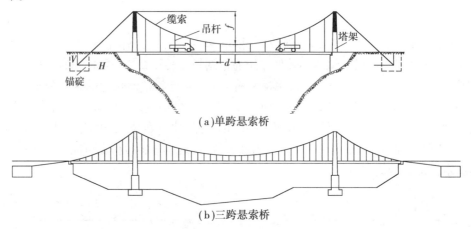

（a）单跨悬索桥

（b）三跨悬索桥

图 7.26　悬索桥示意

传统的悬索桥均用悬挂在两边索塔上的强大缆索作为主要承重结构,加劲梁自重及其他作用通过吊杆使缆索承受拉力,因此,悬索桥也是具有水平反力(拉力)的结构,需要在两岸桥台后方设置巨大的锚碇结构。现代悬索桥广泛采用高强度钢丝编制的主缆,借助钢材优异的抗拉性能,跨越其他桥型无与伦比的特大跨度。

根据体系不同,悬索桥有地锚式(外锚式)和自锚式之分。地锚式(外锚式)悬索桥主缆拉力依靠锚固体传递给地基,是悬索桥的传统结构体系,技术发展相当成熟,已经形成了美国式、英国式、日本式等几个流派。自锚式悬索桥主缆拉力水平分力直接传递给加劲梁(轴向压力)承受,竖直分力(较小)由端支点承受,布置如图 7.27 所示。

图 7.28 为美国金门大桥。

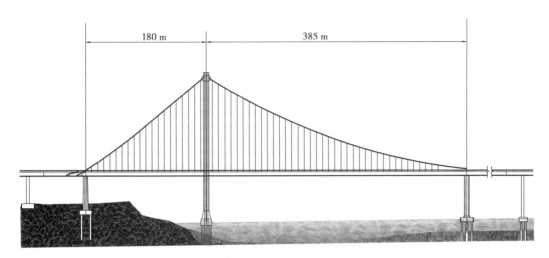

图 7.27　主跨 385 m 的自锚式悬索桥(美国旧金山)

图 7.28　美国金门大桥

7.5.4　组合体系桥

根据结构的受力特点,由上述不同体系组合而成的桥梁称为组合体系桥。如梁拱组合桥、斜拉桥与刚构组合桥、斜拉桥与悬索桥组合桥(吊拉组合桥)等。

重庆菜园坝长江大桥是国内首座特大公路、城市轨道两用拱桥。上层桥面设六线汽车行车道加双侧人行道,城—A 级荷载,下层桥面为跨座式单轨交通。

重庆菜园坝长江大桥首创组合式刚构-系杆拱式桥梁结构体系(图 7.29)。为了提高结构的整体效率,重庆菜园坝长江大桥主桥在三个层面上使用了"组合"技术,即:在材料上,将混凝土与钢组合以提高材料使用效率;在直接承受活载的梁体设计中将正交异性桥面板与桁架钢梁组合以提高梁体承载效率;在主体承载结构设计中将预应力混凝土"Y"形刚构与提篮钢箱系杆拱

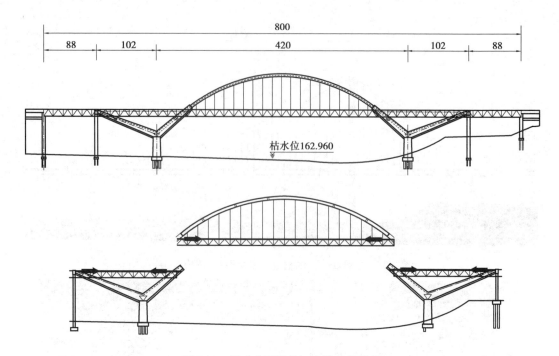

图 7.29　重庆菜园坝长江大桥总体布置

组合以提高主体结构跨越能力。

　　重庆菜园坝长江大桥坚持效率是美的设计理念,采用三大关键技术,即:材料与结构组合技术,组合式桁架钢梁大节段设计、制造、运输、吊装技术以及分离式系杆-主动控制技术,创造性地设计了组合式公轨两用刚构-系杆拱特大桥梁体系,为同类桥梁提供了新的结构体系。图7.30所示为夜幕中的菜园坝长江大桥。

图 7.30　夜幕中的重庆菜园坝长江大桥

7.6 桥梁施工方法

桥梁施工分为桥梁基础施工、桥梁墩台施工、桥梁上部结构施工几部分。图 7.31 示出了桥梁施工主要方法。

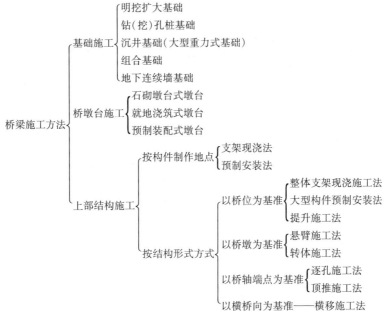

图 7.31 桥梁施工方法

以 5 跨连续刚构桥为例,采用自墩顶开始采用挂篮现浇或预制拼装形成主梁,然后按照设计顺序进行合龙,最终成桥。图 7.32 为某连续刚构桥形成过程示意图。

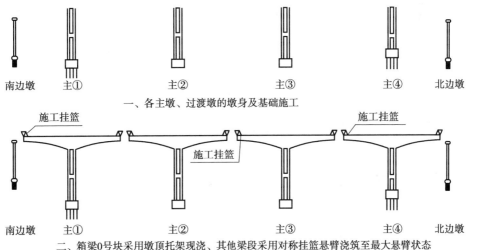

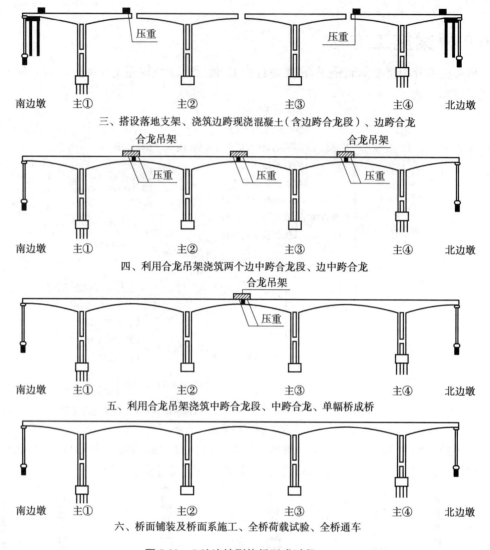

三、搭设落地支架、浇筑边跨现浇混凝土（含边跨合龙段）、边跨合龙

四、利用合龙吊架浇筑两个边中跨合龙段、边中跨合龙

五、利用合龙吊架浇筑中跨合龙段、中跨合龙、单幅桥成桥

六、桥面铺装及桥面系施工、全桥荷载试验、全桥通车

图 7.32　5 跨连续刚构桥形成过程

7.7　桥梁工程建设程序与运营管理

7.7.1　桥梁工程建设程序

（1）项目立项

桥梁建设业主提出项目建议书报相关部门批准立项。

（2）工程可行性研究

针对桥梁工程项目建设必要性、建设标准与规模、建设方案与技术可行性、经济合理性等进行研究,同时提出专项评估报告(行洪、通航、环境、抗震等)和投资估算,报相关部门审批。

（3）设计

桥梁工程设计包括概念设计（方案设计）（Conceptual Design）、初步设计（Preliminary Design）、技术设计和施工图设计（Execution Design）。根据桥梁工程项目规模大小、重要程度等不同，可以采用不同的设计阶段：一阶段设计（扩大的初步设计作为施工图设计）、两阶段设计（初步设计+施工图设计）或三阶段设计（初步设计+技术设计+施工图设计）。概念设计通常在工程可行性研究中进行，其他各设计阶段主要内容为：

①初步设计：桥梁工程初步设计的依据是经专家论证并得到主管部门批准的工程可行性研究报告、业主下达的设计任务书（委托书）以及业主与设计单位签订的设计合同、国家标准、行业规范等。设计任务书就桥位、建桥标准、建桥规模等控制性要求作出规定。

②技术设计：技术设计根据初步设计批复意见，对重大、复杂的技术问题通过科学试验、专题研究，进一步勘探、分析比较，解决初步设计中未解决的问题，落实技术方案，提出修正的施工方案等。为施工图设计提供依据。

③施工图设计：根据批准的初步设计文件（对两阶段设计）或技术设计文件（对三阶段设计），根据设计合同、施工需要的补充钻探（称"施工钻探"），进一步对所审定的修建原则、设计方案、技术决定加以具体化，绘制施工详图供施工使用，最终确定各项工程数量，提出施工组织设计和施工图预算。

（4）施工招标

通过招标选定施工单位和监理单位，签订相关合同。

（5）施工准备

办理桥梁工程建设需要的规划、用地、施工、航道等许可证，工程质量安全报监。

（6）施工

按照桥梁工程设计文件及相关规范进行工程施工。

（7）验收与交付使用

对桥梁工程进行竣工验收、档案移交并交付使用。

7.7.2　桥梁运营管理

桥梁由于结构体系和构造多样，受到的影响因素众多，结构受力复杂，不仅建设难度及安全风险大，长期使用安全风险更高，需要对桥梁运营实施有效的管理。为此，从中央到地方均针对公路桥梁、城市桥梁、铁路桥梁等配备了相应的桥梁运营管理机构与队伍，制定了相应的使用管理办法和养护技术规范。桥梁运营管理的主要内容包括使用管理、养护管理、安全管理、应急管理等。

7.8　桥梁文化

7.8.1　文化与桥梁文化含义

桥梁文化是在人与桥的关系中以桥梁为载体而产生的文化现象和文化规律。桥梁不仅有交通功能，也是一件艺术品，自古就与文化相辅相成，起着传承人类历史与社会文明的作用。桥梁文化具有深刻的自然、历史、人性渊源。古代人们为了狩猎、迁徙需要,利用自然条件和智慧修建桥梁,赋予了桥梁以精神寄托。桥梁具有实用功能、艺术功能及深厚的文化底蕴,涉水渡桥,自然功能;涉险设桥,攻防功能;涉难思桥,寄情功能。因此,千百年来,人们始终思着桥、颂着桥、爱着桥。中国自古就有桥的国度之称,发展于隋,兴盛于宋。

7.8.2 桥梁文化的体现形式

著名土木工程学家茅以升先生眼中的桥:桥梁是这样一种建筑物,它或跨过惊涛骇浪的汹涌河流,或在悬崖断壁间横越深渊险谷,但在克服困难、改造了大自然以后,它便利了两岸的往来,又不阻挡山间水上的原有交通。

在桥梁发展的数千年中,人们从各个角度创造着桥梁文化。如桥梁建筑艺术、桥联、桥碑、桥名、桥画、桥邮、桥梁摄影、桥梁书法、桥梁科学技术与理论、桥梁社会科学理论(桥梁社会学、桥梁经济学、桥梁民俗学、桥梁哲学)、桥梁专著、桥梁科技论文、技术专利、桥梁文学作品、桥梁影视作品、桥梁旅游纪念品、桥梁网站等。

桥梁文化是社会文化的组成部分,分为3种形态:物质形态的桥梁文化、行为形态的桥梁文化以及精神形态的桥梁文化。

(1)桥梁文化的物质体现

桥梁文化的物质体现主要在于:桥梁结构形式、桥梁雕饰、桥梁文化建筑、桥梁科学技术、桥梁使用管理制度等。

(2)桥梁文化的精神力量

桥梁忍辱负重、默默奉献的精神始终是人们学习的榜样;相对于各时期,桥梁均为一项系统工程,建桥体现出的团结协助、不畏艰险、科学及创新,以及征服大江大河的英雄主义精神,始终是促进社会进步的精神正能量。

以"桥"为载体的电影也是人们的重要精神食粮,如《廊桥遗梦》——表现了摄影师与村姑的不了情,《卡桑德拉大桥》——开向死亡的列车,《金门大桥》——自杀者向往之桥。

以"桥"为载体的诗歌、成语、俗语等同样给予人们极大精神享受和心灵净化,如"一桥飞架南北,天堑变通途"(毛泽东);缩千里为咫尺 联两地成一家(对联);桥孔里挑扁担——担当不起(谚语);我走过的桥比你走过的路还多(俗语);灞桥折柳(猜:成语,谜底:别有用心)。

传说每年七夕,喜鹊在银河上架起鹊桥,让牛郎和织女得以相见。寄托对美好爱情的追求和歌颂。

重庆丰都鬼城名山寥阳殿前奈何桥,距今500余年。传说人死后魂都要过奈河桥,善者顺利过,恶者被打入血河池受罪。可见奈何桥为阴阳分界桥,体现生死离别。"谁若97岁死,奈何桥上等三年"体现了永不分离的愿望。桥梁及象征性被用来在人与鬼、生与死之间建立联系或形成过渡与中介。奈何桥的传说提醒人们:人须断恶行善!

(3)桥梁社会文化

古代有全民为建桥捐款、出义工的社会公德,因此,古桥更有文官下轿,武官下马的规定。现代的民工建勤修桥制度也源于此。体现了古桥伦理文化。

古代桥梁经费筹措、管理、使用,桥梁施工、维修管理,古桥建设中的设关卡、设驿站、设码头、设寺庙、设桥亭、建城镇、建市场、建戏台都有特定的方法和规定。体现了古桥的组织管理文化。

从政者专注于创造桥梁政治文化。"桥梁,王政之一事也。"当政者亲自主持造桥是一种优秀的政治文化传统。如今,桥梁建设仍是重要的民心工程。

(4)桥梁宗教文化

宗教无不在桥梁上留下文化印记。宗教信徒们为造桥捐款都会在桥上、桥碑留下信士大名。桥梁上莲花石刻属于佛教文化;八仙纹样属于道教文化。儒教文化在桥文化中也有体现。中国有"三教同源"之说,中国古桥更有三教同桥的文化现象。

学习、了解桥梁文化的意义在于搭建通往桥梁文化传统的津梁,感悟现代桥梁文化的走向,展开通向广阔文化空间的道路,继承创新桥梁文化之美。

思考讨论题

1.简述桥梁的发展历程。

2.简述桥梁在道路交通与城市建设中的地位与作用。

3.简述桥梁组成与分类以及学科技术支撑。

4.桥梁结构体系主要有哪些?

5.桥梁有哪些主要施工方法?

6.简述桥梁文化的体现与作用。

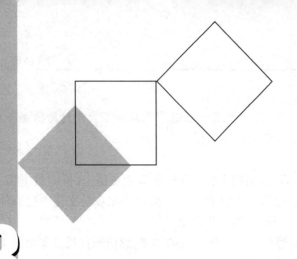

8 隧道及地下工程

本章导读：

● **基本要求**　了解隧道及地下工程对公路、铁路、城市交通、水利水电以及城市建设发展的重要性；了解隧道及地下工程技术内涵及相关因素；了解隧道及地下工程类别、组成与功能要求；了解隧道及地下工程建设程序与运营管理内容。

● **重点**　隧道及地下工程对公路、铁路、城市交通、水利水电以及城市建设发展的重要性，隧道及地下工程技术内涵及相关因素。

● **难点**　隧道及地下工程技术内涵及相关因素。

8.1　隧道及地下工程概要

隧道及地下工程属于修建在地层中的结构物，隧道及地下工程以其基本不占用地面土地资源的突出优势，在当今面临"人口增长、资源短缺、环境恶化"的三大挑战中，发挥着越来越重要的作用，因此被广泛应用于公路、铁路、矿山、水力、市政和国防等工程。隧道的产生和发展与人类的发展密切相关，大致分为如下4个时代：

①从人类的出现到公元前3000年的新石器时代，隧道被人类用来防御自然灾害的威胁，主要借助兽骨、石器等工具在自身稳定的地层中开挖成，属于隧道的原始时代。

②从公元前3000年到5世纪的文明黎明时代，隧道主要是为生活和军事防御而修建，并为现代隧道开挖技术奠定了基础，被认为是隧道的远古时代。

③从5世纪到14世纪的1 000年左右的欧洲文明低潮期，建设技术发展缓慢，隧道处于技术没有显著进步的中世纪时代。

④从16世纪以后的产业革命开始，并随着炸药的发明和应用，加速了隧道技术的发展，其应用范围也迅速扩大，隧道进入近、现代发展时期。

据资料记载,世界上最早的隧道是公元前 2200 年,巴比伦国王为连接宫殿和神殿而修建的隧道。我国最早的交通隧道是位于陕西汉中县的"石门"隧道,建于公元 66 年,供马车和行人通行。

14 世纪,火药的发明并用于隧道开挖,获得极大成功。1818 年,布鲁塞尔(Brunel)发明了盾构。意大利物理学家欧拉顿(Erardon)提出了以压缩空气平衡软弱地层涌水压力防止地层坍塌的方法后,英国的科克伦(Co-Chrane)利用这个原理,发明了用压缩空气开挖水底隧道的方法。第一次应用压缩空气和盾构修建水底隧道是 1896 年由英国人格雷特黑德(Greothead)实现的。在欧洲自贯穿阿尔卑斯山的新普伦隧道建设开始,最先开始应用凿岩机和硝化甘油(TNT)炸药来开挖岩石隧道。

我国古代在地下工程方面具有悠久的历史和辉煌的成就,是世界上采矿工业发展最早的国家。1271—1368 年就有深达数百米的盐井,为封建统治者修建的墓穴,如长沙的楚墓、洛阳的汉墓、西安的唐墓、明十三陵之一的定陵等都是规模较大的地下工程。这些历史古迹显示出我国古代在隧道建筑方面的卓越水平。

随着社会的不断进步,隧道的用途不断扩展,成为供公路、铁路及城市交通、地下通道、越江及过海管道运输、电缆地下化、水利等不可缺少的土建结构工程。

目前,世界上已建成和在建的长度在 10 km 以上的隧道超过 40 座,最长隧道为在建的瑞士新圣哥达(St. Gotthard)隧道,长度近 58 km。截至 2016 年底,我国公路隧道共有 15 181 处,合计 1 403.97 万米,其中特长隧道 815 处、362.27 万米,长隧道 3 520 处、604.55 万米,最长为秦岭终南山隧道,长度为 18.4 km;铁路隧道则更多,西(宁)格(尔木)复线新关角隧道长度超过 32 km,为国内最长铁路隧道;随着过江、跨海通道建设发展,水下隧道不断增多,2011 年建成的胶州湾海底隧道长度达 7.8 km。

8.2　隧道及地下工程技术内涵及相关因素

隧道及地下工程是位于地层中的结构物,由于地层极为复杂,致使其设计理论、建造技术及运营维护管理与其他地面建筑物极为不同,同时其涉及计算机技术、工程力学、地质工程、机械工程、化学工程、材料工程等多复合学科。因此,到目前为止虽然国内外学者、建设者做了大量的研究与实践,取得了不少成果,但隧道及地下工程在非爆破的机械化施工、合理规划与环境保护、设计可靠合理、使用安全等方面尚有若干急需解决的技术问题:

①隧道地质勘察技术、隧道地质超前预报技术、地质类别评判技术等。

②隧道施工工艺、隧道围岩变形自动检测预警技术、机械自动喷射混凝土技术、现场衬砌拼装技术、防排水技术、长竖井施工技术、深水施工技术、富水和软岩隧道的人工冻结施工技术等。

③运营监控技术、高效节能照明技术、最佳自动风机调控技术、静电除尘技术等。

④隧道安全标准、隧道内交通标志设置技术、隧道灾害检测技术、隧道防渗漏技术、隧道降噪防光污染技术、隧道防火救援救灾逃生技术、隧道灾害处理技术等。

⑤隧道废气处理技术、废水回收处理技术、隧道区域环境及生态保护技术等。

8.3 隧道工程

8.3.1 隧道分类、基本组成及功能要求

隧道按地层不同分为岩石隧道(软岩、硬岩)、土质隧道;按所处位置分为山岭隧道、城市隧道、水下隧道;按埋置深度分为浅埋隧道和深埋隧道;按断面形式分为圆形、马蹄形、矩形等隧道;按国际隧道协会(ITA)定义的断面标准分为特大断面(100 m² 以上)隧道、大断面(50~100 m²)隧道、中等断面(10~50 m²)隧道、小断面(3~10 m²)隧道、极小断面(3 m² 以下)隧道;按车道数分为单车道隧道、双车道隧道、多车道隧道;按跨度分为特大跨度(18 m 以上)隧道、大跨度(14~18 m)隧道、中等跨度(9~14 m)隧道、小跨度(9 m 以下)隧道;按用途分为交通隧道、水工隧道、市政隧道、矿山隧道。

(1)交通隧道

交通隧道应用最为广泛,用于提供交通运输和行人通道,以满足交通线路畅通的要求,包括:a.公路隧道(见图8.1),专供汽车通行的隧道;b.铁路隧道,专供列车通行的隧道;c.水下隧道(见图8.2),修建于江、河、湖、海、洋下的隧道,供汽车或火车使用,如我国上海跨越黄浦江的水下隧道;d.地下铁道,修建于城市地层中,为解决城市交通问题的列车运输的通道,如城市地下铁道;e.航运隧道,专供轮船通行的隧道;f.人行隧道,专供行人通行的隧道。

图8.1　公路隧道

图8.2　水下隧道

(2)水工隧道

水工隧道是水利工程和水力发电枢纽的一个重要组成部分,包括:a.引水隧道,将水引入水电站的发电机组或水资源调动需要而修建的孔道,其中又分为有压隧道和无压隧道;b.尾水隧道,用于排出水电站发电机组排出的废水而修建的隧道;c.导流隧道或泄洪隧道,为水利工程中疏导水流并补充溢洪道流量超限后的泄洪需要而修建的隧道。

(3)市政隧道

在城市建设和规划中,为充分利用地下空间,将各种不同市政设施设置在地下而修建的地下孔道,称为市政隧道,包括:a.为城市自来水管网铺设系统修建的给水隧道;b.为城市污水排送系统修建的污水隧道;c.为城市能源供给(煤气、暖气、热水等)系统修建的管路隧道;d.为线

路系统修建的线路隧道;e.为战时的防空目的而修建的防空避难的人防隧道。

（4）矿山隧道

矿山隧道主要包括:a.作为地下矿区的主要出入口和主要的运输干道及用于临时支撑的运输巷道;b.为送入供掘机使用的清洁水,并将废水及积水通过泵排出洞外的给水隧道;c.用于净化巷道的空气,将巷道内废气、浊气等有害气体排出,补充新鲜空气的通风隧道。

隧道结构由主体结构和附属结构两部分组成。主体结构是为了保持围岩体的稳定和行车安全而修建的人工永久建筑物,通常指洞身衬砌和洞门构造物(见图 8.3)。洞身衬砌的平、纵、横断面的形状由道路隧道的几何设计确定,衬砌断面的轴线形状和厚度由衬砌计算决定。在山体坡面有发生崩坍和落石可能时,往往需要接长洞身或修筑明洞。洞门的构造形式由多方面的因素决定,如洞口地形地貌、山体的稳定性、美观要求以及自然环境等。附属结构物是主体结构以外的其他建筑物,如通风、照明、通讯、防排水结构、消防设施及智能控制系统等。

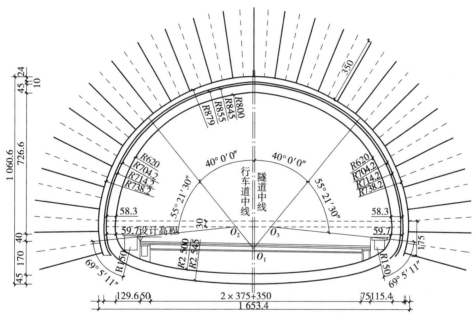

图 8.3　隧道结构

8.3.2　隧道工程的建设程序与运营管理

1)隧道工程的建设程序

隧道工程建设程序大致分为建设前期、建设准备、建设实施和竣工验收备案与保修 4 个阶段。

（1）建设前期阶段

①项目建议书。项目建设筹建单位或项目法人,根据国民经济的发展、国家和地方中长期规划、产业政策、生产力布局、国内外市场、所在地的内外部条件,提出具体项目的建议文件,是对拟建项目提出的框架性的总体设想。对于大中型项目,以及工艺技术复杂、涉及面广、协调量大的项目,还要编制可行性研究报告,作为项目建议书的主要附件之一。项目建议书是项目发

展周期的初始阶段,是国家选择项目的依据,也是可行性研究的依据,涉及利用外资的项目,在项目建议书批准后,方可开展对外工作。

②可行性研究。可行性研究包括项目概况、项目建设的必要性及有利条件、项目建设方案及内容、投资估算与资金筹措、项目实施计划和进度、组织实施与管理、结论与建议、附件及有关证明材料等内容。

③立项。立项是建设项目领域的通用词汇。建设项目已经获得政府投资计划主管机关的行政许可(原称立项批文)后,可以进入项目实施阶段。

(2)建设准备阶段

①报建。工程建设项目报建是指工程建设项目由建设单位或其代理机构在工程项目可行性研究报告或其他立项文件被批准后,须向当地建设行政主管部门或其授权机构进行报建,交验工程项目立项的批准文件,包括银行出具的资信证明以及批准的建设用地等其他有关文件的行为。

②委托规划、设计。建设单位或其代理机构委托有相应资质的设计研究单位进行项目规划、设计。

③获取土地使用权。

④拆迁、安置。

⑤工程发包与承包。

(3)建设实施阶段

①工程建设项目施工准备管理

施工准备管理通常包括技术准备、物资准备、劳动组织准备、施工现场准备和施工场外准备。

a.技术准备:技术准备是施工准备的核心。由于任何技术的差错或隐患都可能引起人身安全和质量事故,造成生命、财产和经济的巨大损失,因此必须认真地做好技术准备工作。

b.物资准备:材料、构(配)件、制品、机具和设备是保证施工顺利进行的物资基础,这些物资的准备工作必须在工程开工之前完成。根据各种物资的需要量计划,分别落实货源,安排运输和储备,使其满足连续施工的要求。

c.劳动组织准备:劳动组织准备的范围既有整个建筑施工企业的劳动组织准备,又有大型综合的拟建建设项目的劳动组织准备,也有小型简单的拟建单位工程的劳动组织准备。

d.施工现场准备:施工现场是施工的全体参加者为夺取优质、高速、低消耗的目标,而有节奏、均衡连续地进行战术决战的活动空间。施工现场的准备工作,主要是为了给拟建工程的施工创造有利的施工条件和物资保证。

e.施工的场外准备:施工准备除了施工现场内部的准备工作外,还有施工现场外部的准备工作。

②工程建设项目组织施工阶段的管理

施工阶段的管理通常包括成本、进度、质量、安全与合同等"四控制一管理"。

a.成本控制:组织招标(公开或邀请)挑选总包以外的承包商,配合预算部审核预算书(或标底),评审承包商的报价书(包括施工方案、技术措施费用),按照施工进度确认工程进度款,特殊材料、设备价格的询价和确认,工程竣工结算审核等,最后进行方案、价格、服务等多方比较,选出理想的其他专业承包商;审核施工合同,对价格及条款进行优化,达到最优最省最有利的目的;与监理单位一起对承包商的施工方案、工程质量、进度与工期、施工现场等进行监督和管理,调整相应方案以节省成本;严格审核材料、设备采购的价格。对关键、重要或特殊的材料、设备自行采购或要求承包商在采购前由我方确认,选择最优方案,这是控制成本的重要一环。

b.进度控制:制订项目总的进度计划包括"横道图"和"网络图",然后做出季度、月份工程具体进度计划与安排,公司审查其可行性,并督促施工单位严格执行,实施过程中再要求施工方提供旬进度计划,然后与现场实际核对,如有偏差时及时做对应的纠偏调整方案,以保证工程进度的实现;定期召开有关工程进度协调会或监理例会,对有关进度问题提出意见;协调工程进度款拨付问题,避免因工程款问题而停工;根据季节及天气情况调整施工计划,避免天气及自然灾害影响工程进度。

c.质量控制:在开工前,组织公开招标,选定与工程建设任务相适应的承包商,并签订工程承包合同,在合同中明确我方的质量要求及出现质量事故的处理处罚要求等;对建设项目进行全面监理,包括旁站、复线、抽检等,使工程质量完全处在公司的控制之中,有效地开展质量控制;主动控制影响质量的因素(包括人员、材料、机具、设备、施工顺序、施工环境和方法等),调动公司各部门,监督施工单位的质量行为,以口头或书面的形式提出问题、解决问题;抓好质量检验、落实检验方法,对单位工程、分部工程、分项工程及隐蔽工程组织验收,验收合格后进行下一道工序施工;审查质量问题(事故)报告,定时召开质量监理会议,定时组织相关部门进行质量检查,当施工中出现质量问题(事故),应及时引起重视,防止诱发重大的质量事故,组织专人调查分析原因及特点,并审查施工单位填写的工程问题(事故)报告单及处理方案报审单;对进场原材料、成品、半成品、构配件执行样品送检和抽样检查制度,保证工地使用的产品符合国家规范及我方要求;依据合法批准的设计图纸及施工中的设计变更、国家现行工程施工及验收规范、地方规范及标准、工程质量检验评定标准等,组织相关单位对工程质量进行综合验收及评价,督促审查施工单位整理竣工验收资料,完善工程竣工图,最后报工程质量监督部门对工程质量等级进行核验,如有不合格部分,则按要求进行整改直到符合质量及相关要求为止。

d.安全、文明施工控制:安全控制是项目控制的重点。审核施工单位施工组织设计中关于安全目标及安全保证措施,并督促其严格按照审核后的安全目标和措施执行;监督施工方对于安全的投入、安全检查制度、安全教育制度及现场的安全施工方案,多看现场,做到心里有数,对于安全隐患及时提出并及时整改,或者以通知单形式责令施工单位整改,必要时局部暂停施工,绝不能放松。制定安全检查制度,组织公司各部门对项目进行普遍检查、专业检查和季节性检查,定期或不定期查思想、查管理、查制度、查现场、查隐患、查事故处理情况等;定期或不定期召开安全文明施工专项会议,提出问题并落实解决方案、加深安全教育,将安全隐患消灭于萌芽状态之前。

建立文明施工管理和组织机构,职责落实到部门和人,并要正常开展工作,建立文明施工的规章制度和基本措施,并付诸实施,在施工组织设计中明确文明施工的规划、组织体系、职责,施工总平面规划布置要考虑文明施工的需要,严格按照施工组织设计的要求执行,经常检查、定期评比、奖惩分明、层层落实责任制,使现场保持在一个较高的文明施工水平。

e.合同管理:利用现代工程项目管理相关学科知识和技术方法,制订具有目的性、必然性、多样性、系统性和层次性的管理流程。通过对影响建设项目合同管理的目标的因素进行识别、建设环境进行分析,对工程项目建设合同管理的目标控制的原则、原理、方法及措施做出全面的系统规划,进而对建设行为状态实行跟踪控制和组织协调,从而保证对建设项目管理职能的履行,最终实现工程项目的建设目标。由项目管理部门的高级、中级及技术管理 3 个层次实现控制系统的决策、指令及执行,对管理活动做出最优化决策和指令,使每个管理过程始终逼近项目目标计划。

(4)隧道工程竣工验收备案与保修阶段

①工程竣工验收及备案

经施工单位自检合格后,并且符合相关法律法规要求后方可进行竣工验收。由施工单位在工程完工后向建设单位提交工程竣工报告,申请竣工验收,并经总监理工程师签署意见。对符合竣工验收要求的工程,建设单位负责组织勘察、设计、监理等单位组成的专家组实施验收。建设单位必须在竣工验收 7 个工作日前将验收的时间、地点及验收组名单书面通知负责监督该工程的工程质量监督机构。工程竣工验收合格之日起 15 个工作日内,建设单位应及时提出竣工验收报告,向工程所在地县级以上地方人民政府建设行政主管部门(及备案机关)备案。工程质量监督机构,应在竣工验收之日起 5 工作日内,向备案机关提交工程质量监督报告。备案机关在验证竣工验收备案文件齐全后,在竣工验收备案表上签署验收备案意见并签章。工程竣工验收备案表一式两份,一份由建设单位保存,一份留备案机关存档。

②工程保修

根据项目建设合同条款和相关法律法规确定保修期,在工程保修期内,由项目施工单位完成保修任务。

2)隧道的运营管理

所谓隧道运营管理,是指对隧道运营过程的规划、组织、实施和控制,是与隧道交通服务密切相关的各项管理工作的总称;从另一个角度来讲,也可以认为是对隧道及其服务设施进行运行、评价和改进。

隧道运营管理体制由于城市道路隧道、高速公路隧道、普通公路隧道的建设单位不同而其运营管理体制有所区别。早期建设的高速公路,每座特长公路隧道一般均设置隧道运营管理站;目前新建的高速公路,其监控管理模式通常为集中式,仅设置少量隧道运营管理站(部分与收费站合建);桥隧比例较低的高速公路,通常只在长、特长隧道变电房内设置无人值守站,以方便应对突发事件。

隧道运营管理包括日常运营管理和养护维修管理。隧道日常运营管理包括:日常巡查、设施控制、物品管理、职工培训、宣传教育、服务质量统计等。其中:职工培训的重点是机电设施管理养护、突发事件应急处置、机电设施节能减排;宣传教育的方式是通过媒体宣传、展示宣传的方式向公众介绍隧道防火安全知识和信息、行车管理规定、逃生与自救手段等;机电设施控制包括交通控制、通风控制、照明控制、消防控制等。隧道应加强对土建结构和机电设施的养护维修。土建结构的养护工作分为清洁维护、结构检查、保养维修和病害处治;机电设施养护工作分为日常检查、经常性检查、定期检修、分解性检修和应急检查。加强公路隧道养护维修管理,能有效减少或消除诱发安全事故的各种隐患。

8.4　地下空间与地下工程

8.4.1　地下空间功能要求

在岩层或土层中天然形成或经人工开发形成的空间称为地下空间。天然形成的地下空间，例如在石灰岩山体中由于水的冲蚀作用而形成的空间，称为天然溶洞，在土层中存在地下水的空间称为含水层。人工开发的地下空间包括利用开采后废弃的矿坑和使用各种技术挖掘出来的空间。

地下空间的开发利用可为人类开拓新的生存空间，并能满足地面上无法实现的对空间的要求，因而被认为是一种宝贵的自然资源。在有需要并具备开发条件时，应当进行合理开发与综合利用；暂不需要或条件不具备时，也应妥善加以保护，避免滥用和浪费。

城市是现代文明和社会进步的标志，是经济和社会发展的主要载体。伴随着我国城市化的加快，城市建设快速发展，城市规模不断扩大，城市人口急剧膨胀，许多城市不同程度地出现了建筑用地紧张、生存空间拥挤、交通堵塞、基础设施落后、生态失衡、环境恶化的问题，被称之为"城市病"，给人类居住条件带来很大影响，也制约了经济和社会的进一步发展，成为现代城市可持续发展的障碍。所以，城市人口、生态失衡、地域规模、城市的生存环境和 21 世纪城市可持续发展的战略是当今世界普遍关注的问题。

城市地下空间是不可多得的宝贵资源，应进行系统科学的规划，不仅要适应当前的发展，还要适应未来长远的发展。城市地下空间开发利用是城市建设的有机组成部分，与地面建筑紧密相连成为不可分割的整体，地下空间规划要做到与地面规划的协调性与系统性，形成一个完整的体系，地上地下协同发展。城市地下空间开发利用，是城市经济高速发展和空间容量上迫切的客观需要。

地下空间开发的基本目的是通过利用地下空间发挥一定的城市功能，而究竟地下空间承担哪些主要的功能类型则与地下空间的空间特性和各类功能设施的特点有关。为了发挥地下空间固有的优势而避免其不利因素，扬长避短，以尽可能小的代价取得最佳使用功能效果，地下空间的开发利用应该遵循功能环境适应性规律，从地下空间本身的空间特性出发，选择适当的功能实施地下化。

地下空间的空间特性：地下空间与地上空间最大的区别在于周围介质的不同，地上空间是通过围合形成的空间，它的周围介质是空气，而地下空间是通过挖掘而形成的空间，它的周围介质是岩石和土壤。这就使得地下空间具有许多不同于地上空间的空间特性。这些特性主要包括：易封闭性、热稳定性、高防护性。

根据地下空间的空间特性和地下空间开发利用的功能环境适应性原则，一般适宜利用地下空间承担的功能有以下几类：

①贮藏功能，充分发挥地下空间封闭性、热稳定性的优势，保持仓储空间恒温、恒湿，而且安全、节能。

②市政基础设施，地下空间的封闭性和高防护性是市政基础设施安全运作的有力保障，即使是在城市发生灾害的时候仍能保证必要的市政基础设施的正常运作，以维持城市秩序和救灾

工作顺利进行。

③防护防灾功能,是由地下空间的高防护性决定的。

④交通功能,动态交通所需要的只是提供人们短暂停留以完成某一特定出行目的的空间,而静态交通所需要的只是一个车辆停放的空间,对空间环境的要求不是很高,另一方面,交通设施的地下化避免了交通给城市环境带来的不良影响,大大减轻了城市的空气污染和噪声污染。

8.4.2 地下空间建设程序与运营管理

地下空间建设程序与隧道工程建设程序一样,也大致分为建设前期阶段、建设准备阶段、建设实施阶段和竣工验收备案与保修阶段4个阶段,在此不做赘述。

地下空间运营管理包括设备基本信息、合同信息、成本信息和运行维护管理信息。地下空间多是人员集中的场所,要合理安排突发状况下的人员疏散,为突发状况的预警和人员的疏散提供信息。目前,我国地下空间运营管理模式主要有以下几种类型:

(1)政府全包全管模式

即政府直接对地下空间的运营进行管理。目前这种模式广泛运用于地下人防空间的管理,其做法就是成立人防办公室,由人防办公室对地下人防空间全权进行管理。人防部门要负责地下空间的规划、建设、维护、管理等任务。

(2)委托运营模式

上海人民广场地下空间的运营管理具有委托运营的特点。上海人民广场地下空间最初是由市人防办公室、台湾三元公司和黄浦区政府三方作为平战结合工程共同投资建设。1999年后,台资和黄浦区政府因故退出。2000年,上海市人防办公室接手成立上海迪美广场有限公司,并委托该公司对该地下空间进行运营管理。该公司既要对商场进行管理,还要对地下空间内的民防等公共设施进行维护管理。在地下空间的运营中,既要考虑相关公司的商业利益,又要考虑人民广场地处上海市的政治中心,出于安全等方面的考虑,在地下空间的实际运营中必须预留一定的原本可用于商业运营的地下空间作应急使用。委托运营模式具有PPP(公私合作)模式的部分特征。

(3)市场化运营模式

采用该模式的主要是私人地下空间和准公共地下空间,这在国内外都有案例可查。其要点在于:地下空间的运营完全按照商业原则进行,由业主自行对地下空间的运营负责,政府则通过相关的政策对其运营进行引导。香港的地铁运营就是市场化模式的典型。香港地铁的运作以商业原则作为地铁运营的基本出发点。香港政府的职责在于支持地铁的发展,对地铁的支持不是补贴,而是股本注资。香港政府放开对地铁的控制权,给予地铁公司制定票价的自主权,放手让地铁公司自己去寻求票价与客流之间的平衡点;承诺当地铁公司财政情况恶化时,政府进行注资改善。这些政策完全符合市场经济的要求。

8.5 共同沟工程

8.5.1 共同沟基本组成及功能要求

"共同沟"(也称综合管廊)来自日语,英文名称为"utility tunnel",指的是将设置在地面、地下或架空的各类公用类管线集中容纳于一体并留有供检修人员行走通道的隧道结构,主要适用于交通流量大、地下管线多的重要路段,尤其是高速公路、城市主干道。共同沟犹如一个大口袋,袋口露出地面,人可在"袋"内直立行走、定期检查,防止重大事故发生;维修或增加排管只需从"口袋"进入,路人丝毫不觉,如图8.4所示。

图8.4 共同沟

自1994年上海浦东新区建成国内首条城市地下综合管线共同沟后,北京中关村西区市政基础设施建设首次在开发区中采用地下城市综合管廊(共同沟)的新型建设方式,用于集中铺设自来水、雨水、污水、中水、供电、通信和天然气7条市政管线。目前,济南、杭州、嘉兴等城市也正在建设或把建设共同沟列入城市规划。有资料表明,共同沟正逐渐成为未来城市建设的热点。它较好地解决了城市发展过程中的马路反复刨掘问题,也为城市上空通信线路"蛛网"密布现象提供了一种有效的解决方案;是解决地上空间过密、实现城市基础设施功能集聚、创造和谐的城市生态环境的有效途径。

目前,我国在设计规范、设计手册及建设、管理经验上都非常缺乏,在共同沟的建设过程中不可避免地会遇到各种各样困难和阻力。因此,我国急需建立必要的法规体系,才能促进共同沟的有序发展和顺利实施。

共同沟除地下通道结构(隧道)外,还需诸多辅助设施。

(1)排水设备

共同沟内部水管、结构壁面以及各接缝处都可能造成渗水、漏水,应及时排出。排水方式原则上采用纵向排水沟,并于共同沟较低点或交叉口设集水井。每一集水井配备两台潜水泵自动交替或同时运转将集水井内积水抽至路面侧沟内排放。为便于共同沟管理,集水井与抽水泵应纳入共同沟的自动监控系统,井内应设集水井水位探测设备,且抽水机应具备自启动能力。

(2)通风照明设备

共同沟内需要维持正常通风,当共同沟内有毒气体浓度超标时,应进行强制通风,以降低有毒气体的浓度。一般通风设备利用共同沟本身作为通风管,再交错配置强制排气通风口与自然进气通风口。另外,共同沟内应有足够的照明。

(3)电力设备

共同沟内需设置电源以及发电机备用电源,并设不间断供电装置(UPS)作应急电源,以保证计算机、防火、通信系统、事故照明、电话等特别重要一级负荷可靠性的要求。

(4)通信设备

为使共同沟检修及管理人员与控制中心联络方便,共同沟内应配备相应的通信设备:有线通信系统、无线对讲系统、广播设备、路电视系统。

(5)监控系统

对纳入煤气管线的共同沟,需对煤气进行实时探测,以确保安全。设置水位自动探测设备则是为防止集水井内的积水溢出。为此,在共同沟内设置监控系统。

(6)防灾设备

共同沟按防火等级分类应为特级保护对象。共同沟内应设火灾探测器、火灾报警装置、火灾应急广播等,而且应设置消火栓系统联动控制系统。火灾报警和消防联动控制系统,应包括自动和手动两种触发装置。

8.5.2 共同沟建设程序与运营管理

共同沟工程建设也大致分为建设前期阶段、建设准备阶段、建设实施阶段和竣工验收备案与保修阶段4个阶段。按照建设资金的来源,将适用于我国的城市共同沟项目建设模式分为以下3类:

1)"政府全权出资"的共同沟建设模式

"政府全权出资"模式即共同沟的主体及附属设备全部由政府投资,管线单位则根据其需求,租用共同沟内的空间自行铺设管线,租赁费用包括政府前期投资的回报及后期的运营管理费用。在"政府全权出资"模式下,由国有投资公司成立专门项目公司负责共同沟的建设,政府以全额出资方式提供管沟建设资金。常见的政府出资形式有直接拨款、银行贷款和贴息资金。

"政府全权出资"的共同沟建设模式是国内普遍采用的传统投资模式。由政府出资则可以避免因为综合管沟建设经济效益不明显而出现融资困难的问题。确保项目的及时建设和完成。采用这种模式,对于管线单位而言,可以有效地降低管线的建设成本;对于政府投资者而言,也可以通过合理地收取租赁费回收投资,并保证对项目的控制权。一般在财政状况较好的地区较为适用。

2)"政府企业联合出资"的共同沟建设模式

"政府企业联合出资"是国外综合管沟建设中最为常用的一种投资模式,也是发展最为成熟的一种投资模式。在联合出资模式下,政府和各参与投资的管线单位共同成立项目公司,负责共同沟的建设。政府通常划拨专项资金作为共同沟建设基金,各管线单位则以自有资金出资或部分向银行贷款,联合投资共同沟建设。共同沟建成之后,由项目公司与专业运营公司签订委托运营合同,由其负责共同沟的后期运营和日常维护,运营维修费用由政府和各管线单位共同分担。

政府和企业联合出资进行共同沟建设的关键在于如何制订各方出资比例,合理在政府和各管线单位之间分摊建设出资额。根据国内外共同沟建设投资经验,政府企业联合出资建设共同沟的形式有"企业出资,政府补足""比例分摊"两种。"政府企业联合出资"的融资模式下,政府和各管线单位分担了共同沟的建设资金,从而大大减少了政府出资额,减轻了政府的财政负担。尤其是当政府财力不足时,这种企业与政府部门联合出资建设的方式较为适用;从共同沟建成后运营风险看,由于以企业为投资主体,采用了企业和政府联合出资的方式,故不存在管沟建成后的租赁风险问题,保证了共同沟的使用效率。但在实际操作时也存在一定问题:加重各管线部门的财务负担,贷款难度大;共同沟建设资金分摊比例的制定难度较大;产权界限模糊;要求完善的配套法规。

3)"特许权经营"的共同沟建设模式

"特许权经营"方式是公私合作的主要模式。在特许经营中,民营部门通过特许权转让经营方式参与公共基础设施的投资建设或运行,各方的责任、风险、回报均受制于特许权出让合约。在特许权经营模式下,政府采用招标方式对项目进行招标,通过评标确定中标投资者,并与之签订特许权协议。中标的民营公司按照特许权协议的规定,组建项目公司,进行项目融资,并负责实施项目建设。在融资过程中,项目公司可以收费权质押,向银行获得贷款。由其全权建设运营,政府无须进行投资,待特许期满即可收回,是目前城市基础设施建设领域比较成熟的投资模式。

采用特许权经营模式进行共同沟建设具有以下优势:节约项目成本,实现风险分担;有利于资金的筹集;充分利用了民营企业的管理和建设经验,提高共同沟建设经营的效率。

4)引入 BOT 共同沟建设模式

特许权经营模式存在的基础是合同、特许权协议和所有权的归属。在特许权经营模式下,公共基础设施的建设可以采取多种模式。其中,国内外使用较多的是 BOT 模式即"建设—经营—移交"。其典型模式为:项目所在地政府授予一家或几家私人企业组成的项目公司特许权。项目的投资者和经营者负责安排融资、开发建设共同沟项目,并在特许权期间经营项目获取商业利润;在项目特许权期末根据协议由政府无偿从投资者和经营者手中取得项目。

由于共同沟的相关产品和服务的价格尚未实现市场定价,价格均由政府控制,所以共同沟的 BOT 模式与一般项目的 BOT 模式是有一定区别的:要充分发挥政府部门的作用。

(1)政府的特许权协议

政府的特许权是 BOT 融资的基础,共同沟的特许权协议不仅包含对共同沟建设、运营的特许权,更为重要的是还应包含对相应地下空间的特许开发权和一定范围内的保护开发权。地下空间一定范围内的保护开发权,除了保证共同沟在运营期间的安全外,还起到限制管线单位在已经建成共同沟的道路下继续开挖道路埋设可纳入共同沟的管线。

(2)政府的价格担保

由于共同沟的 BOT 年限比较长,一般可达 20~30 年,甚至更长。因此,在这么长的时间期限内,各种相关产品的价格有可能会发生重大的变化,使得共同沟的使用价格会发生一定的变化,此时,政府的价格担保,以及有关价格调整的约束条款对保证项目的正常运营,避免日后纠纷具有重要意义。

（3）政府的补贴协议

共同沟作为具有明显外部效益的市政公用产品,单纯依靠项目的收入,在目前的市场环境下具有相当的困难,往往会成为管线单位和投资者的顾虑。此时,政府作为共同沟的主要受益者的代表理应对项目实施一定的补贴,具体的补贴条款应根据实际情况确定,以促成项目融资的顺利进行,完善城市的基础设施建设。这也是政府的义务。

共同沟作的运营管理应成立由政府、各管线公司、社会投资公司共同出资组建综合管廊建设发展公司和综合管廊营运公司,分别主导综合管廊的建设和运行维护管理。同时,针对运管应设立专门的综合管廊管理机构,且管理机构须有政府部门授权行使一定的管理权力,承担相应的职责和义务,其主要作用是负责综合管廊建设的系统研究和规划、综合管廊的使用管理及负责协调综合管廊建设中各管线单位的权力、义务等;结合国内机构设置情况,成立的综合管廊管理机构可以作为市政管理单位的一个部门,作为其管理职能的延伸和拓展,这样可以避免机构的重复设置和职能交叉的弊端。

综合管理建设及运行管理模式可采用如图 8.5 的形式。

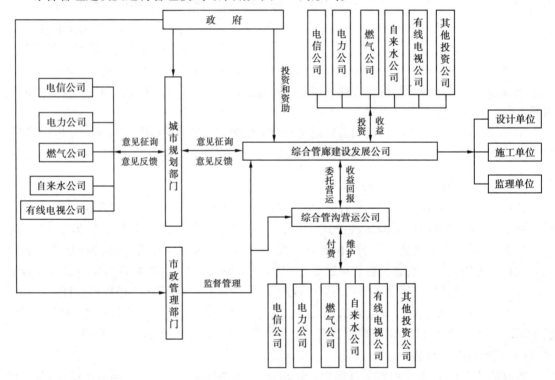

图 8.5　综合管廊的建设、运行、维护和管理模式结构图

思考讨论题

1.简述隧道的发展、分类及主要施工方法。

2.简述地下工程的分类与特点。

3.什么叫共同沟工程？它起什么作用？

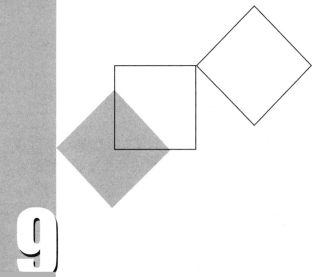

9 水利水电工程

本章导读：
- **基本要求** 了解水利水电工程的专业含义及其地位和作用；了解中国水资源特性；了解水利枢纽工程的含义并熟悉主要的水工建筑物；了解河流整治的主要技术手段和主要建筑物；理解水力发电的基本原理并了解水力发电的主要开发方式。
- **重点** 水库大坝、渡槽等水工建筑物，河流整治建筑物，水力发电的主要开发方式。
- **难点** 大坝的结构形式和适用范围。

9.1 水循环与水资源利用

9.1.1 水循环

地球上的水呈固态、液态或气态，但总量是一定的。地球上的水受热力和重力的作用，每时每刻都在大气和海陆之间周而复始地作循环运动，这一过程称为水循环。地球上的水因吸热而蒸发。在海洋上蒸发的水汽随大气运动进入大陆上空，然后凝结成雨雪，形成降水，一部分沿地面流动，形成地表径流；一部分渗入地下，形成地下径流。二者经过江河汇集，再流入海洋，这种海陆间的循环称为大循环。在大循环系统中还有一些小循环，如海洋蒸发的水汽不进入大陆而直接降水到海面，称为海上内循环；大陆蒸发的水汽仍降落到大陆上，称为内陆循环等。另外，两极冰山与大陆冰川的消长也参与水循环，如图 9.1 所示。

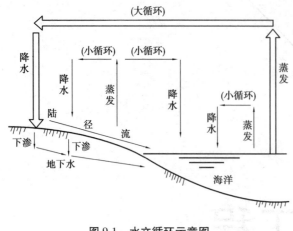

图 9.1　水文循环示意图

9.1.2　中国水资源特性

水资源的主要来源是降水,及由其转化生成的陆地表面及地下可补给更新的淡水。中国的水资源有如下特性:

①在地区上分布不均,东南多,西北少,由东南到西北递减。长江流域和长江以南地区,地表水资源占全国的70%左右,而长江以北地区仅占30%左右。从平均降雨量来看,东南沿海地区在 1 500 mm 以上;淮河、秦岭以南大于 1 000 mm;华北、东北大部分地区在 400~800 mm;西北大部分地区在 400 mm 以下。从地面径流看,长江多年平均径流量达 9 793 亿 m³;而黄河多年平均径流量为 560 亿 m³,仅占长江水量的 5.7%。

②就同一地区而论,降雨量和径流量在年内分配不均。大部分地区年降雨量和年径流量主要集中在汛期,南方地区的汛期雨量占全年雨量的 50%~60%;北方汛期雨量占全年的 60%~70%。多数地区河流最大 4 个月径流量占全年的 60%~70%;而松辽平原和华北平原等地区可占全年的 80%以上;华北地区更进一步集中于 7、8 两个月,仅这两个月的径流就占全年的 50%左右。年际变化也很大,而且有连续枯水年和连续丰水年的特点,最大年径流量与最小年径流量的比值,黄河干流为 3~4,支流则高达 5~12。

③河流泥沙问题严重。黄河流域尤为如此,黄河三门峡以上多年平均年来沙量达 16 亿 t,居世界各河之冠,泥沙造成部分河道淤积,河床逐年抬高,成为地上悬河。长江宜昌多年平均年输沙量达 5.2×10^8 t,在世界大河中也名列第四。

9.1.3　水资源的开发和保护

水是一切生命的源泉,是人类生活和生产活动必不可少的物资。在人类社会的生存和发展过程中,需要不断地适应、利用、改造和保护水环境。水利事业随着社会生产力的发展而不断发展,并成为人类社会文明和经济发展的重要支柱。

需水量可分为河道外需水和河道内需水两大类。河道外需水主要包括生活用水、农业用水和工业用水。这类需水量中消耗的部分称为不可恢复水量;没有消耗的部分称为回归水量,其重复利用的部分称为重复利用水量。河道内需水包括水力发电、航运及维持生态环境、排沙等的需水量,这类用水本身并不耗水,但要求有一定的流量、水量和水位。

水资源开发的对象即水源,主要是地表水和地下水。而地表水的主要水源来自江河湖泊。当需水量不大时,在河流或湖泊的附近地区可采取直接引水的方法。而当需水量较大时,则一般采用拦河筑坝等方法形成水库,然后通过河流或渠道输送至用户。我国北方地区普遍缺水,跨流域调水也属于这一范畴。地下水也是重要的水资源。但是随着地下水的大量开发(特别是北方城市附近地区)已经产生了不良影响,主要是地下水位降低、形成漏斗、沿海地区海水侵入,等等。

现代水资源开发的主流是大坝的修建。这些工程大多是综合性的,其中包括防洪的目的,即进行洪水调节,还有发电、农业灌溉和城市用水等。需要注意的是大型水利工程的建设不仅要考虑技术上的问题,还必须解决各种各样的社会问题,例如移民、环境问题等。

9.2　水利枢纽工程与水工建筑物

水利的范围应包括防洪、灌溉、给水、排水、水力发电、水道、港工、水土保持、水资源保护、环境水利和水利渔业等。在水利水电工程中,常常需要修建一些建筑物,称为水工建筑物。一般用来挡水、泄水、输水、排沙等,以达到防洪、灌溉、发电、供水、航运等目的。水工建筑物的种类很多,如坝、闸、渡槽、港口等。为了综合利用水利资源,常常需要把几种不同类型的水工建筑物修建在一起,协同工作,他们的综合体称为水利枢纽。这些水工建筑物的设计施工是水利、土木工程师的主要任务。下面将介绍几种主要的水工建筑物。

(1)挡水建筑物

①坝:是一种垂直于水流方向拦挡水流的建筑物,因此也称为拦河坝,它是水利工程中用得最多、造价也较高的一种建筑物。

②水闸:是一种靠闸门来挡水的建筑物,简称闸。

③堤:是指平行于水流方向的一种建筑物,例如河堤、湖堤等。

(2)泄水建筑物

泄水建筑物是用来宣泄水库、渠道等中的多余水量,以保证其安全的一类建筑物,如河岸式溢洪道、泄洪隧洞等。

(3)输水建筑物

输水建筑物是把水从一处输引到另一处的一类建筑物,例如引水隧洞、涵管、渠道及渠系建筑物等。

(4)取水建筑物

取水建筑物也称引水建筑物。因其常位于渠道的首部,故也称渠首建筑物或进水口。它是把水库、湖泊、河渠等与输水建筑物相连系的一类建筑物,例如取水塔、渠首进水闸等。

(5)整治建筑物

整治建筑物是以改善水流条件、保护岸坡及其他建筑物安全的一类建筑物,例如顺坝、丁坝、护底等。

当然,有些建筑物的作用不是单一的。例如,溢流坝既是挡水建筑物又是泄水建筑物;水闸既可以挡水又可以泄水还可以用作取水。

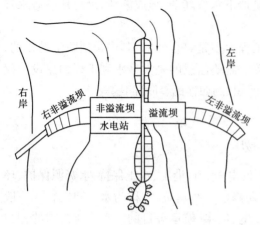

图 9.2　水利枢纽平面布置示意图

9.2.1　坝

坝是水库枢纽工程中的主体建筑。坝按筑坝材料可分为土石坝、混凝土坝和浆砌石坝等。而混凝土坝和浆砌石坝按结构特点又可分为重力坝、拱坝和支墩坝等。

一般大坝除坝体外，还应具有泄水建筑物，如溢洪道、消力池、取水（放水）建筑物（如隧洞涵管）等，组成水库枢纽工程。图 9.2 为一水利枢纽工程平面布置示意图，图 9.3 显示了一般水库库容的组成。

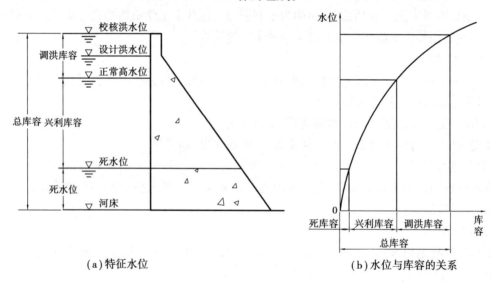

（a）特征水位　　　　　　　　　（b）水位与库容的关系

图 9.3　库容组成示意图

1）重力坝

重力坝（见图 9.4）主要是依靠坝体自重来抵抗水压力及其他外荷载、维持自身的稳定。重力坝的断面基本呈三角形，大坝下游面和坝基间的接触线称为坝趾；大坝上游面和坝基间的接触线称为坝踵。筑坝材料为混凝土或浆砌石。坝体在水压等荷载作用下，必须满足承载力和稳定性的要求，具体地说，坝体不能受拉（一般是坝踵处控制）、不能产生滑移（如沿坝基滑移）、不能发生倾倒（一般是绕坝趾转动）。重力坝在各种坝型中占有较大比重。目前世界上最高的混凝土重力坝是瑞士的大狄克桑斯坝，坝高 285 m。

重力坝是整体结构，为了适应温度变化、防止地基不均匀沉陷，坝体应设置永久性温度缝和沉陷缝。为了防止漏水，在有些地方还应设置止水。重力坝体内一般都设有坝体排水和各种廊道，互相贯通，组成廊道系统。

作用于重力坝坝体上的主要荷载有坝体自重和水压力，此外还有扬压力、泥砂压力、风浪压力和地震作用等，如图 9.5 所示。

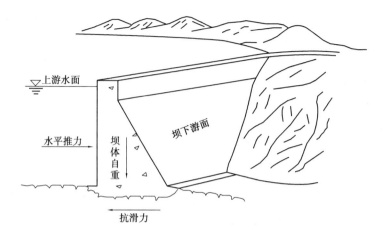

图 9.4　重力坝示意图

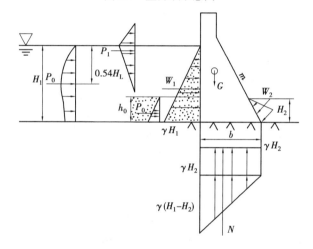

图 9.5　重力坝受力简图

重力坝常修筑在岩石地基上,相对安全可靠,耐久性好,抵抗渗漏、洪水漫溢、战争和自然灾害能力强;设计、施工技术较为简单,易于进行机械化施工;在坝体中可布置引水、泄水孔,解决发电、泄洪和施工导流等问题。其主要缺点是体积大,材料强度不能充分发挥,对稳定控制要求高等。

重力坝的形式除实体重力坝外,还有宽缝重力坝和空腹重力坝等(见图 9.6)。

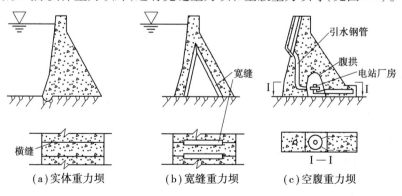

(a)实体重力坝　　　(b)宽缝重力坝　　　(c)空腹重力坝

图 9.6　重力坝的主要形式

用振动碾压实超干硬性混凝土的施工技术称为碾压混凝土施工技术;采用这种方法所筑的坝称为碾压混凝土坝。这一技术的研究起始于 20 世纪 60 年代,20 世纪 80 年代得到了迅速发展。但是,各国的施工方法不尽相同。日本采用"皮包馅"的方法,即只在内部采用碾压混凝土,而在外部和基础部分则浇筑常规混凝土。美国采用了全断面碾压的方法,但有的碾压混凝土坝由于严重渗漏而不得不废弃。我国有的工程与日本的施工方法相似,如观音阁大坝;有的则采用了全断面碾压,但在上游面另设了防渗层,如坑口坝。

2)拱坝

拱坝(见图 9.7)在平面上呈凸向上游的拱形,拱的两端支承于两岸的山体上。立面上有时也呈凸向上游的曲线形,整个拱坝是一个空间壳体结构。拱坝一般是依靠拱的作用,即利用两端拱座的反力,同时还依靠自重来维持坝体稳定。拱坝的结构作用可视为两个系统,即水平拱和竖直梁系统。水平荷载和温度荷载由这两个系统共同承担。拱坝比重力坝可比较充分地利用坝体的强度,其体积较重力坝为小,其超载能力比其他坝型为高。但是拱坝对坝址河谷形状及地基要求较高。

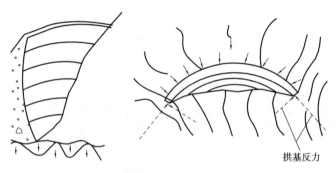

拱基反力

图 9.7　拱坝示意图

目前世界上最高的拱坝是 2010 年建成的我国小湾电站大坝,高 294.5 m。苏联于 1980 年建成的英古里坝,高 272 m。

拱坝按结构作用可分为纯拱坝、拱坝和重力拱坝;按体型可分为双曲拱坝、单曲拱坝和空腹拱坝;按坝底厚度与坝高之比分为薄拱坝(比值小于 0.2)和厚拱坝(比值大于 0.35)等;按筑坝材料可分为混凝土拱坝和浆砌石拱坝。

3)土石坝

土石坝是利用当地土料、石料或土石混合料堆筑而成、最古老的一种坝型,但它仍是当代世界各国最常用的一种坝型。土石坝的优点是筑坝材料取自当地,可节省水泥、钢材和木材;对坝基的工程地质条件比其他坝型为低;抗震性能也比较好。主要缺点是一般需在坝体外另行修建泄水建筑物,如泄洪道、隧洞等;抵御超标准洪水能力差,如库水漫顶,将垮坝失事。

土石坝一般由坝身、防渗设施、排水设施和护坡等部分组成,如图 9.8 所示。按施工方法不同,土石坝可分为碾压式土石坝、抛填式堆石坝、定向爆破堆石坝、水力冲填坝和水坠坝等。其中碾压式土石坝应用最为广泛。根据土料在坝体内的分布情况和防渗体位置不同,碾压式土石坝可按下列分类(见图 9.9)。

①均质坝:坝体由一种透水性较弱的土料填筑而成。

②多种土质坝:坝体由几种不同土料所构成,防渗料位于坝体上游或中间。

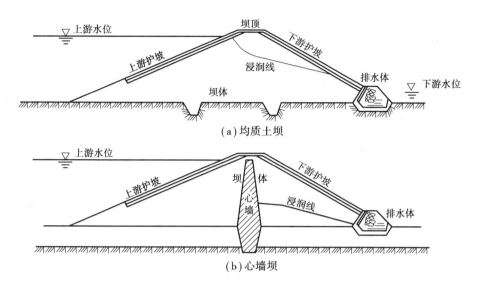

（a）均质土坝

（b）心墙坝

图 9.8 土坝的组成

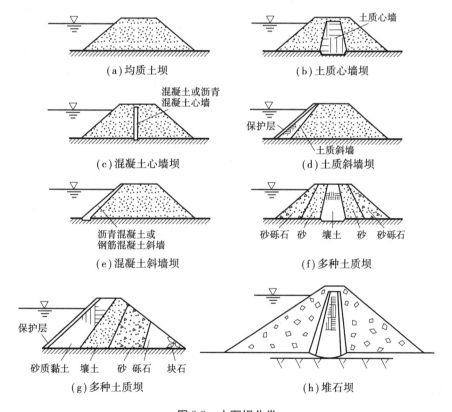

（a）均质土坝

（b）土质心墙坝

（c）混凝土心墙坝

（d）土质斜墙坝

（e）混凝土斜墙坝

（f）多种土质坝

（g）多种土质坝

（h）堆石坝

图 9.9 土石坝分类

③心墙坝：防渗料位于坝体中间，用透水性较好和抗剪强度较高的砂石料作坝壳。

④斜墙坝：坝体由透水性较好和抗剪强度较高的砂石料筑成，防渗体位于坝体上游面。

9.2.2　水闸

　　水闸是一种低水头水工建筑物,既可用来挡水,又可用来泄水,并可通过闸门控制泄水流量和调节水位。水闸在水利工程中应用十分广泛,多建于河道、渠系、水库、湖泊及滨海地区。

　　水闸按其所承担的主要任务可分为进水闸(取水闸)、节制闸、排水闸、分洪闸、挡潮闸、排砂闸等。按结构形式可分为开敞式、胸墙式和涵洞式等。

　　水闸一般由闸室、上游连接段和下游连接段等组成,其中闸室是水闸的主体,如图 9.10所示。

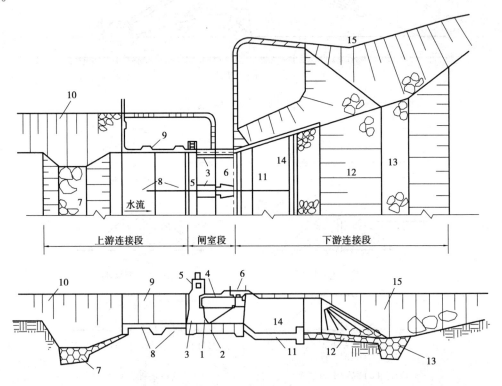

图 9.10　水闸组成示意图

1—闸门;2—底板;3—闸墩;4—胸墙;5—工作桥;6—交通桥;7—上游防冲槽;
8—上游防冲段(铺盖);9—上游翼墙;10—上游两岸护坡;11—护坦(消力池);
12—海漫;13—下游防冲槽;14—下游翼墙;15—下游两岸护坡

9.2.3　渡槽

　　渡槽属于渠系建筑物的一种,实际上就是一种过水桥梁,用来输送渠道水流跨越河渠、溪谷、洼地或道路等。渡槽常用砌石、混凝土或钢筋混凝土建造。

　　渡槽主要由进出口段、槽身、支承结构和基础等构成。槽身横断面形式以矩形和 U 形断面居多,如图 9.11 所示。支承结构的形式有梁式、拱式、斜拉式等,如图 9.12 所示。

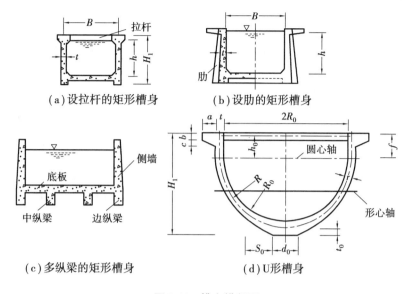

(a) 设拉杆的矩形槽身　　　　(b) 设肋的矩形槽身

(c) 多纵梁的矩形槽身　　　　(d) U形槽身

图 9.11　槽身横断面

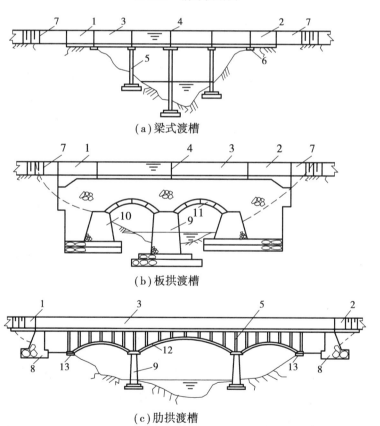

(a) 梁式渡槽

(b) 板拱渡槽

(c) 肋拱渡槽

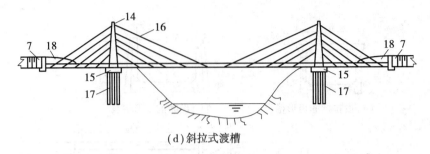

（d）斜拉式渡槽

图9.12　渡槽布置图

1—进口段；2—出口段；3—槽身；4—收缩缝；5—排架；6—支墩；7—渠道；
8—重力式槽台；9—槽墩；10—边墩；11—砌石板拱；12—肋拱；13—拱座；
14—塔架；15—承台；16—斜拉索；17—井柱桩；18—填土

9.3　治河防洪工程

9.3.1　河流整治技术

取得淡水的最基本的方法莫过于从就近的河流取水。但是，河流的水位、流速、流量是在不断变化的，因而河流的比降、断面和主流轴线也在随时间和沿程变化。同时，洪水泛滥会给人们的生命财产带来灾难。因此，为了满足人类生活和生产的需要，人类从古代开始就一直进行着对河流的整治，人为地控制其变化过程，并防止水流的危害，现在常被称为河道治理。

河床是在水流作用和土壤抗冲刷的相互作用下形成的。河流按河段可分为河源、上游、中游、下游和河口5段。还可按照河床情况、冲刷和淤积程度、流量和流速大小等特点进行相应的分类。

根据河流的形态和演变特点，常将河流分为顺直、弯曲、分汊和游荡等4种河型（见图9.13）。

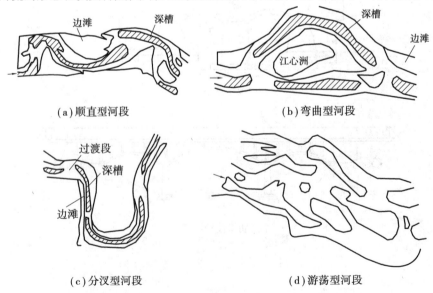

（a）顺直型河段　　　　　　　　　　（b）弯曲型河段

（c）分汊型河段　　　　　　　　　　（d）游荡型河段

图9.13　河型示意图

（1）顺直（微弯）型河段

顺直河段平面外形比较顺直或略弯曲，两岸有交错边滩，纵剖面滩槽相间，在水流作用下，浅滩和深槽会发生周期性冲淤变化。

（2）弯曲型河段

弯曲型河段又称蜿蜒型河段，其平面外形弯曲，纵剖面滩槽交替，弯道凹岸为深槽，过渡段为浅滩。

（3）分汊型河段

平面外形比较顺直、浅宽，江心有一个或数个沙洲，水流分汊两股以上汊道。其演变特点是洲滩不断变化，汊道兴衰交替。

（4）游荡型河段

稳定性较弱，冲淤变化迅速的河段称为游荡型河段。这种河段一般河床浅宽，浅滩和汊道相互交错，水流急，河床不断变化，主流摆动不定。

冲积性河流在长期发展过程中形成了相对平衡或准平衡状态。在河流上兴建水库或其他工程设施会改变天然河道的来水来砂或河床边界条件，从而破坏了河道的平衡状态，对工程建设和国民经济产生不良影响。

以上所述各类河床的特点及其演变规律，对于人们认识和预测河床演变的趋势，对于探讨河道整治方法和措施，都是十分重要的。当然，各条河流都有自己独特的特性，如河流的形态、洪水的状况、流域的用水情况、洪水泛滥的历史，等等。所以，在河流治理中，既有一般性的规律需要遵循，又更要特别注意这些特性，采取符合实际的整治技术措施。

河道整治是一项系统工程，大力开展水土保持工作是河流上游治理的最根本措施，同时对下游河道的演变起着重要的影响。对于河道本身的整治，要按照河道的演变规律，因势利导，调整稳定河道主流位置，改善水流条件，以适应防洪、给排水、航运等需要。所以，河道整治的规划尤为重要，要在认真调查、分析研究的基础上，确定规划的重要参数，如设计流量、设计水位、比降、水深、河道平面和断面形态指标，选取优化方案。图9.14所示为一河道整治的例子。

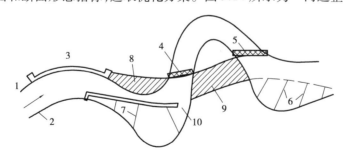

图9.14　河道整治线

1,2—现存河岸；3—护岸；4,5—锁坝；

6,7—丁坝；8—挖槽；9—引河；10—顺坝

河道整治的基本原则是：

①统筹兼顾、综合治理；分清主次，各种整治措施配套使用，以形成完整的整治体系。

②因势利导，重点整治。河道是处在不断演变过程中，要抓住其有利时机；同时要有计划、有重点地布设工程。

③对工程结构和建筑材料，因地制宜，就地取材，以节省投资。

河道整治的直接措施主要包括控制和调整河势、裁弯取直、河道展宽和疏浚等。

①控制和调整河势,如修建丁坝、顺坝、护岸、锁坝、潜坝等,加固凹岸,固定河道。

②实施河道裁弯取直,以改善过分弯曲的河道。

③实施河道展宽工程,以疏通堤距过窄或卡口河段。

④实施河道疏浚工程,可采用爆破、开挖的方法完成。

9.3.2 河流整治建筑物

1)丁坝

丁坝是从岸、滩修筑凸出于水中的建筑物,一般成组布设(见图9.15)。丁坝的主要作用是逐步束窄河道,刷深主河床,保护岸、滩。按丁坝轴线和河岸或水流方向垂直、斜向上游、斜向下游而分别成为正挑、上挑、下挑丁坝。非淹没丁坝采取下挑式,其交角一般为30°~60°;淹没丁坝采取上挑式。丁坝在平面上多为长条形,但也有其他形式,如人字、月牙、燕翅、磨盘等,如图9.16所示。

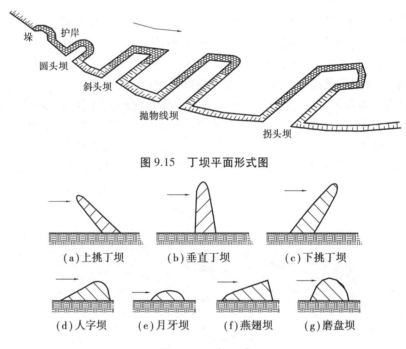

图9.15 丁坝平面形式图

(a)上挑丁坝	(b)垂直丁坝	(c)下挑丁坝
(d)人字坝	(e)月牙坝	(f)燕翅坝	(g)磨盘坝

图9.16 丁坝形式

2)顺坝和锁坝

顺坝修建在沿岸河中,具有束窄河槽、导引水流、调整河岸的作用。布置方向与水流相同,可以修筑于一岸,也可两岸同时修筑。顺坝的一端与岸相接,下端敞口。有时为了加速淤积,防止冲刷,可在坝身和岸边修筑格坝。

锁坝则多建在多叉河道上用以堵塞支流,保持主河道有一定的水深,以利通航。锁坝的顶部应高于平均低水位0.5~1.0 m。可布置在汊道进口中部或尾部,根据地形、水文、地质、泥砂、施工条件等择优确定方案。

3)护岸建筑物

（1）块石护岸

这是世界各河流普遍采用的一种护岸结构形式,一般由抛石护脚及上部护坡两部分组成。护坡有抛石、浆砌石、干砌石等形式,护坡的坡度范围为1:(0.3~1.3);护脚的坡度为1:(1.2~3)。

（2）石笼沉排护岸

用细钢筋、铅丝、树枝条等做成六面体或圆柱体的笼子、内填块石、砾石或卵石,网格的大小以不漏石为度。这种护岸具有体积大、抗冲力强、可利用小石块等优点(见图9.17)。

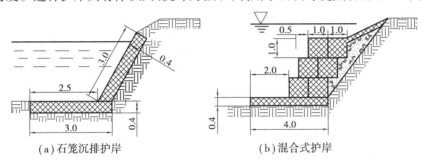

| (a)石笼沉排护岸 | (b)混合式护岸 |

图 9.17　石笼护岸实例(单位:m)

此外,还可以采用柔性钢筋混凝土护岸(如格栅或沉排等结构形式)、沥青及沥青混凝土护岸(可以现场浇制,也可以采用装配式)等方式。

9.3.3　防洪工程

防洪工程就是为控制、防御洪水以减免洪灾损失所修建的工程,主要有堤、河道整治工程、分洪工程和水库等。按性质可分为挡、泄(排)和蓄等几大类。

1)堤防工程

利用河堤、湖堤防御河、湖的洪水泛滥,是最古老和最常用的防洪措施。防洪标准是设计堤防的依据。防洪标准确定后,便可沿河流分段计算其过水能力,确定堤距和堤高。确定堤距和堤高应从行洪安全和经济合理两方面考虑。例如,黄河下游段的堤距为500~1 500 m;长江下游段的堤距为1 000~2 000 m。

防洪堤一般为土质挡水建筑物,其断面设计与土坝基本相同。堤顶宽度主要取决于防汛要求与维修需要。我国的堤顶一般较宽,如黄河大堤为7~10 m, 淮北大堤为6~8 m,长江荆江大堤为7.5 m,险要工段为10 m。

堤的边坡视筑坝土质、水位涨落强度和持续时间、风浪情况等确定。与土坝不同,一般大堤迎水坡较被水坡陡。淮河大堤迎水坡为1:3,背水坡第一马道以下为1:5(见图9.18);黄河大堤迎水坡为1:3,背水坡下为1:4。

2)蓄洪分洪工程

堤防防御洪水的能力是有一定限度的。如果洪水超过堤防的防洪标准,可采用分洪或滞洪措施,将主河道的流量和水位降低到该河段安全泄量和安全水位以下。

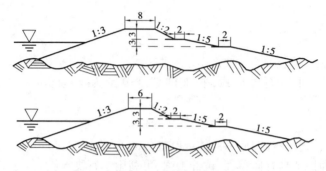

图 9.18　淮河大堤剖面图(单位 :m)

分洪是把超过原河安全泄量的部分洪峰流量分流入海或其他河流。也可以利用河流中下游河槽本身滩地或沿海低洼地区短期停蓄洪水,削减洪峰流量,称为滞洪。

当洪水过大时,还可将一部分洪水引入流域内的湖泊、洼地或临时滞洪区;待河道洪峰过后,再将蓄滞的洪水放回原河道。我国著名的分洪区如荆江分洪区、黄河东平湖滞洪区等。

9.4　水力发电工程

9.4.1　水力发电原理

水力发电指在天然河流上,利用拦河坝或引水道拦截水流,在上下游之间形成落差,通过水流推动水轮发电机组生产电能。在这个过程中,水能转变成机械能是由水轮机实现的;而机械能转变为电能是由发电机实现的。理论发电功率与实际发电功率公式如下:

$$P_0 = gQH$$
$$P = \eta_T \eta_G P_0$$

式中　P_0——理论发电功率,kW;

　　　P——实际发电站功率,kW;

　　　g——重力加速度,9.81 m/s²;

　　　Q——水流通过量,m³/s;

　　　H——有效落差;

　　　η_T——水轮机效率,一般在 0.84~0.90;

　　　η_G——发电机效率,一般在 0.95~0.98。

9.4.2　水电站开发方式

河流的开发方式应根据河段的地形、地质及水文等自然条件采用不同的水能利用方式。

1)坝式

坝式水电站是指在河流地形地质条件适宜的地方建拦河坝,抬高上游河段的水位,形成水库,与下游天然水位形成落差,即可引水发电。

坝式开发的原理在于:筑坝挡水,汇集水量,形成水库,坝前水库壅水水面线的坡降远小于原河道天然水面的坡降,因而库内水流速度甚小,水流在流动过程中的能量损耗大减,原河段的水流势能得到恢复,分散的落差积聚起来,在坝址处形成水电站的集中水头。沿河纵向同一地点库面线与原河道水面之间的高程差就形成集中的落差。在坝址处引取上游水库中的水流,通过设在水电站厂房内的水轮机,发电后将尾水引至坝下游原河道,上、下游的水位差即是水电站取得的水头 H。

坝式水电站的水头取决于坝高。显然,坝越高,水电站的水头越大。但坝高常常受地形、地质、水库淹没、工程投资等条件的限制,所以,与其他开发方式相比,坝式水电站的水头相对较小。目前,坝式水电站的最大水头只接近于 300 m。

坝式水电站开发的显著优点是由于形成蓄水库可以同时用来调整流量,故坝式水电站引用流量大,电站规模也大,水能的利用较充分。目前,世界上装机容量超过 200 万 kW 的巨型水电站大都是坝式水电站。我国的三峡水电站就是其中的代表。此外,坝式水电站因有蓄水库,综合利用价值高,可同时满足防洪、渔业、水利、旅游等部门的要求。

当然,一般来说,由于建坝的工程量大,尤其是形成蓄水库会带来淹没问题,造成库区土地、森林、矿产等的淹没损失和城镇居民的搬迁,要投入大笔费用,所以坝式水电站一般投资大、工期长、单价高。

坝式水电站适用于河道坡降较缓,流量较大,有筑坝建库条件的河段。它又有河床式和坝后式之分。

在平原河段上,用低坝开发的坝式水电站,由于水头不高,安装水轮发电机组的电站厂房本身能承受上游水压力,起挡水作用,通常和坝或水闸一起建筑在河床中,成为挡水建筑物的一个组成部分,故称河床式水电站。这类水电站水头低(一般不超过 25～35 m),流量大,大都安装直径较大,转速较低的轴流式水轮发电机组,机组台数多,整个厂房的长度较长,令其起挡水作用,从而可节省挡水建筑物的投资。

水头较高的坝式水电站因厂房本身不挡水,常布置在坝的后面,与坝分开,故称坝后式水电站。坝后式水电站的特点是水头较高,厂房本身不承受上游水压力。中高水头的坝后式水电站大都属此类型。坝后式水电站厂房在水利枢纽总体布置中的位置大都靠河一岸,以利于布置变电装置和对外交通。厂房可以根据坝址的地形、地质、坝的形式等条件,建在坝后,通过坝体的引水管道引水;或置于坝体内(坝内式厂房)、溢流坝坝趾后(溢流式厂房);也可以在坝下游河岸的一边或分设在河岸两边,通过绕过坝体的引水管道将水引入厂房,这时水电站建筑物自成系统,与其分开;有时将自成系统的水电站厂房布置在地下(地下式厂房),通过隧洞引水。三峡水电站就是一座坝后式水电站,坝高 175 m,设计水头 80.6 m,装机 182 万 kW,年发电量84 TW·h,其结构示意图如图 9.19 所示。

2)引水式

河流坡降陡的河段上游修建一低坝(或无坝)取水,通过人工建造的引水道(明渠、隧洞、管道等)引水到河段下游,集中落差,再经压力管道,引水至厂房。这种开发方式称为引水式开发,用引水道集中水头的电站称为引水式水电站。

引水道可以是无压的(明渠、无压隧洞等),如图 9.20 所示;也可以是有压的(有压隧洞、压力管道等),如图 9.21 所示。

引水式开发适用于河道坡降较陡,流量较小的山区性河段。

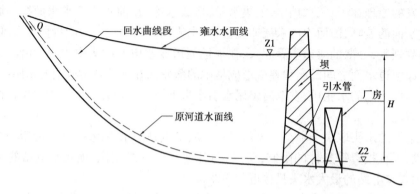

图 9.19　坝后式水电站示意图

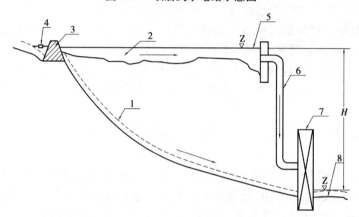

图 9.20　无压引水式水电站示意图
1—原河道;2—明渠;3—取水渠;4—进水口;
5—前池;6—压力管道;7—水电站厂房;8—尾水渠

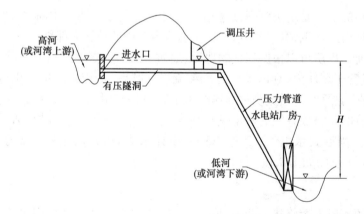

图 9.21　有压引水式水电站示意图

　　无压引水开发由于引水道的坡降(或流速)小于原河道的坡降(或流速),所以随着引水道的增长,逐渐集中水头。显然,引水道的坡降愈小,引水道越长,集中的水头也越大。当然,引水道坡降不宜太小,否则引水流速过小,引取一定流量时就要求很大的过水断面,从而造成引水建筑物的不经济。

与坝式水电站相比,引水式水电站的水头较高。目前最大水头已达2 030 m(意大利劳累斯引水式水电站),但引水流量较小,又无水库调节径流,水量利用率较低,综合利用价值较差,电站规模相对较小。然而,因无水库淹没损失,工程量又较小,所以单位造价也往往较低。

截弯取水和跨河流引水,常采用有压引水隧洞集中落差。有压引水式水电站有压系统较长,为减小水击值和改善机组调节保证条件,往往要采用调压措施,如在有压引水水道末端建调压室(井或塔),或者在厂房内装调压阀(空放阀)等。

3)混合式

在一个河段上同时采用坝和有压引水道共同集中落差的开发方式称为混合式开发,混合式水电站水头的取得一部分是利用拦河坝提高水位,一部分是利用引水道集中水头。这种开发方式的水电站称为混合式水电站,可建地面或地下厂房,其布置图如图9.22所示。

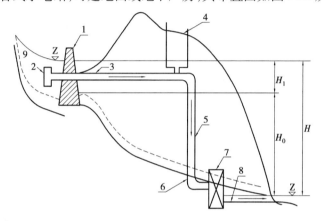

图 9.22　混合式水电站示意图

1—坝;2—进水口;3—隧洞;4—调压井;

5—竖井;6—钢管;7—地下厂房;8—尾水洞;9—水库

混合式开发因有水库可调节径流,兼有坝式开发和引水式开发的优点,但必须具备适合的条件。一般来说,河段前部有筑坝建库条件,后部坡降大(如有急滩或大河湾),宜用混合式开发。东北镜泊湖、广东流溪河等水电站都属于混合式开发。

9.4.3　抽水蓄能电站

前面介绍的都是一般形式的水电站,它们的发电量决定于引水量、落差、河流的天然径流量、汇水面积等因素。水库的径流调节是水电站管理的重要内容,它利用水库控制和调节径流在时间上重新分配。丰水年以发电为主,发蓄兼顾;平水年发蓄并举,充分利用水头水量;枯水年细水长流,以水定量,提高水量利用率。对于多年调节的水库,应以丰补枯,尽量做到年际发电量相差不大。

现代社会尤其是城市用电量急剧增加,而且昼夜间负荷相差很大。在这种情况下,抽水蓄能电站应运而生。

抽水蓄能发电是水能利用的另一种形式。它不是为了开发水能资源向系统供电,而是以水体为储能介质,起调节电能的作用。抽水蓄能式电站的工作包括抽水蓄能和放水发电两个过程。其建筑物的组成中必须有高低两个水池,与有压引水建筑物相连。蓄能电站厂房位于低水池处,如图 9.23 所示。当夜间用电负荷低落,系统内其他电厂出力有余时,该电站就吸收多余电量,带动水泵,将低水池中的水抽送到高水池,以水的势能形式储存起来(抽水蓄能过程),等到系统负荷高涨其他电厂出力不足时,就将高水池中的水放下来推动水轮机发电,以补电力系统出力的不足(放水发电过程)。抽水蓄能电站又可分为纯抽水蓄能电站和非纯抽水蓄能电站两大类。

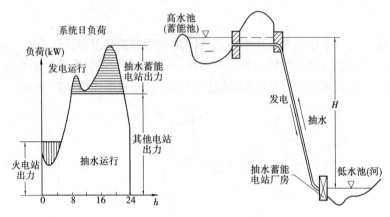

图 9.23　抽水蓄能电站原理示意图

(1)纯抽水蓄能电站

这是指不依靠天然河道的落差和径流,完全用人工的方法修建一个上池,利用一个小水库作为下池的抽水蓄能电站。这种电站的位置往往选择水头高、岩石好的地方。水头高意味着上池容积可以小些,而且机组、厂房、管道等建筑物可以小些;岩石好意味着可以比较经济地建造地下厂房及地下压力管道。著名的卢森堡维昂丁抽水蓄能电站就属于这种类型。

(2)非纯抽水蓄能电站

电站中既有常规水轮发电机组,又有抽水蓄能机组。丰水时,利用天然径流及落差发电,不往上水库抽水。枯水期,在用电高峰时发电,在低谷再将水由下池抽到上库。这种既抽水蓄能,又利用天然径流落差发电的电站称为非纯抽水蓄能电站。这种电站除了有水库外,下游还要有一个调节池。

由于与一般水电站的功能、原理的不同,抽水蓄能电站对选点、地质、地形等有特殊的要求。抽水蓄能电站的水头变幅越小越好,因为水泵效率对水头变化的反映很灵敏。落差越大,则变幅相对越小。但一般上下池水位变幅仍可达 20~30 m,且涨落很快,水库要能适应水位骤降的要求。下池一般利用水库,上池则最好能利用山沟筑坝成库。

广州抽水蓄能电站是配合广东电网和大亚湾核电站的要求建立的。该电站设计装机容量为 120 kW,年发电 23.8 亿 kW·h,它可以有效地保证电力系统的安全和经济运行,改善电能供应的质量。

张河湾抽水蓄能电站位于河北省井陉县境内,该工程是 2008 北京奥运会供电保障项目之一。电站设计安装 4 台 25 万 kW 的单级混流可逆式水泵水轮发电机组,总装机容量100 万 kW,设计年发电量 16.75 亿 kW·h,年抽水用电量 22.04 亿 kW·h。

9.5 长江三峡水利枢纽工程介绍

长江三峡水利枢纽工程简称"三峡工程"(见图9.24),是当今世界最大的水利枢纽工程,是治理和开发长江的关键性骨干工程。三峡工程位于长江三峡之一的西陵峡的中段,坝址在宜昌市的三斗坪,三峡工程建筑由大坝、水电站厂房和通航建筑物三大部分组成,具备防洪、发电、航运、供水等综合功能。

图9.24 三峡工程效果图

1992年4月,全国人大七届五次会议通过《关于兴建长江三峡工程的决议》。1994年12月,三峡工程正式开工;1997年11月,成功实现大江截流;2003年6月和7月,按期实现135 m蓄水、船闸通航、首批机组发电三大目标;2005年9月,左岸电站14台机组整体提前一年全面投产;2006年5月,三峡大坝全线浇筑到设计高程,大坝基本建成;2006年10月,三峡水库实现156 m蓄水目标,提前一年进入初期运行期;2008年10月,右岸电站12台机组整体提前一年全面投产;2008年11月,三峡水库试验性蓄水至172.8 m;2009年8月,三峡三期工程顺利通过175 m蓄水验收。

大坝为混凝土重力坝,总混凝土量1 486万 m³,总方量居世界第一。坝轴线全长2 309.47 m,坝顶高程185 m,最大坝高181 m。三峡水库全长600多km,正常蓄水位高程175 m,总库容393亿 m³,其中防洪库容221.5亿 m³。

水电站左岸设14台、右岸12台,共26台水轮发电机组。水轮机为混流式,单机容量均为70万 kW,总装机容量为1 820万 kW,年平均发电量1 000亿 kW·h。后又在右岸大坝"白石尖"山体内建设地下电站,设6台70万 kW的水轮发电机。

通航建筑物包括永久船闸和垂直升船机,均布置在左岸。永久船闸为双线五级连续船闸(见图9.25),位于左岸临江最高峰坛子岭的左侧,单级闸室有效尺寸为280 m×34 m-5 m(长×宽-坎上水深),可通过万吨级船队,年单向通过能力5 000万 t。升船机为单线一级垂直提升式,承船箱有效尺寸为120 m×18 m×3.5 m,一次可通过一艘3 000 t级客货轮或1 500 t级船队。

图 9.25　三峡船闸

思考讨论题

1.简述中国的水资源特性。

2.列举几种主要的水工建筑物。

3.修建拦河坝的目的是什么？

4.列举坝的主要形式。

5.试作出重力坝的受力图。

6.列举土石坝的主要类型。

7.河道的 4 种主要形式是什么？

8.试述河道整治的基本原则。

9.列举几种主要的河道整治建筑物。

10.简述水电站开发的两种基本形式。

11.谈谈你对抽水蓄能电站的看法。

12.试简单描述长江三峡水利枢纽工程。

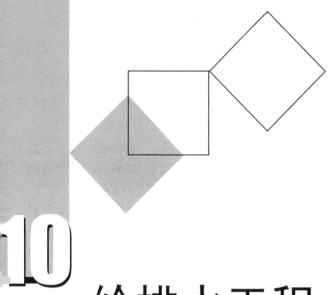

10 给排水工程

本章导读:

- **基本要求** 了解城市水务基本内容、对城市建设发展、城市运行的重要性;了解给排水工程技术内涵及相关因素;了解给排水体制、系统分类、布置、功能要求及运行管理内容;了解海绵城市建设的背景、海绵城市建设的发展历程;了解海绵城市建设产生的社会、经济、环境效益。
- **重点** 城市水务基本内容、对城市建设发展、城市运行的重要性;给排水工程技术内涵及相关因素、运行管理;海绵城市建设的内涵。
- **难点** 给、排水工程技术内涵及相关因素。

10.1 城市水务概要

当前,水资源危机、水环境恶化已成为全球性问题,中国作为全球 13 个最贫水国之一,承受着巨大的缺水压力,尤其是在城市缺水方面表现得更加突出。同时水环境恶化的趋势还远未得到有效的控制,这已成为制约国民经济和社会发展的重要因素。城市水务系统管理是缓解城市水资源短缺的有效手段。城市水务系统管理包括水资源环境、水源、供水、用水、排水、污水处理与回用,以及相关的资源管理和产业管理,涉及水文与水资源、水利工程、市政工程、环境工程、生态学、信息学等多学科,是城市生产与发展的自然资源和经济资源基础。

城市水务(Urban Water)是一门对城市水资源开发、利用、保护等总的相关事务进行系统研究的一门科学,为适应我国城市化的快速发展需求而设立。涉及城市水文规律分析、城市防洪与减灾、城市水资源利用与保护、城市水务规划与管理、城市水环境保护与生态修复等基本理论研究和技术开发,主要内容包括水资源、城乡防洪、灌溉、城乡供水、用水、排水、污水处理与回收利用、农田水利、水土保持、农村水电等涉水事务。城市水务主要为城市社会、经济、环境 3 个系统服务,并受三者制约。首先,城市水务系统要为人们日常生活提供饮用水以及其他生活用水,同时又应该采取有效的节水措施,以保护有限的水资源;其次,水务系统还要服务于经济系统,为其提供生产用水,但供水量又受到经济结构的影响,不同企业对水资源的需求不一样,因此应当合理并有效地分配水资源;最后,水务系统与生态系统也是相辅相成的,水资源来源于大自然,受地面不透水比例、水体污染和绿化面积的影响。因此,城市环境系统会影响城市水源地的水量与水质,与此同时,城市水系统又为环境系统提供生态用水,是生态环境的有效保障。

城市给水排水工程是一项集城市用水的取水、净化、输配,城市污水的收集、处理、综合利用,降水的汇集、处理、排放,以及城区防洪、排渍为一体的系统工程。其中,城市给水工程是以保证城市所需的水量、水质、水压为目标,选择和寻求城市水源,确定取水与净化方式,布置和建设各类取水、净水、输配水等工程设施和管网系统;城市排水工程是以合理处理和综合利用城市污水、安全排放城市各类污废水、消除城市水患为目标,确定城市排水体制,布置和建设各类污水的收集、输送、处理等工程设施和管网系统,布置和建设城市降水的收集、输送、排放等工程设施和管网系统,以及城市御洪(潮、汛)工程设施等。

10.2　给、排水工程技术内涵及相关因素

真正的城市给水排水工程是在工业革命之后随着城市的发展才逐渐建设起来。20世纪,西方发达国家逐步建立起完善的城市供水排水系统并得到普及,特别是加大了对污染的控制,使水环境逐步得到改善。我国在中华人民共和国成立后,随着国民经济的发展,特别是工业和城市的快速发展,城市和工业给排水工程也得到相应发展,开始在城市和工业企业建设给排水设施,当时解决的是有无问题,水量为主要矛盾。而当前我国在水资源的开发利用过程中,由于水资源紧缺且又受到严重污染,并且缺乏科学的管理,导致在水资源的开发利用中出现水资源短缺、生态环境恶化、水资源污染严重、"水质型"缺水严重、水资源浪费巨大等严重问题。随着水环境污染与人们对饮用水水质不断提高的要求的矛盾日益增大,高新技术发展也使工农业对水质的要求大为提高。给排水科学与工程是研究水的开采、净化、供给、保护、利用和再生等有关水在社会循环中各个环节的科学。它所解决的基本矛盾是人类社会经济发展对水的不断提高的利用需求和水资源紧缺及水环境污染的矛盾。它的研究内容是以城市和工业及现代农业为主要对象,研究以水质为中心的水资源开发利用技术,实现水的良性社会循环。核心问题是如何有效提高水质、水量,同时又保证水资源的可持续开发利用。

1)给水工程系统规划和布置

城市给水管网属于城市给水系统的一部分,管网系统的规划不可能脱离水源和水处理部分而孤立地进行讨论。城市用水量及给水系统各部分设计流量的确定,水源选择及取水位置和取水方式的确定,水处理工艺及水厂位置的选择管网系统(包括输配水管道、泵站、水量调节构筑物等)布置及管道直径计算都属于给水工程规划设计范畴。

按照城市规划、水源条件、地形,用户对水量、水质和水压要求等方面的具体情况选择给水工程中管网的布置方式,分为并联分区给水管网系统、串联分区管网给水系统、分质给水管网系统、重力输水管网系统等。

①城市规划的影响:给水管网系统的布置应密切配合城市和工业区的建设规划,做到统筹考虑分期建设。

②水源的影响:城市附近的水源丰富时,往往随着用水量的增长而逐步发展成为多水源给水系统,从不同部位向管网供水。

③地形的影响:中小城市如地形比较平坦,而用水量小、对水压又无特殊要求时,可采用统一给水系统。大中城市被河流分隔时,两岸工业和居民用水一般分别供给,自成给水系统。取用地下水时采用分地区供水系统。

2) 排水工程系统规划和布置

排水管网系统是排水系统的一部分。排水管网的规划和布置必然与污水处理厂相联系。城市污水(排入城市污水管渠的生活污水和工业废水)量的确定;雨水量的计算;排水区界的划分;雨水和污水出路;污水处理方法和污水厂的位置的选择;排水管网布置和管径计算;提升泵站的设置等,均属于排水系统规划的内容。当污水处理方法和污水厂位置确定以后,排水系统规划主要就是管网系统规划。根据排水管网系统规划的主要原则、工程投资、运行费用和环境保护一系列问题,再依据城市的总体规划、城市自然地理条件、天然水体状况、环境保护要求及污水再用情况等,通过技术经济综合比较确定。

10.3　给水工程

给水工程必须保证以足够的水量、合格的水质、充裕的水压供应生活用水、生产用水和其他用水,不但要满足近期的供水需求,还需兼顾城(镇)长远发展需求。

10.3.1　给水系统组成、分类、布置及功能要求

1) 给水系统的组成

给水系统由相互连系的一系列构筑物和输配水管网组成。其任务是从水源取水,按照用户对水质的要求进行处理,然后将水输送到用水区,并向用户配水。给水系统通常由下列设施组成:

①取水构筑物:用以从选定的水源取水。

②水处理构筑物:对取水构筑物的来水进行处理,以满足用户对水质的要求,水处理构筑物通常集中布置在水厂范围内。

③泵站:用以将所需水量提升到要求的高度,可分为抽取原水的一级泵站、输送清水的二级泵站和设于管网中的增压泵站等。

④输水管渠和管网:输水管渠是将原水由取水构筑物送到水处理厂的管渠,管网则是指将处理后的清水送到各个给水区的全部管道。

⑤调节构筑物:用以贮存和调节水量,包括各种类型的贮水构筑物,例如高地水池、水塔、清水池等。

图 10.1 所示为以地表水为水源的给水系统,其具体工作流程为:取水构筑物 1 从江河取水,经一级泵站 2 送往水处理构筑物 3,处理后的清水贮存在清水池 4 中;二级泵站 5 从清水池 4 取水,经管网 6 供应用户。有时,为了调节水量和保持管网的水压,可根据需要建造调节构筑物 7(如水库泵站、高地水池或水塔等)。一般情况下,从取水构筑物到二级泵站都属于水厂的

范围。当水源远离城市时,则须由输水管渠将水源水引到水厂。

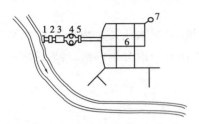

图 10.1　地表水源给水系统示意图
1—取水构筑物;2——级泵站;3—水处理构筑物;
4—清水池;5—二级泵站;6—管网;7—调节构筑物

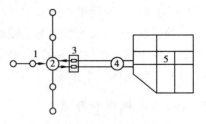

图 10.2　地下水源给水系统示意图
1—管井群;2—集水池;
3—泵站;4—水塔;5—管网

以地下水为水源的给水系统,一般通过凿井取水(见图 10.2)。因地下水水质良好,一般可省去水处理构筑物而只需加氯消毒,使给水系统大为简化。此外,地下水源给水系统中水塔并非必需,视城市规模大小而定。

2) 给水系统的分类

给水系统是保证城市(镇)、工矿企业等用水的各项构筑物和输配水管网组成的系统,分类如下:

①按水源种类不同分为地表水给水系统和地下水给水系统。

②按供水方式不同分为自流系统、水泵供水系统和混合供水系统。

③按使用目的不同分为生活用水系统、生产给水系统和消防给水系统。

④按服务对象不同分为城市(镇)给水系统和工业给水系统。

3) 给水系统的布置

(1)影响给水系统布置的因素

给水系统的布置取决于城市(镇)规划、水源、地形、用户要求等。

①城市规划:给水系统的布置,应密切配合城市和工业区的建设规划,做到通盘考虑、分期建设,既能及时供应生产、生活和消防用水,又能适应今后发展的需求。

②水源:水源种类、水源距离用水区的远近以及水源水质条件的不同均影响到城市给水系统的布置。

③地形:地形条件对给水系统的布置有很大影响。如城市地形比较平坦,工业用水量小、对水压又无特殊要求时,可用统一给水系统;城市地形起伏较大,则适合采用分区给水或局部加压的给水系统。

④用户要求:给水系统布置应考虑不同的用户要求,包括不同的水质、水压等。

(2)常见的给水系统布置形式

①统一给水系统

生活饮用水、工业用水、消防用水等都按照生活饮用水水质标准,用统一的给水管网供给用户的给水系统,称为统一给水系统。图 10.1 和图 10.2 所示为统一给水系统。这类给水系统适用于新建的中小城市、城镇、工业区或大型厂矿企业中用户较集中、地形较平坦,且对水质、水压要求也比较接近的情况。

②分质给水系统

当大型厂矿企业等相当数量用户对水质的要求低于生活用水标准时,则宜采用分质给水系统。分质给水系统,既可以是同一水源,经过不同的处理,以不同的水质和压力供应工业和生活用水;也可以是不同的水源。如图10.3中虚线所示为地面水经沉淀后供工业生产用水,同时地下水经加氯消毒后供给生活用水。这种分质给水系统显然节省了净水运行费用,但需设置两套净水设施和两套管网,管理工作较为复杂。

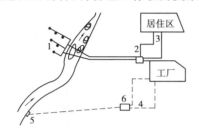

图 10.3 分质给水系统示意图
1—管井;2—泵站;3—生活用水管网;
4—生产用水管网;5—取水构筑物;
6—工业用水处理构筑物

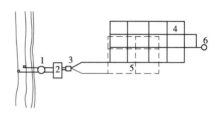

图 10.4 分压给水系统示意图
1—取水构筑物;2—水处理构筑物;
3—泵站;4—高压管网;5—低压管网;
6—水塔

③分压给水系统

当用户对水压要求差别较大时,如仍按统一供水,可能造成高压用户压力不足而需要增加相应增压设备,这种分散增压不但增加了管理工作量,而且能耗很大。此时,采用分压供水系统更为适合。分压给水可以采用并联或串联分压给水系统。图10.4所示为并联分压给水系统,其供水根据高、低压供水范围和压差值由泵站组合完成。

④分区给水系统

分区供水系统是将整个系统分成几个区,各区之间采取适当的联系,而每区设有单独的泵站和管网。采用分区给水系统,在技术上是为了使管网的水压不超过水管能承受的压力;在经济上是为了降低供水能量费用。在给水区范围很大、地形高差显著或远距离输水时,均须考虑分区给水系统。

⑤循环和循序给水系统

循环系统是指使用过的水经过处理后循环使用,只从水源取少量循环时损耗的水,这种系统通常采用较多。循序系统是在车间之间或工厂之间,根据水质重复利用的原理,水源水先在某车间或工厂使用,用过的水又到其他车间或工厂应用,或经冷却、沉淀等处理后再循序使用。循序系统由于水质较难符合循序适应的要求,很难普遍应用。循环给水系统、循序给水系统示意图分别如图10.5和图10.6所示。

⑥区域给水系统

随着工业的日益发展,沿一条河流建设的城市或工业企业愈来愈多,其间的距离愈来愈小。在有些情况下,选择的水源很难说是处于城市的上游或下游;因此,为避免污染,将所有水源设在一系列城市或工业区的上游,统一取水供沿河流各城市或工业区使用。这种从区域性考虑形成的给水系统称为区域给水系统。

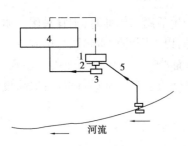

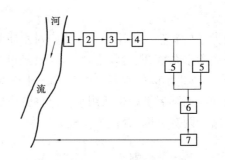

图 10.5　循环给水系统示意图
1—冷却塔;2—吸水井;3—泵站;
4—车间;5—新鲜补充水

图 10.6　循序给水系统示意图
1—取水构筑物;2—一级泵站;3—水处理构筑物;
4—二级泵站;5—车间;6—车间;7—废水处理构筑物

4)建筑给水系统

(1)建筑给水系统分类

根据用户对水质、水压、水量、水温的要求,并结合外部给水系统情况进行划分,建筑给水系统分为生活给水系统、生产给水系统、消防给水系统 3 种。

①生活给水系统

生活给水系统提供人们在日常生活中饮用、烹饪、盥洗、沐浴、洗涤、冲厕、清洗地面和其他生活用途的用水。在一般情况下是采用公用给水管网给水,在缺水地区可采用生活饮用水和杂用两类给水系统。随着人们对饮用水品质要求的不断提高,在某些城市、地区或高档住宅小区、综合楼等已实施分质供水,管道饮水给水系统已逐渐进入住宅。

②生产给水系统

生产给水系统提供生产过程中的工艺、清洗、冷却、生产、空调、稀释、除尘、锅炉等用水。由于工艺过程和生产设备的不同,这类用水的水质要求有较大的差异,有的低于生活用水标准,有的远远高于生活饮用水标准。

③消防给水系统

消防给水系统提供建筑消防灭火设施的用水,主要包括消火栓、消防卷盘和自动喷水灭火系统喷头等设施的用水。消防用水对水质要求不高,但必须按照建筑防火规范要求保证供给足够的水量和水压。

总之,给水系统的选择,应根据生活、生产、消防等各项用水对水质、水量、水压、水温的要求,结合室外给水系统的实际情况,经技术、经济比较或采用综合评判法确定。上述 3 种基本建筑给水系统可根据具体情况予以合并和共用,如生活-生产给水系统、生活-消防给水系统、生产-消防给水系统、生活-生产-消防给水系统。

(2)建筑给水系统组成

建筑内部给水系统一般由引入管、给水管道、给水附件、给水设备、配水设施和计量仪表等组成。包括引入管、接户管、入户管、水表节点、管道系统、给水附件、升压和贮水设备,以及室内消防设备等,如图 10.7 所示。

(3)建筑给水的布置方式

建筑给水布置方式(不包括高层建筑)主要包括以下几种:

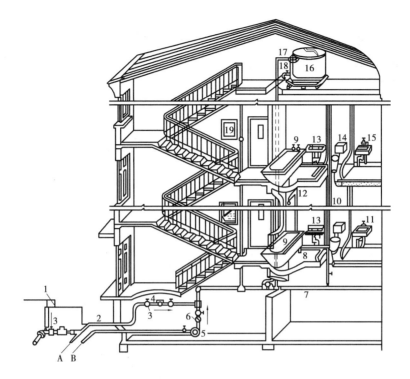

图 10.7   建筑给水系统

1—阀门井;2—引入管;3—闸阀;4—水表;5—水泵;6—逆止阀;7—干管;8—支管;9—浴盆;
10—立管;11—水龙头;12—淋浴器;13—洗脸盆;14—大便器;15—洗涤盆;16—水箱;
17—进水管;18—出水管;19—消火栓;A—入贮水池;B—来自贮水池

①直接给水

由室外给水管网直接供水,是最简单、经济的给水方式,如图 10.8 所示。此类供水方式适用于室外给水管网的水量、水压在一天内能满足用水要求的建筑。

②水箱给水

当室外给水管网供水压力周期性不足时宜采用此给水方式,如图 10.9 所示。低峰用水时,可利用室外给水管网水压直接供水并向水箱进水,同时水箱贮备水量;高峰用水时,室外管网水压不足,则由水箱向建筑内的给水系统供水。

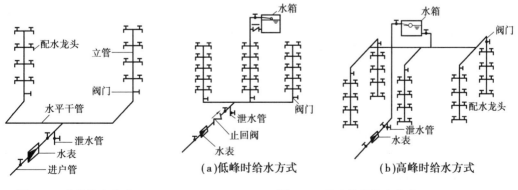

图 10.8   直接给水方式   **图 10.9   设水箱的给水方式**

③水泵给水

在室外给水管网的水压经常不足时宜采用此给水方式。为充分利用室外管网压力、节省电能,当水泵与室外管网直接连接时,应设旁通管,如图10.10(a)所示。当室外管网压力足够大时,可自动开启旁通管的逆止阀直接向建筑内供水。水泵直接从室外管网抽水,会使外网压力降低,影响附近用户用水,严重时还可能造成外网负压。因此,当采用水泵直接从室外管网抽水时,必须征得供水部门的同意,并在管道连接处采取必要的防护措施,以免水质污染。为了避免上述问题,可在系统中增设贮水池,采用水泵与室外管网间接连接的方式,如图10.10(b)所示。

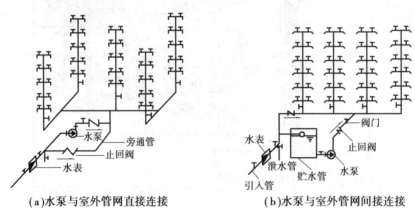

(a)水泵与室外管网直接连接　　　　(b)水泵与室外管网间接连接

图10.10　设水泵的给水方式

10.3.2　给水系统运行与管理

给水管网系统的运行管理包括管网系统运行调度、水质保证、管理检漏和修漏、管道防腐清垢和事故抢修等。运行目的是保证供水安全,运行经济。

(1)运行调度

运行调度的目的是提高供水服务质量,降低输配水电耗,提高供水安全性,取得良好的社会效益与经济效益。

城市给水管道系统包括输配水管道、泵站、水量调节构筑物(如水塔、水库)和附属设施(如闸门、消火栓等)等部分。在管网运行过程中,以上各部分都相互联系,相互制约。因此,运行调度相当复杂,尤其是大城市中多水源管网。例如,运行调度不合理时,在供水区水压低的地方,供水量不能满足用户需求;水压过高的地方,浪费能量,甚至使管道爆破。因此,管道运行调度的主要目标是使供水区域内服务压力相对均匀,节约电耗。

(2)管网水质控制

维护管网水质也是给水管网运行管理的重要任务之一。实际运行中经常会有这样的情况发生:自来水厂出水水质符合标准,但自来水龙头出水水质变差,如浊度增加、水色变黄、臭味增加等。生活饮用水输送过程中,会发生复杂的物理化学与生物作用。当水中 pH 较低时,金属管道遭到腐蚀,腐蚀物在水流冲击下进入用户水龙头,使饮用水浊度增加。出厂水中残存的细菌在水中获得有机营养后会大量繁殖,细菌附在管道也会使管道腐蚀。管道破损或维修期间,劣质水进入管网,使次质非饮用水流至饮用水管网,同样会导致水质恶化。针对管网水质恶化,一般采取以下措施:

①为控制管道腐蚀,一是调节水的 pH 值,常用的方法是向水中投加碱性物质;二是在管内壁涂衬保护层;三是更换管道材料。

②管线延伸过长时,应在管网中途二次投加消毒剂以抑制微生物繁殖;或在水处理中,最大限度地去除微生物所需的有机营养物质。

③定期对金属管道进行清垢、刮管或涂衬内壁,通过消火栓和放水管,定期放去管网中的"死水"。

④无论是新管还是旧管检修后,都应严格检查有无漏水的可能,并充分冲洗消毒。

⑤水箱或水池定期清洗。

（3）管网检漏

检漏是给水管网管理部门的一项重要日常工作,因为管网漏水造成的损失不仅浪费水资源,有时甚至会影响附近建筑物基础的稳固。造成管网漏水的主要原因是管道破损。管道破损有诸多原因,如管道质量差,管道使用年限长,管道基础不平整和阀门关闭过快引起的水锤作用等。管道接头不密实、阀门锈蚀或磨损等,也是造成管网漏水的重要原因。

（4）管网监测

管网监测包括水力特性监测和水质监测。水力特性监测主要是管网水压和流量控制,是管网监测的主要项目。水质监测主要是对某些典型水质参数进行监测。

①管网水压与流量监测

测定管网水压与流量,对管网优化调度、管网改造和扩建都具有重要意义。因此,管网水压和流量测定是技术管理的一个主要内容。测压点选取时应均匀分布,并选择能反映整个供水区实际压力全貌的具有代表性的管线上。

②管网水质监测

对管网中典型水质参数监测,可了解管网中水质变化情况,典型水质参数为浊度、pH、余氯等。监测点应具有代表性,如水质易受污染地点,管道陈旧地点,用水集中地点,离水厂最远点等。

（5）管道结垢和腐蚀的防治与清除

金属管道存在腐蚀现象,腐蚀将造成管道脆化或开裂、管道结垢等。如水中 pH 低时会加速管道腐蚀,水中的溶解盐会形成沉淀等。管道腐蚀结垢不仅会引起管道内水头损失的增加,还会影响水质。

金属管道防治腐蚀与结垢的主要方法有:阴极保护(防止电化学腐蚀),金属表面涂层(如外壁涂油漆、沥青,内壁涂水泥砂浆或环氧树脂等),采用非金属管道,调节 pH 等。若管道中已有结垢或沉淀物,可采用高速水流冲洗、压缩空气与水力同时冲洗、化学清洗、机械刮管等方法。在清除过后,应及时进行内壁涂衬以防再度腐蚀结垢。

10.4　排水工程

排水工程是收集、输送、处理和处置城市生活污水、工业废水和雨水的总称,是城市(镇)基础设施的重要组成部分。为了系统地排除和处置各种废水而建设的一整套工程设施称为排水系统。

10.4.1　排水体制、系统组成、布置

1）排水体制

生活污水、工业废水和雨水可以采用一套管渠系统或采用两套及两套以上各自独立的管渠系统来排除,这种不同的排除方式所形成的排水系统,称为排水体制。排水系统主要有合流制和分流制两种制度。

（1）合流制排水系统

合流制排水系统是将生活污水、工业废水和雨水混合在同一套管渠内排除的系统。合流制排水系统又分为直排式合流制排水系统和截流式合流制排水系统。

①直排式合流制排水系统

直排式合流制排水系统属于早期的合流制排水系统,就是将排除的混合污水不经处理和利用,就近直接排入水体。图 10.11 所示为直流式合流制排水系统,由于全部污水不经处理直接排入水体,虽然投资较低,但随着环境质量标准的提高,这种体制将不能满足环境保护的要求。因此,一般不宜采用这种体制。

②截流式合流制排水系统

截流式合流制排水系统是在早期直排式合流制排水系统建设的基础上,沿水体岸边增建一条截流干管,并在干管末端设置污水厂,同时在截流干管与原干管相交处设置溢流井。图 10.12 所示为截流式合流制排水系统,这种排水系统虽比直排式有了较大的改进,但随着雨量的增加超过了截流干管的输水能力时,将出现溢流,有部分混合污水将因直接排放而污染水体。为了克服截流式合流制这一缺陷,可设置调蓄设施贮存雨污水,待雨后再送至污水厂处理。这样做还有可能降低污水厂进水量的变化幅度,从而降低其基建费用和改善其运行条件。

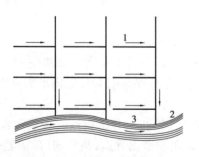

图 10.11　直排式合流制排水系统

1—合流支管;2—合流干管;3—河流

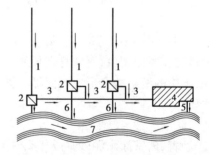

图 10.12　截流式合流制排水系统

1—合流干管;2—溢流井;3—截流主干管;
4—污水厂;5—出水口;6—溢流干管;7—河流

（2）分流制排水系统

分流制排水系统是将污水和雨水分别在两套或两套以上各自独立的管渠内排除的系统。排除生活污水、工业废水或城市污水的系统称为污水排水系统;排除雨水的系统称为雨水排水系统。由于排除雨水的方式不同,分流制排水系统又分为完全分流制、不完全分流制和半分流制 3 种。

①完全分流制排水系统

完全分流制排水系统既有污水排水系统，又有雨水排水系统，如图10.13所示。生活污水、工业废水通过污水排水系统排至污水厂，经处理后排入水体；雨水则通过雨水排水系统直接排入水体，故环保效益较好，但有初期雨水的污染问题，而且其投资一般也比截流式合流制高些。新建的城市及重要的工矿企业，一般采用完全分流制排水系统。

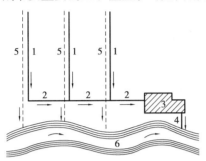

图10.13　完全分流制排水系统图

1—污水干管；2—污水主干管；3—污水厂；
4—出水口；5—雨水干管；6—河流

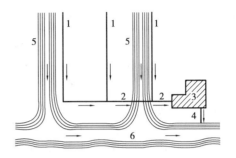

图10.14　不完全分流制排水系统

1—污水干管；2—污水主干管；3—污水厂；
4—出水口；5—明渠或小河；6—河流

②不完全分流制排水系统

不完全分流制排水系统只设有污水排水系统，没有完整的雨水排水系统，如图10.14所示。污水通过污水排水系统送至污水厂，经处理后排入水体；雨水则通过地面漫流进入不成系统的明渠或小河，然后进入较大的水体，故投资较省。这种体制适用于地形适宜，地面水体可顺利排泄雨水的城镇。发展中的城镇则可先建污水系统，再完善雨水系统。我国很多工业区、居住区在以往建设中采用了不完全分流制排水系统。

③半分流制排水系统

半分流制排水系统既有污水排水系统，又有雨水排水系统，如图10.15所示。该系统之所以称为半分流是因为它在雨水干管上设置了雨水跳越井，可截留初期雨水和街道地面冲洗废水进入污水管道。雨水干管流量不大时，雨水与污水一起被引入污水厂处理；雨水干管流量超过截流量时，则跳越截流管道经雨水出流干管排入水体。在生活水平、环境质量要求高的城镇可以采用。

合理选择排水系统的体制，是城镇和工业企业排水系统规划和设计的重要问题。通常排水系统体制的选择，应当在满足环境保护需要的前提下，根据当地的具体条件，通过技术经济比较决定。

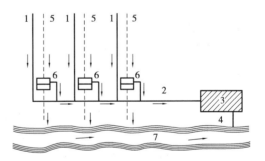

图10.15　半分流制排水系统

1—污水干管；2—污水主干管；3—污水厂
4—出水口；5—雨水干管；6—跳越井；7—河流

2)排水系统组成

图10.16所示为排水系统组成示意图。排水系统通常由管渠系统、污水厂和出水口3部分组成。

管渠系统：收集和输送废水的工程设施。

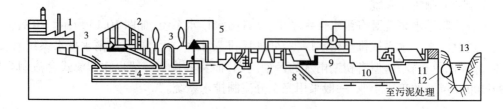

图 10.16 排水系统的组成

1—工厂排出的生产废水;2—住宅排出的生活污水;3—工厂区及住宅区排出的雨水;
4—城市管渠系统;5—泵站;6—格栅;7—曝气沉沙池;8—初次沉淀池;9—鼓风机房;
10—曝气池;11—二次沉淀池;12—出水渠;13—江河

污水厂:改善水质和回收利用污水的工程设施。

出水口:废水排入水体的工程设施。

城市(镇)污水系统主要负责收集住宅和公共建筑的污水并输送至污水厂,由房屋内部污水管道系统、街坊污水管道系统、城镇污水管渠系统和污水泵站组成。

工厂排水系统主要是收集各车间及其他排水对象所排出的废水,并将其送至回收利用、处理构筑物,或直接排入城镇排水系统。工业废水排水系统由车间内部管道系统和设备、厂内管道系统等组成。

雨水排水系统的任务主要是收集雨水径流,并排入水体。雨水排水系统由房屋雨水管道系统、街坊或厂区雨水管渠系统、街道雨水管渠系统、雨水泵站及压力管等组成。

3)排水系统的布置

污水管道系统的平面布置包括:确定排水区界,划分排水流域;选择污水厂出水口的位置;拟定污水干管及总干管的路线;确定需要抽升的排水区域和设置泵站的位置等。

排水区界是排水系统敷设的界限。在排水区界内应根据地形及城市和工业企业的竖向规划划分排水流域,一般排水区界应与排水区域分水线相符合。污水厂和出水口要设在城市的下风向、水体的下游;离开居住区和工业区,其间距必须符合环境卫生的要求,应通过环境影响评价最终确定。

管道定线一般按总干管、干管、支管顺序依次进行。污水总干管的走向取决于污水厂和出水口的位置;因此污水厂和出水口的数目与分布位置将影响主干管的数目和走向。在一般情况下,污水管道是沿道路敷设,所以管道定线时需考虑街道宽度及交通情况,同时污水干管一般不宜在交通繁忙而狭窄的街道下敷设。污水支管的平面布置除取决于地形外,还需考虑街坊的建筑特征,并便于用户的接管排水。

排水泵站设置的具体位置应考虑环境卫生、地质、电源和施工条件等因素,并应征询规划、环保、城建等部门的意见。

4)建筑排水系统

(1)建筑排水系统分类

建筑排水系统的任务是将建筑内生活、生产中使用过的水收集并排放到室外的污水管道系统。根据系统接纳的污、废水类型,可分为生活排水系统、工业废水排水系统和雨水排水系统3大类。

①生活排水系统:用于排除居住、公共建筑及工厂生活间的盥洗、洗涤和冲洗便器等污废水。

②工业废水排水系统:用于排除生产过程中产生的工业废水。

③雨水排水系统:用于收集排除建筑屋面上的雨雪水。

在以上3类系统中,若污废水单独排放,则称为分流制排水系统,否则称为合流制排水系统。

（2）建筑排水系统的基本要求与组成

建筑内部污、废水排水系统应能满足以下基本要求:

①系统能迅速畅通地将污废水排到室外。

②排水管道系统内的气压稳定,有害气体不能进入室内,保持室内良好的环境卫生。

③管线布置合理,简短顺直,工程造价低。

为满足上述要求,建筑污废水排水系统由卫生器具和生产设备的受水器、排水管道、清通设备和通气管道、建筑污废水的提升和局部处理等基本部分组成。

民用和公共建筑的地下室、人防建筑、消防电梯底部集水池内以及工业建筑内部标高低于室外地坪的车间和其他用水设备房间排放的污废水,若不能自流排至室外检查井时,必须提升排出,以保持室内良好的环境卫生。

为使污废水水质标准达到排入市政管网的要求,通常要采用局部处理,污废水的局部处理主要有化粪池、隔油池、降温池和医院污水处理设施等。

（3）建筑污废水排水系统的类型

污废水排水系统通气的好坏直接影响排水系统的正常使用,按系统通气方式,建筑内部污废水排水系统分为单立管排水系统、双立管排水系统和三立管排水系统。

①单立管排水系统

单立管排水系统指只有一根排水立管,没有专门通气立管的系统,如图10.17(a)所示。这种排水系统利用排水立管本身及其连接的横支管和附件进行气流交换,这种通气方式称为内通气。

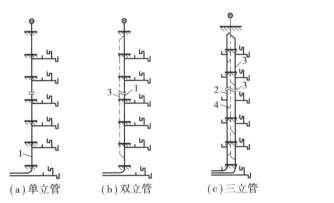

(a)单立管　　　(b)双立管　　　(c)三立管

图10.17　污废水排水系统类型　　　图10.18　普通外排水系统示意图

1—排水立管;2—污水立管;3—通气立管;4—结合通气管

②双立管排水系统

双立管排水系统也称两管制,由一根排水立管和一根专用通气立管组成,是利用排水立管与另一根立管之间进行气流交换,所以叫作外通气,如图 10.17(b)所示。该建筑排水系统适用于污废水合流的各类多层和高层建筑。

③三立管排水系统

三立管排水系统由 3 根立管组成,如图 10.17(c)所示,分别为生活污水立管、生活废水立管和专用通气立管。三立管排水系统也是外通气系统,适用于生活污水和生活废水分别排除室外的各类多层、高层建筑。

(4)建筑屋面雨水系统

建筑屋面雨水的排除方式按其雨水管道的位置分为外排水系统和内排水系统。

①外排水系统

外排水系统的管道敷设在外,故室内无雨水管产生的漏、冒等隐患,且系统简单,施工方便,造价低,在设置条件具备时应优先采用。根据屋面有无天沟分为普通外排水和天沟外排水两种方式。图10.18所示为普通外排水系统示意图。

②内排水系统

内排水系统一般由雨水斗、连接管、悬吊管、立管、排出管、埋地干管和附属构筑物等几部分组成。降落到屋面的雨水沿屋面流入雨水斗,经连接管、悬吊管流入立管,再经排出管流入雨水检查井,或经埋地干管排至室外雨水管道。

建筑物屋面雨水排水系统的选择应综合考虑建筑物的类型、建筑结构形式、屋面面积大小、当地气候条件以及生活生产的要求,经过技术经济比较,本着既安全又经济的原则进行。

10.4.2 排水系统运行与管理

在城市排水系统建成后,为保证其运行正常,减少因管道系统故障或调度不当而影响环境或造成经济损失,必须进行科学化管理,排水管网系统运行管理的主要内容有:

(1)管渠清理

在排水管道中,流量是时刻变化的。当流量较小时,往往由于污水中固体杂质沉淀,造成管道淤积。淤积过多会使管渠堵塞,污水外溢。因此排水管渠日常管理和养护工作量最大的是清理管渠。清理的方法有水力清通、机械清通。现在,为了及时了解管渠内沉积、堵塞和损坏情况,城市排水管渠检测设备已开始应用,从而能随时发现问题及时解决,免除人工检测的辛苦。

(2)管渠外修

过重的管道外荷载或地基不均匀沉降会使管道损坏或产生裂缝。检查井顶盖、雨水口顶盖等也会常常遭到损坏。因此有计划地安排管渠修理,以免损坏处扩大而造成事故。

(3)泵站的运行调度

很多城市的排水管渠系统均建有提升泵站、中途泵站,还有终点泵站。提升泵站与管渠系统、各提升泵站互相之间均有影响。从技术经济上考虑,排水泵站也存在优化控制调度的问题。

10.5 海绵城市

海绵城市,是新一代城市雨洪管理概念,是指城市在适应环境变化和应对雨水带来的自然灾害等方面具有良好的"弹性",也可称之为"水弹性城市"。下雨时吸水、蓄水、渗水、净水,需要时将蓄存的水"释放"并加以利用。

10.5.1　海绵城市建设的内涵

传统的城市建设理念偏重于经济和社会功能,强调"坚固耐用、经济美观",对生态环境和水源涵养功能的考虑不足,特别是对城市化的水文效应认识不足。城市化发展在带来经济社会群聚红利的同时,也造成水循环过程的畸变和区域性气候的演变,给生态环境带来巨大压力,各类水问题日益凸显。

海绵城市建设的宗旨是处理好城市建设与水资源生态环境保护的关系。首先这是对城市概念和城市对水的需求理解的升级。要建设宜居、舒适、安全,让生活更美好的城市,必须解决水安全和生态环境。大规模快速的城市化进程,改变了区域的下垫面条件,甚至地形地貌和源头水系,进而改变了原有的蒸发、下渗、坡面汇流等自然水文特征,城市滞蓄能力锐减,导致雨水资源流失、径流污染增加、内涝频发等一系列问题。

其次,这是城市水管理理念的升华,是城市水环境和自然资源从以往的利用、控制、治理、不计后果的无序开发,向有序管理协调方式转变;从粗犷式的工程规划建设,向集约式的、精细化的工程思维和工程建设模式转变,通过集成管理、有序协调,实现智慧管理模式。我们经历过可持续发展理念的引入、水务一体化管理和最严格的水资源管理实践、水生态文明的创建。这一切为城市水管理理念的升级奠定了很好的基础,然而将理念转变为成功的工程实践还需要很多工作。

由于城市空间的密集,土地资源的紧缺,城市的发展与环境的保护,建设用地与绿色低影响雨水源头处理工程之间合理平衡的要求,我国城市面临的水环境问题非常复杂,必须反思城市开发建设的模式,真正理解一系列因素之间的相互关系,把控关键环节。任何的水环境问题,都是由于人类活动改变了原本自然的水文条件。城市开发导致地面径流的增加而洪涝风险加大;非雨季水量的减少而水污染严重;水资源的大量开发利用而导致下游水量不足或环境改变。我们必须改变以工程解决工程问题的习惯思维,需要以可持续发展理念指导,在城市开发过程中,充分认识到水环境资源的承载力,认识和尊重自然生态的本质价值,识别工程与环境、周边和上下游之间的影响关系,既考虑当代需求,也兼顾子孙后代的需求,从而合理利用自然资源,采用补偿工程和管理手段,实现开发与保护的平衡。

因而,海绵城市建设实际上是工程理念的转变,需要技术和管理体系的更新和集成,是以可持续发展理念支撑下的城市流域水资源环境开发保护和利用的综合管理。这一理念要求企业承担社会责任,资源利用者负担由于资源利用而导致的对环境的影响。因此在城市开发建设中,既考虑市政工程后极端暴雨导致的洪涝风险控制,又要兼顾流域的水资源利用和本底水生态、水环境的保护。

10.5.2　海绵城市建设的发展历程

我国海绵城市的发展历程可以大致分为 4 个阶段。

(1)雨水综合利用阶段

从 2001 年起,住房和城乡建设部、发改委等部门相继组织开展节水型城市建设工作,水利部组织评估了全国范围内大江大河的洪水风险,以指导地区防洪规划和城市建设。地方层面也陆续启动建立各类蓄水池、人工湖和下凹式绿地等积水工程。

这一阶段的工作以雨水资源综合利用、城市防洪排涝为主,兼顾水污染处理,但是各个部门各自为政,在组织管理和实施过程中尚未形成统一的体系,因此出现雨水工程散乱的现象,防涝和雨水回用效果不明显。

(2)生态城市建设阶段

2010年以后,生态城市建设在全国大范围展开,住建部批准了8个项目成为全国首批绿色生态示范地区,将授予每个项目5 000万元的补贴资金。生态城市采用生态化建设开发方法,包括区域生态安全格局维护、城市水体保护、雨水收集利用等技术,从整体上推动建设与自然相融合的新型城市。

(3)海绵城市试点阶段

2013年习总书记提出"海绵城市"理念后,海绵城市的理论内涵、建设途径、目标体系等都在不断地拓展深化。2014年财政部、住建部、水利部联合组织开展海绵城市建设试点申报工作,确定了武汉、重庆、济南、南宁等16个城市作为2015年海绵城市建设试点。2015年起池州、常德、宿迁、厦门、遂宁、武汉等地也相继出台海绵城市建设管理办法,规范了各地海绵城市建设、运营全过程的管理。但在此阶段的海绵城市建设存在很多误区和陷阱,第一批试点的意义就是先试先行,在实践中寻求经验。

(4)百家争鸣阶段

2016年以来,经过一年的海绵城市试点建设,各地都有了不同的经验。海绵城市建设出现了百家争鸣、各抒己见的新局面。首先,从建设目的来说,不同的城市存在不同的问题。库区城市以径流污染为主要目的,盆地城市以内涝防治为主要目的,干旱城市以补给地下水为主要目的……到底是解决"小雨不内涝""大雨不积水"还是"水体不黑臭"? 不同的建设目的,将指引不同的建设思路和手段。其次,从综合规划管理来说,随着海绵城市内涵的不断丰富,海绵城市不仅仅只是源头控制的LID,而是涉及源头削减、过程控制和末端治理等全过程的管理。再次,不同行业的专家对海绵城市也有不同的理解。

2016年,三部委启动了第二批全国海绵城市建设试点申报工作,确定了北京、天津、大连、上海、宁波等14个城市作为2016年海绵城市建设试点。新的试点、新的起点,我国的海绵城市建设进程又向前迈进一大步。

10.5.3　海绵城市建设意义

1)社会效益

①增强城市防洪排涝能力,保障城市居民安全。通过海绵城市的建设,可减少降雨外排流量,削减洪峰,延迟洪峰出现时间,提高建筑乃至城市防洪能力,避免或减轻本区域居民的水灾损失。此外,海绵城市建设不仅可减少城市降雨积水现象,方便居民生活,改善社区环境,还可减少交通拥堵和交通事故发生,有利于保障人民生命财产的安全。

②提升城市生态环境品质。海绵城市通过屋顶绿化、打造雨水花园、生态蓄水池等低影响开发措施,不仅能够起到排洪防涝保护城市安全的作用,还能美化城市环境,提升生态环境的品质,给居民一个身心愉悦的休憩场所。

③实现可持续发展。打造污水再生回用工程是解决城市供水压力、河流水体污染以及河道外部水源不足的有效途径之一，也是保护沿岸居民身体健康的民心工程，是积极探索建设资源节约型、环境友好型、社会新路的有益尝试，是贯彻实施"可持续发展"方针的有力保障，既有利于根治河流水体污染状况，也有利于保护好区域水环境。

2) **经济效益**

①减少环境资源损失。海绵城市建设可削减雨水径流量，净化去除雨水中的污染物，降低径流污染，同时通过人工湿地等低冲击措施净化污水。通过海绵城市核心区湖泊水库水环境整治、中小河流治理工程以及两叉河山洪沟治理等重点示范工程的打造，将大大减少污染，改善城市水环境。

②节约调蓄设施净增成本。以往建造绿地的高程是高于路面或者与路面等高，既浪费灌溉用水又不利于汇集路面径流。下凹式绿地将调蓄设施和绿地结合起来，在一定程度上弥补降水和渗透的不均衡，减缓径流洪峰，起到调蓄作用，同时间接节约了调蓄设施的净增成本。在建造调蓄设施时充分利用了景观水体（诸如溪流、河道、人工湖等水景），配以适当的引水设施，能够很好地蓄存雨水径流，同样节约了调蓄设施的净增成本。

③减少水环境污染治理费用。海绵城市建设中的工程方案应用了大量源头涵养水资源、调蓄和储存屋面雨水并回用的储水供水设施，这些工程的应用不但节约水资源，且减轻了城市供水系统的负荷以及生产和输运成本，同时也降低城市排水设施的投资和运行费用。

④发挥回用水带来效益。海绵城市建设鼓励雨水回用与中水回用。与自来水生产需远距离取水相比，既不需要引水的巨额工程投资，也无须支付大笔的水资源费，省却了大笔输水管道建设费用和输水电费。此外，由于中水生产系统设于污水处理厂内，可有效利用城市污水处理厂现有工程和管理人员，可减轻中水生产系统的经营成本。扩建的中水厂供给市政浇洒道路广场、浇洒绿地、市政消防、车辆冲洗及管网漏失水、湿地公园保水活水及其他用水。

⑤降低内涝和山洪造成的损失。通过建设海绵城市能够对城市内涝和山洪起到缓解作用，降低了城市内涝和山洪造成的巨额损失。

⑥减少建设的工程量。雨水可以通过海绵体进行下渗，减少了在排水管道上的投资，同时海绵城市拟建设若干下凹式植草沟、雨水塘等设施，减少了钢筋混凝土水池的工程量。

⑦撬动民间资本，促进经济良性循环。市政公用事业是为城镇居民生产生活提供必需的普遍服务的行业，是城市重要的基础设施，是有限的公共资源，直接关系到社会公众利益和人民群众生活质量，关系到城市经济和社会的可持续发展。海绵城市建设通过 PPP 模式引导民间资本进入市政公用事业，是适应城镇化快速发展的需要，是加快和完善市政公用设施建设，推进市政公用事业健康持续发展的需要。同时民间资本的进入将推动本地产业链的培育和发展，增加就业机会，促进经济和生态的良性循环。

3) **生态效益**

①有利于区域水环境保护和生态修复。水环境的巨大变化使得区域生态系统日渐脆弱性，海绵城市的建设涉及大量植被的栽种，有利于区域生态系统的保护。

②缓解城市热岛效应。海绵城市增加了城市水面面积，水的比热容比较大，在升高相同的温度时可以吸收更多的热量，在降低相同的温度时可以放出更多的热量，可以减小城市的温差，缓解城市热岛效应。

③削减暴雨径流和雨水径流中的污染物。根据 Xp-drainage 软件模拟结果显示,绿色屋顶、透水铺装和下凹绿地等低影响开发措施的组合对不同频率的暴雨形成的径流无论在洪峰还是在洪量上均有一定的消减效果。暴雨径流的削减,也将在雨水径流污染物削减方面产生显著效益。

④修复社会水循环:

a.增加降雨向土壤水的转化量。采用下凹式绿地和透水铺装能够大量增加降雨渗入土壤的水量。通常绿地的径流系数为 0.15,小区内传统的混凝土硬化铺装地面的径流系数为 0.9,实施雨洪利用措施后,对于设计标准内降雨,绿地和透水地面的径流外排径流系数可降为零。一般情况下小区内绿地占 30%、硬化铺装地面占 35%,若绿地的截留量按 10% 计,仅此两部分采取雨洪利用措施后,就可将降雨向土壤水的转化量增至 160%。

b.增加地下水补给量。部分土壤水在重力作用下逐渐向下运动最终补给地下水。根据北京市城区的水文地质条件,渗入土壤的雨水转化为地下水的比例一般在 5% ~ 20%,平均为 10%。因此,若仅绿地和铺装地面采取雨洪利用措施,所增加的地下水补给量为降雨量的 3.6%。

c.增加蒸散发量。下凹式绿地能够使土壤含水量增加 2% ~ 5%,使植物生长旺盛,从而增加绿地的蒸散发量 0.02 ~ 0.32 mm。通过透水地面渗入土壤的雨水、铺装层吸收和滞蓄的雨水,在降雨过后会逐渐通过铺装层的孔隙蒸发到空气中。

d.有效减少径流外排量。实施雨洪利用措施能够使外排径流量大大削减,甚至能够实现对于一定标准的降雨无径流外排。

e.有利于城市河道"清水常流"。调控排放形式的雨洪利用措施可使滞蓄在小区管道和调蓄池内的雨水在降雨结束后 5 ~ 10 h 内缓慢排走,再考虑 5 ~ 10 h 的汇流时间,则可使城市河道的径流时间延长 10 ~ 20 h,使城市河道呈现出类似天然河道基流的状态,趋向于"清水常流"。

f.有利于增加生物多样性。海绵城市涉及建设森林公园、生态公园、社区公园、防护绿地、人工湿地等措施,这些都是保护和提高城市生物多样性的重要场所,提高物种潜在共存性,促进城市生物多样性的保护和恢复,给公众提供自然的、生态健全的开敞空间。海绵城市的建设能够减缓对水体的污染,同样有利于促进城市水生生物的多样性发展。

思考讨论题

1.简述给水系统的分类和组成。

2.给水系统的布置形式有哪些?

3.简述建筑给水系统给水方式,并说明其适用条件。

4.排水体制有哪几种? 每种排水体制有何优缺点? 选择排水体制时应考虑哪些问题?

5.城市排水系统由哪几部分组成? 每个组成部分的功能是什么?

6.建筑污废水排水系统的要求有哪些? 常用的有哪几种类型?

7. 简述海绵城市的内涵。

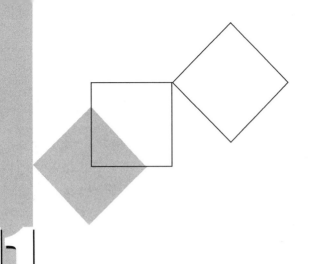

11 土木工程防灾减灾

本章导读：

- **基本要求**　了解土木工程灾害的基本情况、类型、防灾减灾的重要性及实施，了解土木工程监测、加固的重要性。
- **重点**　土木工程灾害类型、防灾减灾措施；土木工程状态监测以及加固。
- **难点**　防灾减灾的过程、技术措施与决策。

11.1　概　述

　　土木工程灾害分为自然灾害和人为因素导致的灾害。自然灾害包括地震、滑坡、泥石流、火山喷发、洪水、海啸等，轻者使住宅、厂房、桥梁、水坝遭到破坏，重者造成垮塌，危害生命、财产安全，造成巨大的经济损失。1940 年，通车仅 4 个月的美国华盛顿州塔科马海峡大桥就因风而毁（见图 11.1），该桥的坍塌使得空气动力学和共振实验成为了土木工程专业，特别是桥梁工程学生的必修课。1970 年，孟加拉国热带旋风造成 30 万~50 万人死亡（见图 11.2）。1976 年，我国唐山发生里氏 7.8 级的地震，房屋建筑倒塌毁坏殆尽，造成 24.2 万人丧生。1985 年，哥伦比亚火山喷发导致 2.2 万人遇难（见图 11.3）。2004 年 5 月，戴高乐机场一处屋顶发生坍塌事故（见图 11.4），造成 6 人死亡，多人受伤。2004 年 11 月，河北沙河发生矿难，被困井下矿工达到 119 人，死亡人数达到 68 人。2008 年 5 月 12 日，由于印度洋板块向亚欧板块俯冲，造成青藏高原快速隆升，导致汶川发生里氏 8.0 级大地震（见图 11.5），使约 50 万 km^2 的中国大地受到重创，近 9 万人遇难或失踪，造成直接经济损失 8 451 亿元人民币。2011 年 3 月 11 日，日本东北部海域发生里氏 9.0 级地震并引发海啸（图 11.6），造成重大人员伤亡和财产损失，致使福岛第一核电站发生最高级别（7 级）核泄漏事故。

图 11.1　美国塔科马大桥垮塌

图 11.2　孟加拉国热带旋风

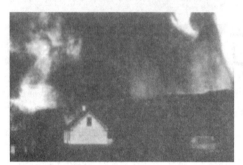

图 11.3　哥伦比亚火山喷发

图 11.4　戴高乐机场一处屋顶坍塌事故

图 11.5　汶川地震后的北川中学一片废墟

图 11.6　日本 9.0 级地震并引发海啸

　　人为因素导致的土木工程灾害则是指因不按规定开展工程活动而引起的突发性重大或灾难性事故,如因设计或施工不当引起大型滑坡、房屋倒塌或桥梁垮塌等。2010 年,在进行外立面墙壁施工的上海一高层住宅因人为因素导致脚手架起火,使 58 人遇难(见图 11.7)。因人为因素导致的灾害中也包括因疏于监管而出现的"积劳成疾"性灾害,如因缺乏服役状态监管导致的桥梁垮塌等。

　　经验表明,良好的预防机制和防灾减灾技术会大大降低灾害所造成的损失。例如,在 1970 年孟加拉国热带旋风之后,孟加拉国和其他国家合作开发研制了一套人造卫星风暴警报系统,借助于该系统,使得 1985 年遭到相同强度旋风袭击后的死亡率大大降低。1985 年智利瓦尔巴莱索附近发生与我国唐山

图 11.7　上海一高层公寓起火

震级相同的地震,由于建筑物采取了很好的抗震设防措施,仅有 150 人死亡。2004 年 10 月,我国云南地区发生了大面积山体滑坡,由于预防和疏散措施得当,未造成任何人员伤亡。

因此,如何有效地预防灾害的发生,减轻灾害所造成的损失,已成为土木工程界关注的课题。1989 年,联合国经济及社会理事会将每年 10 月的第二个星期三确定为"国际减灾日",旨在唤起国际社会对防灾减灾工作的重视,敦促各国政府把减轻自然灾害列入经济社会发展规划,并将 20 世纪最后一个 10 年定为"国际减轻自然灾害十年"。自 2009 年起,每年 5 月 12 日为中国防灾减灾日。

11.2　防灾减灾

11.2.1　防灾减灾的过程

防灾减灾通常经历 3 个阶段:灾害危险性分析、防灾减灾规划制订和防灾减灾规划实施。

1)灾害危险性分析

一般情况下,灾害发生应同时具备:有潜在危险、工程设施易损、处在危险区及潜在危险的显现。与之相对应,灾害危险性分析程序与工作内容:危险性估计、易损性分析、灾害估计与灾害评价。

2)防灾减灾规划制订

在对灾害分析的基础上,根据现有条件与防灾减灾手段,有效利用有限资金,制订短期或全面防灾减灾规划,以达到防灾减灾的目的。

防灾减灾规划制订程序与主要工作内容:

(1)明确目标

在对灾害进行危险性估计、易损性分析、灾害估计、灾害评价的基础上,明确防灾减灾的目标和要求,如防灾减灾的目标、实施防灾减灾措施的优先顺序等。

(2)制订规划

防灾减灾目标明确后,根据灾害特点、灾害分析结果、资金及社会现状、规划水平等制订不同的防灾减灾规划。例如,对于突然发生的灾害,需要迅速制订短期计划,将灾害造成的损失减到最少;对于不太紧急的灾害,则需要制订长期计划,结合城市或地区发展规划予以实施。

(3)规划评估

根据防灾减灾规划时间的长短,将其分为两种:①损失—目标评价。防灾减灾规划为短期规划时,因在短时间内难以用效益衡量规划的优劣,因此主要是看是否达到规定的预定目的;②损失—效益分析。当防灾减灾规划为中、长期规划时,可以用规划带来的效益来评估规划的优劣。

3)防灾减灾规划实施

在防灾减灾规划制订完成后,需要组织实施。防灾减灾规划的实施主要包括实施方式的选用、规划项目的管理、各个实施阶段的划分和安排,资金、人力、设备等资源配置、灾害监测、人员培训等内容。可以通过法律手段、财政手段、土地占有手段、公用事业投资分配手段、社区参与手段等进行规划实施。

11.2.2　减轻灾害的主要技术及措施

1）减少场地险情发生

减轻灾害的措施主要有预防措施、改善措施、缓解措施 3 种：

①预防措施是指采用有效措施减轻灾害强度，减少险情的影响。例如，对于洪水灾害，可以实施整治河床、修筑堤岸等措施；对于地震灾害，可以通过抗震设计、构造措施等起到预防效果。

②改善措施是指采用有效措施改善场地本身的一些特征，减少灾害的影响。例如，对于地震引起的滑坡、塌陷，可以通过改善场地特性降低或避免滑坡造成的危害。

③缓解措施是指采用有效措施将大的灾害化为小的灾害。例如，将一个大地震化解为一系列小地震以降低灾害带来的损失。

2）减低结构易损性

减低结构易损性的主要措施是通过设计、施工、维修、加固、重建等减少结构的易损性。例如，可以采用减震、隔震技术（基底隔震，结构上布置减震装置）将地震反应降低；改善材料和结构性能，提高结构抗震的性能；采取抗震加固措施提高结构安全度；采用智能建筑材料提高结构整体抗震能力等。

3）改变住区功能特性

改变住区功能特性的措施主要包括土地利用管制、扩大生命线系统。

（1）土地利用管制

土地利用管制主要是对建筑用途、人口密度、土地用途、房屋高度、房屋材料、街道宽度、房屋类型等进行限制。

（2）扩大生命线系统

生命线系统是指道路、铁道、供水、供电、通信、排水等线路和系统。生命线系统的破坏会对整个城市或地区造成极大的影响。生命线系统破坏的影响主要取决于生命线系统自身结构及系统内部连接的各个子系统的数目。一次扩大生命线系统可以提高防御灾害的能力，减轻灾害影响。

4）灾前报警

建立灾前报警系统可以给人们留有时间保护生命财产安全。目前，世界范围内的灾前报警技术已有长足的发展，如地震预报、水灾预报、龙卷风预报等。

11.2.3　防灾减灾决策

防灾减灾决策是在对未来灾害危险性及灾情预测的基础上所作出的减灾措施或方案的决策，其主要特点是风险大、投资大、与人们生命安全密切相关。综合利用各种信息，设法避免或减轻灾害影响，选择最优减灾决策成为减灾决策中的核心问题，而决策科学及 GIS、Internet 等技术手段提供了有力的保证。防灾减灾决策主要包括：

①确定目标，尽量减少生命损失和财产损失。

②设计多种预选方案供决策者选择。

③采用定性、定量、定时分析方法对预选方案评价,从中选出最满意方案,将防灾减灾决策中出现的问题及时反馈以便于对决策方案进行调整与修正。

对于不同类型的防灾减灾决策需采用不同的方法。对确定型减灾决策(未来情况发生为已知条件下的决策),常用建立方程、不等式、逻辑式用数学规划求解最优方案的方法;对不确定型减灾决策(未来情况为未知条件下的决策)可根据具体情况采用悲观法则(从不利情况出发,按灾害可能造成最大损失估计选择最好方案,又称小中取大法则,是一种保守的减灾决策方法)、乐观法则(从各减灾方案的最大效益中选择最大效益的最大值方案,又称大中取大原则,是一种冒险的减灾决策方法)、最小遗憾法则(在最大损失中取最小损失方案,又称大中取小原则)、折中法则(根据经验确定一个乐观系数,找一个折中标准的决策方法,又称乐观系数法则。当乐观系数等于0时,称为悲观法则,当乐观系数等于1时成为乐观法则)、敏感性法则等方法;对风险型减灾决策(决策因素中未控制因素有概率变化),可采用最大可能法(选择一个概率最大的自然状态决策)、期望值法(从决策问题构成损益矩阵为基础,计算出每个减灾方案期望值,从中选择最大效益期望值或最小损失期望值方法)等方法。

11.2.4　城市综合防灾体系

一般情况下,城市防灾工作包括对灾害监测预报、防护、抗御、救援、恢复等,从时间顺序上可分为4个部分:

①灾前的防灾减灾工作。包括对城市灾害区划分、灾情预测、防灾教育、防灾预案制订、防灾工程设施建设等。

②应急性防灾工作。在预知灾害将发生或灾情即将影响城市时应采用的应急性防灾工作。

③灾时抗救工作。在灾害来临时抗御灾害,进行灾时救援工作。

④灾后工作。在灾害发生后防止次生灾害发生、发展,灾害损失评估与维修,重建防灾设施等工作。

城市防灾结构主要由研究机构、指挥机构、专业防灾队伍、临时防灾救灾队伍、社会援助机构和保险机构组成。研究机构要对城市情况全面了解分析,对灾害进行研究、监测、预报工作;指挥机构负责灾时抗灾救灾;专业防灾队伍是经训练、装备良好的抗灾救灾队伍;临时防灾队伍则是由指挥机构组织志愿人员组成的辅助救灾队伍;社会援助机构和保险机构则是在灾时和灾后从经济上给予支持、帮助的机构。

城市综合防灾应注重城市防灾整体性和防灾措施的综合利用,还应注重防灾设施建设和使用要与城市开发建设的有机结合。城市综合防灾对策包括:

(1)加强区域减灾和区域防灾协作

城市防灾减灾是区域防灾减灾的重要组成部分。对于影响范围大的自然灾害,防灾的区域协作十分重要。小城镇、城郊地区与周边城镇联手或依据邻近规模较大城市,与其进行防灾协作,能较快地提高其防灾能力,加强整个区域防灾减灾能力。

(2)合理选择与调整城市建筑用地

城市用地布局规划,尤其是重大工程选址应尽量避开灾害易发区。对于处于不利地带的老城,则应结合旧城改造,逐步调整用地布局,使主要功能区避开不利地带,实现城市总体布局防灾合理化。

（3）优化城市生命线系统防灾性能

从城市生命线的体系构成、设施布局、结构方式、组织管理等方面提高城市生命线系统防灾能力。

（4）强化城市防灾设施的建设与运营管理

除生命线系统外，堤坝、消防设施、人防设施、地震监测报告网、各种应急设施等都属于城市防灾设施，它们担负着城市灾前预报，灾时抗灾救助的重要任务，这些防灾设施的好坏直接关系到城市防灾的能力。

（5）建立城市综合防灾指挥组织系统

城市防灾包括城市灾害的测、报、防、抗、救、援及规划与实施等工作，应建立高效的城市综合防灾指挥机构，进行组织协调和统筹指挥，将有效提高城市总体防灾能力。

（6）健全、完善城市综合救护系统

城市综合救护系统主要包括城市急救中心、救护中心、血库、防疫站等，它们具有灾时急救、灾后防疫的功能。在城市规划时要合理布置救护设施，保证其最佳服务范围与自身安全，加强设施平时救护能力和自身防灾能力，维护与加强设施的灾时急救能力。

（7）提高全社会对城市灾害的承受能力

要增强全民灾害意识，将全社会对城市灾害承受能力建立在科学基础之上。

（8）强化城市综合防灾立法体系建设

应加强城市防灾法则制订工作，以立法手段确定城市防灾的地位、作用。

（9）大力发展灾害保险业务

建议国家从整体经济利益出发，财政上优先照顾灾害保险的发展，对其在政策上进行扶持。

（10）重视城市防灾科学研究

要利用先进的科学技术推动城市防灾系统工程，开展城市防灾体系及各类灾害防治措施研究，注意借鉴国外先进防灾减灾技术，研究城市灾害综合管理系统。

城市综合防灾措施包括政策性措施（软措施）和工程性措施（硬措施），两者是相辅相成的。城市政策性防灾措施是建立在国家和区域防灾政策基础之上的，它主要包括城市总体规划及城市内各部门发展计划、法律、法规、标准和规范的建立与完善两个方面内容。城市总体规划中消防、人防、抗震、防洪等防灾工程规划是城市防灾建设的主要依据，而城市各部门发展计划尤其是市政部门基础设施规划与城市防灾有密切联系。城市工程性防灾设施则是在城市防灾政策指导下进行的防灾设施与机构的建设工作及对各项防灾设施采取的防护工程措施，如城市防洪堤、防空洞、气象站、地震局等机构建设，各种建筑物抗震加固处理等。

11.2.5　城市防灾规划及防灾工程

通常情况下，城市防灾规划包括城市抗震防灾规划、城市防洪规划、城市消防规划、城市人防规划等专项规划。城市防灾规划工作程序为首先确定城市防灾标准与规划目标，然后进行总体规划阶段的城市防灾工程规划，最后进行详细规划阶段的城市防灾工程设计规划（见图11.8）。

城市防灾规划首先要进行城市灾害调查，通过现场踏勘、访问考察寻找灾害规律，分析灾害

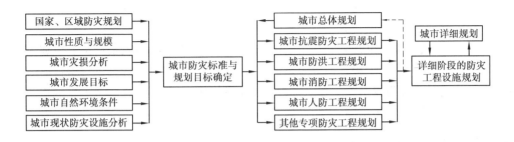

图 11.8　城市防灾规划工作程序框图

原因;然后进行城市灾害易损性分析和城市灾害破坏机制分析;最后进行城市灾害综合分析,结合理论计算、数据处理等方法,由专家综合分析论证,制订出科学的城市防灾规划。

下面对城市抗震防灾规划、城市防洪规划、城市消防规划、城市人防规划等专项规划及专项防灾工程做简单介绍。

1)城市抗震防灾规划与城市抗震防灾工程

城市抗震防灾规划是城市总体规划中的专业规划。根据我国工程建设抗震设防规定,六度和六度以上城市要编制城市抗震减灾规划,其目标是逐步提高城市综合抗震能力,最大限度地减轻城市地震灾害造成的损失,使城市在遭遇相当于基本烈度地震影响时,其要害系统不遭受较重破坏。

城市抗震防灾规划编制过程:首先调查分析并整理各种基础资料,作为编制规划的依据;对城市及附近地区可能发生地震的危险性做出分析、判断;然后对不同烈度或不同概率标准进行各类房屋建筑、工程设施和设备工程震害进行预测;在此基础上,找出城市防御地震灾害的薄弱环节,以图件、表格与文字相结合的形式做出抗震防灾规划。

城市抗震防灾工程可以通过以下具体措施实现:

(1)建(构)筑物的抗震处理

建(构)筑物抗震处理包括地基抗震处理、结构抗震加固、节点抗震处理等,主要依据是本地区抗震设防烈度,抗震处理的建(构)筑物要做到"小震不坏,中震可修,大震不倒"。具体来讲,主要有尽量选择有利于抗震的场地和地基,选择体形简单的建筑平面,建筑平面布局长、宽比例适度,平面刚度均匀,立面尽量不要出现局部突出或刚度突变,加强建筑物各部件之间的延性联结,尽量降低建筑物重心位置,确保施工质量等。

(2)震前预报

通过监测资料分析和地震前兆研究进行地震区域划分的长期预报和短期临震预报也是一种措施。

(3)城市布局中的避震减灾措施

城市布局的避震减灾措施是最经济、最有效的抗震减灾措施,主要有选择地势平坦、开阔的地方作为城市用地,尽量避开断裂带、液化土等地质不良地带;建筑群布局时保留必要空间与间距;城市规划中保证一些道路宽度;充分利用绿地、广场等作为震时疏散场地。

2)城市防洪规划与城市防洪工程

城市防洪规划属于城市总体规划中的专项规划,以城市所在的江河流域防洪规划及城市总体规划作为依据。规划的主要任务是按照全面规划综合利用水资源、保证城市安全的原则,根据防护对象的重要性,将洪水对城市危害程度降低到防洪标准范围以内。

城市防洪规划编制过程:首先进行调查研究,广泛收集各种基础资料;进行城市防洪、治涝水文分析计算;形成城市防洪规划和城市治涝规划;进行经济技术分析;最后编制规划报告。

一般情况下,城市防洪工程遵循上游以蓄水分洪为主,中游加固堤防,下游增强河道排水能力的原则。防洪对策分为以蓄为主和以排为主的防洪措施。城市防洪、防涝工程设施主要有防洪堤墙、排洪沟与截洪沟、防洪闸、排涝设施等。

3)城市消防规划及城市消防工程

城市消防规划属于城市总体规划的重要组成部分,编制依据是城市总体规划及国家、省、市、自治区的有关法规、文件。城市消防规划的主要任务是研究城市总体布局的消防安全要求和城市公共消防设施建设及其相互关系,提高城市防火灭火能力,防止和减少火灾危害。

城市消防规划制订过程:收集城市基础资料及城市消防安全分区、消防站布局、消防通道、消防装备等资料;根据规划原则及指导思想确定规划构思及方案;进行大型工矿区、车站、码头、易燃建筑密集区等重点地段的详细规划,形成城市消防规划。

我国城市消防方针是"预防为主,防消结合"。城市消防工程对策:首先,在城市布局、建筑设计中采取措施减少,防止火灾;其次,建设消防队伍、消防设施,健全消防制度、指挥组织机制,保证及时发现,有效扑救火灾。

城市消防设施主要有消防指挥调度中心、消防站、消火栓、消防水池、消防瞭望塔等。

4)城市人防规划及城市人防工程

城市人防规划属于城市总体规划的专项防灾规划。由人防部门会同城市规划、建设及有关部门进行编制。人防建设需与城市建设有机结合,协调发展,以增强城市综合发展能力和防护能力。城市人防规划编制依据是城市战略地位、城市现状及城市地形、工程地质、水文地质条件等。

城市人防规划编制过程:首先,收集并分析包括城市性质、自然条件、城市人口发展规模等基础资料和城市设防等级、防卫计划、人防工程战术等专业资料;其次,对城市进行核武器、常规武器、主要自然灾害等的毁伤效应分析,选择最佳综合防护方案;最后,组织专家对规划方案论证、评审鉴定等。

人防工程也叫人防工事,是指为保障战时人员与物资掩蔽、人民防空指挥、医疗救护而单独修建的地下防护建筑,以及结合地面建筑修建的战时可用于防空的地下室。城市人防工程建设应遵循的原则是提高人防工程数量和质量,突出人防工程防护重点,加强人防工事间连通,综合利用城市地下设施等。

11.3 服役状态监测与安全控制

以上对于洪水、地震、海啸、龙卷风、火灾等预测难度较大的突发性灾害,或者因人为因素导致的突发性灾害的预防与减小灾害程度提出了应对策略。为避免因人为因素导致的"积劳成疾"性灾害的发生(如美国俄亥俄河上的一座主要桥梁在1967年突然倒塌,造成46人丧生;1994年10月韩国圣水大桥中孔突发崩塌,造成32人死亡,17人重伤),除了在设计和施工上充分考虑预防措施外,还需对大型公共设施、超高层建筑物、大跨径桥梁等实施服役状态监测与安全控制,即在工程竣工后,通过建立在结构上传感器系统对结构在运行中的静力、动力响应及位移变形信息进行测量取样,分析传感器获得的各项参数的变化,判断结构中可能出现的损伤,及时采取适当的修补措施,以确保工程结构在生命期内的安全性、完整性、可靠性、适用性和耐久性。

自 20 世纪 50 年代以来,人们就意识到工程结构服役状态监测与安全控制的重要性,但由于早期的监测手段、评估方法比较落后,在应用上一直受到限制。近年来随着现代测试、分析技术,计算机技术,数学理论及无线通信技术的进步及相互融合,极大地促进了结构状态监测系统与评估方法的完善,并在实际土木工程结构中得到了广泛的应用。以桥梁为例,随着大跨径桥梁的轻型化及形式与功能的多样化,对已建成的桥梁采用有效的手段监测和评定健康状况、维修和控制损伤,总结新建桥梁的经验和教训,建立长期的安全监测与控制系统,已成为学术界和工程界关注的热点。许多国家都在一些已建和在建的大跨桥梁上进行了有益的尝试,如丹麦曾对总长 1 726 m 的法罗群岛(Faroe)跨海斜拉桥施工过程与运营采取了监测措施,同时,在主跨1 624 m 的 Great Belt East 悬索桥上也开始了相关的尝试;泰国与韩国也已开始在重要桥梁上安装永久性的实时结构整体与安全性报警设备;我国香港的青马大桥以及内地的虎门大桥、徐浦大桥、江阴大桥、东海大桥等均在对运营期间的结构状态实行监测。由于桥梁,特别是大型、复杂桥梁,其结构和力学特点以及桥梁所处的环境对服役期结构安全的影响很难在设计阶段被完全掌握和预测,所以,只有通过桥梁状态监测获得的实际结构的动静力行为来检验桥梁的设计理论与计算假定,同时,在桥梁状态监测与评估的基础上,对桥梁服役安全实施控制,确保桥梁长期安全服役(运营)。

土木工程状态监测不是对传统的工程检测技术的简单改进,而是运用现代的传感与通信技术,实时监测工程结构在各种环境荷载条件下的结构响应与行为,获取反映结构状态和环境因素的各种信息,由此分析结构的技术状态、评估结构的可靠性,为土木工程的管理与维护提供科学依据。土木工程结构监测的主要内容有以下几类:

(1)荷载监测

荷载监测包括风荷载、地震荷载以及使用荷载等,可以采用风压传感器、风速仪、强震仪等传感器系统进行监测。

(2)几何监测

几何监测包括各监测部位的静态位置和动态位移,如基础的沉降、建筑物的顶点位移等,目前在土木工程中应用较多的有全站仪(见图 11.9)和 GPS 技术等。

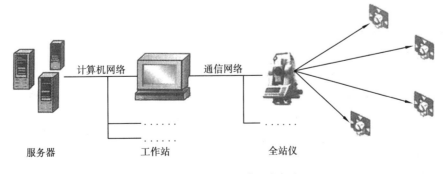

图 11.9 全站仪系统组成示意

（3）结构的静、动力反应监测

结构的静、动力反应包括结构的静、动力变形,关键部位应力应变的变化,加速度反应等,主要采用位移计、倾角仪、应变传感器、加速度传感器进行监测。

土木工程结构服役状态监测是一种贯穿服役内的长期、实时监测,须有一套完备的监测系统,以实现监测、诊断与处理。主要步骤与工作内容:

①制订监测计划。主要包括监测的对象、目标、方法、频次以及监测制度与管理体系的建立与运作等。

②建立监测系统。首先根据设计阶段对结构受力的模拟分析,确定出监测的关键部位,随后安装布置传感器系统、数据采集系统和远程控制系统。

③实施实时监测。实时监测结构中各种监测指标的发展变化趋势,将其记录并储存以备后处理系统进行分析。

④状态评估诊断。根据监测结果,采用结构损伤诊断方法对监测得到的数据进行整理、分析,找出损伤部位和薄弱环节,评估结构的运行状况,对结构正常使用、观察使用还是维修加固后使用做出决策。

虽然土木工程结构服役状态监测与安全控制实施已越来越多,但是关于该方面的研究与实践仍然处于不断探索阶段,需要多学科的进一步交叉与发展,特别是大型桥梁等的动力测试技术和信号处理技术。基于环境结构振动特性或响应的变化进行损伤识别技术的出现为最终实现这一目标展现了美好的前景,而推动这一技术在实践中真正的应用,真正实现对结构服役状态的掌握,尚有许多问题需要研究。而此项技术的最终成功应用,其在结构安全、可靠(对地震,强风等强烈自然灾害后结构的状态进行快速和有效的评估,为维修决策提供依据),延长结构使用寿命(提早发现不定时的损伤累积,为有效遏制事态严重化提供保障)和科学探索(揭示结构在自然环境中真实的结构响应以验证现有桥梁理论)等方面将产生重大的技术变革。

11.4　维修加固

土木工程结构在受灾后需要对其实施检测与加固,以使结构功能得到充分利用,最大限度地为人们提供服务。土木工程结构维修与加固涉及灾害材料学、灾害检测学、灾害工程加固学等领域。

1)灾害材料学

在工程结构的抗灾研究中,首要关注的是材料受灾后的性能变化,即灾害对材料物理力学性能的影响,也即材料在灾害作用下的损伤等。关于灾害对材料性能(如强度、弹性模量、本构关系等)的影响,国内外都已做了许多研究,定性和定量地得到了一些结论,但是系统性还显不够,故在土木工程领域中,灾害材料学还未形成一个专门的学科。而在工程结构的加固设计、工程鉴定和工程咨询等实践中又必不可少地需要这方面的知识。

灾害材料学涉及土木工程材料的一般力学性能,如混凝土的内部裂缝和破坏机理、钢筋的内部结构破坏机理、砌体的一般破坏机理等;动力荷载对材料的影响,如混凝土的疲劳、钢筋的疲劳、冲击荷载对混凝土和钢筋的作用;火灾对材料性能的影响,如对混凝土或钢筋的影响、对混凝土与钢筋间粘结力的影响等;冰冻对材料性能的影响,如受冻混凝土的力学性能;腐蚀对材料性能的影响,等等。

2)灾害检测学

检测在受灾的土木工程结构鉴定和加固中占有非常重要的地位。检测的程序为:检测任务委托,收集原设计图纸及竣工图,外观检测,材料检测,构件变形及现有承载力评估,有无可修性(若无可修性,则降级处理;若有可修性,则进行内力分析与验算,检验是否满足规范要求),寿命估计(是否要加固,施工)等。

3)灾害工程加固学

工程结构加固学是一门研究使受损的工程结构重新恢复使用功能,使失去部分承载力的结构恢复承载力的学科,面临的情况多样,如:①荷载增大或改变用途或改变结构体系:有时需改变建筑物使用要求,桥梁车辆吨位增加,或需将民用房屋改为工业用房等,即使原有房屋结构增加负担;②抗震加固:因风、地震灾害引起工程结构受损,或现有建筑结构达不到抗震设防指标,如以前设计的桥墩(柱)(在新的抗震设计规范之前)均有较低弯曲延性、较低剪力,不足的钢筋搭接长度、较低的弯曲强度等;③灾害后的结构或纠正设计和施工失误:因火灾、腐蚀、施工失误等引起钢筋混凝土结构强度和刚度的降低,以致不能正常使用,等等。基于上述各种原因,往往需要对工程结构进行加固。

发达国家或地区十分重视建筑物、桥梁等损伤处治、承载力增强加固或抗震加固,并已开展了长时间研究与实践。在我国,旧房改造、受灾房屋加固、桥梁加固改造等工程项目已越来越多,今后的需求会更多,加固产生的社会效益和经济效益也越来越大。但实际操作上仅仅是在加固时就事论事,很少对工程结构加固的效果作理论上的细致分析和试验论证。1990 年,我国成立了全国建筑物鉴定和加固标准技术委员会,并开始编制建筑物鉴定和加固规程。2008 年,交通运输部颁布了首部桥梁加固设计及施工规范。许多院校也建立了专门的研究学科,这对工程结构加固的发展是一种有力的推动。工程结构加固正在形成一门系统的学科,相关理论与技术研究成果将具有十分广阔的应用前景。

思考讨论题

1.土木工程灾害类型及形式有哪些?

2.举例说明人为因素导致的工程灾害。

3.简述防灾减灾过程及技术措施。

4.简述城市的防灾对策及体系。

5.为什么需要对工程结构实施状态监测与安全控制? 主要监测内容有哪些?

6.工程结构维修加固涉及哪些学科与技术领域?

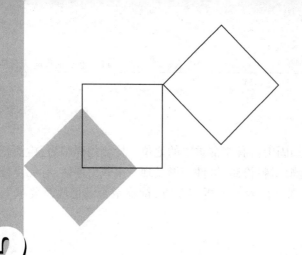

12 土木工程的未来

本章导读：
- **基本要求** 熟悉可持续发展的概念；了解土木工程的发展趋势。
- **重点** 可持续发展的概念和土木工程的未来。
- **难点** 土木工程的发展趋势。

12.1 土木工程与可持续发展

自 20 世纪 60—70 年代以来，人类对自身所取得的进步产生了种种疑虑，对西方近代工业文明的发展模式和道路是不是可持续产生了疑问。人们迫切需要对过去自己走过的发展道路重新进行评价和反思。我们面对的不仅仅是经济问题，而是需要在价值观、文化和文明的方式等诸多方面进行更广泛、更深刻的变革，寻求一种可持续发展的道路，这将是我们的明智选择。

人们之所以对自己的发展产生疑虑，主要是因为传统的发展模式给人类造成了各种困境和危机，它们已开始危及人类的生存，主要表现在：

①资源危机。主要是非再生资源（如金属矿、煤、石油、天然气等）长则还可使用一二百年，少则几十年就可能耗尽。水资源匮乏也已十分严重，我国 70% 以上城市缺水；约有三亿亩耕地遭受干旱威胁；由于常年使用地下水，造成水位逐年下降。

②土地沙化日益严重。"沙"字结构即"少水"之意，沙漠即意味着生命的消失。由于森林被大量砍伐，草场遭到严重破坏，世界沙漠和沙漠化面积不断扩大。

③环境污染日益严重。环境污染包括大气污染、水污染、土壤污染、噪声污染、核污染等。由于工业化大量燃烧煤、石油，再加上森林大量减少，二氧化碳大量增加，因而造成了温室效应，其后果就是气候反常，厄尔尼诺现象出现得越来越频繁，影响工农业生产和人类生活。

④物种灭绝和森林面积大量减少。由于热带雨林被大量砍伐和焚烧，使地球森林覆盖面积

逐渐减少。由于丛林减少和人类的频繁活动,使地球上每天都有生物灭绝,其中很多生物我们连名字都不知道。

"可持续发展(Sustainable development)"是科学发展观的基本要求之一,是关于自然、科学技术、经济、社会协调发展的理论和战略。这一概念最先是在 1972 年斯德哥尔摩举行的联合国人类环境研讨会上正式讨论,共同界定了人类在缔造一个健康和富有生机的环境上所享有的权利。在 1980 年国际自然保护同盟、联合国环境规划署、野生动物基金会共同发表的《世界自然资源保护大纲》正式提出:"必须研究自然的、社会的、生态的、经济的以及利用自然资源过程中的基本关系,以确保全球的可持续发展。"1987 年,世界环境与发展委员会出版了《我们共同的未来》报告,将可持续发展定义为"既能满足当代人的需要,又不对后代人满足其需要的能力构成危害的发展"并系统阐述了可持续发展的思想。1992 年 6 月,联合国在里约热内卢召开的"环境与发展大会",通过了以可持续发展为核心的《里约环境与发展宣言》《21 世纪议程》等文件。随后,中国政府编制了《中国 21 世纪人口、资源、环境与发展白皮书》,首次把可持续发展战略纳入我国经济和社会发展的长远规划。2002 年党的十六大把"可持续发展能力不断增强"作为全面建设小康社会的目标之一。从忽略环境保护受到自然界惩罚,到最终选择可持续发展,是人类文明进化的一次历史性重大转折。

可持续发展的概念包括两个重要概念:需要的概念,尤其是世界各国人民的基本需要,应将此放在特别优先的地位来考虑;限制的概念,技术状况和社会组织对环境满足眼前和将来需要的能力施加的限制,从而涵盖了国际、区域、地方及特定界别的各个层面,包括社会可持续发展,生态可持续发展,经济可持续发展。

在社会的发展历程中,土木工程始终扮演着一个很重要的角色,土木工程的发展在很大程度上会促进一个时代的前进。然而,土木工程在发展过程中,对于资源与能源消耗也越来越多,成为阻碍社会进步的因素,所以土木工程的可持续发展显得尤为重要。

中国的土木工程建设从 20 世纪 50 年代起一直没有停过,且发展很快,尤其是改革开放以来,发展极为迅猛,几乎整个中国成了一个大的建设工地。新材料、新结构、新技术得以大力研究、开发和应用,新的高楼大厦、展览中心、铁路、公路及桥梁、港口航道及大型水利工程在中国各地不断涌现。发展之快,数量之巨,令世界各国惊叹不已。但是土木行业在如今的飞速发展导致了很多的问题,河流被污染,河沙被掏空,绿化面积减少。生态链的失衡,资源的飞速耗尽,都与土木工程的发展有着联系。过度开发、城市综合症等问题与人类的生存发展密切相关,又无一不与土木工程有关。我国虽说地大物博,但人口众多,人均资源占用量低于世界平均水平,能源的消耗已经是个很严重的问题。要解决这些问题,土木行业必须坚持可持续发展之路。

12.2 土木工程未来的发展趋势

2018 年,党的十九大提出了"创新、协调、绿色、开放、共享的发展理念""加快生态文明体制改革,建设美丽中国""人与自然是生命共同体,人类必须尊重自然、顺应自然、保护自然"。随着我国经济持续稳定增长和城市化进程加快,随着信息技术的迅速发展和能源、生态环境的改变,人类的生产生活方式将会发生重大变化,土木工程也必将取得重大发展。我国是一个发展中大国,经济还不发达而且极不平衡,基础设施还不能满足人们生活和国民经济可持续发展的需要,所以在基本建设方面还有许多工作要做,中国的土木工程师正面临着全新的机遇和更加严峻的挑战。树立以"工程系统学"为核心的大工程观理念变得更为重要,土木工程的建设不仅仅要考虑技术的因素,还要考虑社会、经济、文化和生态环境等因素,土木工程将日益与它的使用功能和生产工艺紧密结合;土木工程将与环境工程学科相融合,建设更为节能环保的绿色工程设施;信息智能技术全面引进土木工程;随着新材料、新结构、新工艺的发展,我们将能建造超大型的、更加复杂的工程项目。

(1)建筑物的耐久性与建筑更新

改革开放以来,我国进行了大规模的基本建设,但所有建筑物都是有寿命的。我们必须对建筑物的耐久性予以足够的重视。一方面,在工程的规划设计阶段,对其可使用年限就要有一个科学的估计,以便用最少的维修费用延长其使用寿命;另一方面,对废弃建筑物的拆除和更新也是我们将面临的重大课题。

(2)结构健康诊断、评估与加固

采用更为先进的诊断手段(包括各种传感器、检测设备和自动监测系统)和科学的评估体系(包括专家系统)对建筑物进行诊断和评估,以确保建筑物的安全使用和结构加固方法的经济有效。

(3)超大型复杂工程的修建

在 21 世纪,由于新材料、新结构、新工艺、新施工方法的出现,人类将有可能从事规模巨大的土木工程建设,为改造世界作出新的贡献并取得新的突破。例如,直布罗陀海峡跨度为 5 000 m 的桥梁,对马海峡的海底隧道工程中,更加便捷的交通系统等将有可能实现。

(4)高性能材料的发展

钢材将朝着高强,具有良好的塑性、韧性和可焊性方向发展。高性能混凝土及其他复合材料也将向着轻质、高强、良好的韧性和工作性能方面发展。合成材料将用于大面积围护及结构。一些具有新概念的更加适合建筑的工程材料将会问世。

(5)结构形式的进步

计算理论和计算手段的进步以及新材料、新工艺的出现,为结构形式的革新提供了有利条件。空间结构将得到更广泛的应用;不同受力形式的结构融为一体,结构形式将更趋于合理和安全。

(6)信息智能技术应用

随着计算机不断进步和应用普及,结构计算理论将日臻完善,计算结果将更能反映实际情况,从而更能充分发挥材料的性能并保证结果的安全;人们将会设计出更为优化的方案进行土木工程建设,以缩短工期,提高经济效益;实现工程施工、建筑、交通系统智能化。

(7)发展与环境

中国正处于城市化进程中,土木工程将与环境工程融为一体。将建设更多的地下综合管廊、污水处理和垃圾处理设施,达到自来水可直接饮用的程度;所有建筑物和设施的建设应该考虑节能、环保及与自然的和谐;建设绿色城市、海绵城市。

(8)建筑工业化

建筑业的工业化是我国建筑业发展的必然趋势,要逐步代替施工现场的手工操作,采用机械化施工和自动控制;要逐步减少现场作业,将建筑构配件改为工厂预制,装配式结构进一步发展;要正确理解建筑产品标准化和多样化的关系,尽量实现标准化生产;要建立适应社会化大生产方式的科学管理体制,采用专业化、联合化、区域化的施工组织形式。

（9）海底建筑、地下建筑与空间站

随着地上空间的减少,特别是城市规模的扩大和人口的增加,人类把注意力越来越多地转移到地下空间甚至海底;土木工程的活动场所在不久的将来可能超出地球的范围。

（10）新能源和能源多极化

能源问题是当前世界各国极为关注的问题,将逐渐减少非再生能源的使用,寻找新的替代能源、实现能源多极化,这些能源设施的建设对土木界就提出了新的要求,应当予以足够的重视。

思考讨论题

1.简述可持续发展的概念。

2.谈谈你对土木工程未来的看法。

`

参考文献

[1] 高等学校土木工程学科专业指导委员会.高等学校土木工程本科指导性专业规范[M].北京:中国建筑工业出版社,2011.

[2] 中国土木工程指南编写组.中国土木工程指南[M].北京:科学出版社,1993.

[3] 中国大百科全书编写组.中国大百科全书　土木工程卷[M].北京:中国大百科全书出版社,1986.

[4] 中国大百科全书编写组.中国大百科全书　水利工程卷[M].北京:中国大百科全书出版社,1986.

[5] 叶志明.土木工程概论[M].北京:高等教育出版社,2009.

[6] 沈祖炎.土木工程概论[M].北京:高等教育出版社,2009.

[7] 项海帆,沈祖炎,范立础.土木工程概论[M].北京:人民交通出版社,2007.

[8] 罗福午.土木工程概论[M].北京:高等教育出版社,2009.

[9] 段树金.土木工程概论[M].北京:中国铁道出版社,2005.

[10] 高桥裕,石绵知治,小寺重郎.土木工程概论[M].日本:森北出版株式会社,1985.

[11] M.S.帕拉理查米.土木工程概论[M].北京:机械工业出版社,2005.

[12] 赵方冉.土木工程材料[M].上海:同济大学出版社,2004.

[13] 郑刚.基础工程[M].北京:中国建材工业出版社,2000.

[14] 顾晓鲁,等.地基与基础[M].北京:中国建筑工业出版社,2003.

[15] 同济大学,等.房屋建筑学[M].北京:中国建筑工业出版社,2006.

[16] 李必瑜,等.建筑概论[M].北京:人民交通出版社,2009.

[17] 何益斌.建筑结构[M].北京:中国建筑工业出版社,2005.

[18] 郝瀛.铁道工程[M].北京:中国铁道出版社,2000.

[19] 洪承礼.港口规划与布置[M].北京:人民交通出版社,2008.

[20] 邱驹.港工建筑物[M].天津:天津大学出版社,2002.

[21] 谈至明,赵鸿铎,张兰芳,等.机场规划与设计[M].北京:人民交通出版社,2010.

[22] 范立础.桥梁工程:上[M].北京:人民交通出版社,2007.

[23] 顾安邦,向中富.桥梁工程:下[M].北京:人民交通出版社,2017.

[24] 姚祖康.机场规划与设计[M].上海:同济大学出版社,1994.

[25] 关宝树,杨其新.地下工程概论[M].成都:西南交通大学出版社,2001.

［26］周顺华.城市轨道交通结构工程［M］.上海:同济大学出版社,2004.

［27］朴芬淑,吴昊.建筑给水排水工程［M］.北京:中国建筑工业出版社,2006.

［28］王增长.建筑给水排水工程［M］.北京:高等教育出版社,2004.

［29］段向胜,周锡元.土木工程监测与健康诊断［M］.北京:中国建筑工业出版社,2010.